电力变压器运维检修管控
关键技术要点解析

张华　杨哲　石秉恒　李晖　等　编著

中国电力出版社
CHINA ELECTRIC POWER PRESS

内 容 提 要

本书主要围绕电力变压器在运输、安装、运行、检测及检修的全寿命管控周期内的运维检修管控关键技术要点进行解析，通过变压器的频发缺陷、异常及故障的深度分析，总结提炼经验技术。

本书共分九章，具体为运行管控、铁芯及绕组运维检修管控、分接开关运维检修管控、套管出线装置运维检修管控、非电量保护装置运维检修管控、冷却装置运维检修管控、油箱及呼吸装置运维检修管控、中低压出口运维检修管控和变压器安装过程运维检修管控。

本书现场指导性强，关键技术要点全面，可供电力系统一线管理、设计及施工人员阅读，使其能深入了解变压器运维检修管控关键技术要点的含义，进而提高变压器运维及检修质量。

图书在版编目（CIP）数据

电力变压器运维检修管控关键技术要点解析 / 张华等编著 . —北京：中国电力出版社，2021.7
ISBN 978-7-5198-5556-7

Ⅰ . ①电… Ⅱ . ①张… Ⅲ . ①电力变压器—运行—管理—研究②电力变压器—检修—管理—研究
Ⅳ . ① TM41

中国版本图书馆 CIP 数据核字（2021）第 065741 号

出版发行：中国电力出版社
地　　址：北京市东城区北京站西街 19 号 （邮政编码 100005）
网　　址：http://www.cepp.sgcc.com.cn
责任编辑：陈　丽
责任校对：黄　蓓　朱丽芳
装帧设计：张俊霞
责任印制：石　雷

印　　刷：三河市万龙印装有限公司
版　　次：2021 年 7 月第一版
印　　次：2021 年 7 月北京第一次印刷
开　　本：787 毫米 ×1092 毫米　16 开本
印　　张：20.75
字　　数：402 千字
印　　数：0001—1000 册
定　　价：100.00 元

序

　　电力变压器作为电网系统中的关键电气设备，其运行状态对电力系统的供电质量和运行稳定性有着重要的影响，为确保变压器稳定可靠运行，我们从变压器出厂、运输、安装、运行、检修及检测全寿命周期的各个环节采取了全方位的管控，一是落实变压器运维检修制度管控要求；二是落实变压器运维检修技术管控要求，两者相辅相成缺一不可，技术管控是开展变压器各项工作的基石，是落实变压器制度管控的先决条件。

　　变压器技术管控要求是变压器行业技术专家及一线技术工作人员通过对变压器各类缺陷、异常及故障的深度分析总结提炼出来的，他们在变压器运维检修中用心发现问题，用心解决问题，从变压器运维检修实践中提出并完善了变压器相关技术管控要求，从而不断巩固变压器的运行工况。技术管控要求提高的同时也促进了变压器及其组部件制造技术的发展，近些年，变压器在运行中发生的异常及故障正逐步呈下降趋势。

　　审阅公司技术人员编写的书籍深感欣慰，全书内容的精华不仅对变压器运维及检修管控环节的关键技术要点进行梳理及扩展性解析，并通过案例分析使读者深刻了解变压器技术要点落实的必要性；而且从变压器运维检修实践中新增了一些技术管控要点，这是对变压器现有技术标准及管理规定的有益补充；同时，对一些变压器技术要点进行了提炼和完善，并修正了一些技术管控要求，提高了变压器运维检修标准。

　　最后，期待本书的出版能助力从事变压器运维检修工作的同仁更好地开展工作，也希望我们将这些技术管控要点落地变压器运维检修实践中去，以百分百的责任心做好变压器的精益化运维检修工作。

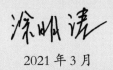

2021 年 3 月

电力变压器运维检修管控关键技术

要点解析

电力变压器是变电站运行的核心枢纽设备，它的安全可靠运行关系着整座变电站的供电可靠性，这就要求我们对变压器运维及检修进行严格的管控措施，并落实各项技术标准及管理规定，防止变压器在运输、安装、运行、监测及检修的全寿命管控周期内因不满足相关技术要求导致变压器损坏。笔者通过对变压器的频发缺陷、异常及故障的深度分析，总结提炼经验技术，形成了这本现场指导性强、关键技术要点全面的电力变压器书籍。本书对变压器关键技术要点进行扩展性讲解，使从事变压器管理、设计及施工的工作人员实现对变压器技术要点的深入了解。

本书共分九章，主要对电力变压器运维及检修管控的关键技术要点进行解析，具体为：变压器运行管控、铁芯及绕组运维检修管控、分接开关运维检修管控、套管出线装置运维检修管控、非电量保护装置运维检修管控、冷却装置运维检修管控、油箱及呼吸装置运维检修管控、变压器中低压出口运维检修管控和变压器安装过程运维检修管控章节。

　　本书主要由国网北京市电力公司检修公司张华、杨哲、石秉恒和李晖编写，同时参与本书编写的人员还有：国网北京市电力公司检修公司蔡永挚、庞海龙、王振风、赵小彬、李国强、刘建立、刘娜、杨官庆、孙秀国、蔡京革、武志松、庞黎明、姬鹏宇、刘袆凡、封奕。在成书过程中，国网北京市电力公司检修公司变电运行专家李连、西门子变压器有限公司总工周剑、上海华明电力设备制造有限公司总工李献伟、传奇电气（沈阳）有限公司总工赵颖分别对本书进行了专业审核，并提出了许多修改意见。同时还要感谢国网北京市电力公司检修公司领导涂明涛在百忙之中抽出时间审阅全书，提出并新增了一些技术内容。

　　本书的编写离不开大家的群策群力，在此一并向他们表示深切的谢意。由于新技术、新设备的不断发展，书中不妥之处在所难免，恳请专家和读者批评指正，并由衷地希望此书对您的工作有所帮助。

作　者

2021 年 2 月

2

变压器器身运维检修管控关键技术要点解析

3

变压器分接开关运维检修管控关键技术要点解析

4

变压器套管出线装置运维检修管控关键技术要点解析

5

变压器非电量保护装置运维检修管控关键技术要点解析

6

变压器冷却装置运维检修管控关键技术要点解析

7

变压器箱体及呼吸系统运维检修管控技术要点解析

8

变压器中低压出口运维检修管控关键技术要点解析

9

变压器安装过程运维检修管控关键技术要点解析

1

变压器运行管控关键技术
要点解析

电力变压器运维检修管控关键技术
要点解析

1.1 电压监测管控关键技术要点解析

变压器的运行电压不应高于运行分接电压的 105%，且不得超过系统最高运行电压，变压器改变分接位置时应防止变压器过励磁。

【标准依据】 DL/T 572《电力变压器运行规程》5.4.2e）应核对系统电压与分接电压间的差值，使其符合4.1.1的规定。4.1.1 变压器的运行电压一般不应高于该运行分接电压的 105%，且不得超过系统最高运行电压。对于特殊的使用情况（例如变压器的有功功率可以在任何方向流通），允许在不超过 110% 的额定电压下运行，对电压和电流的相互关系无特殊要求，当负载电流为额定电流的 K（$K \leqslant 1$）倍时，按以下公式对电压 U 加以限制：$U\% = 110 - 5K^2$。GB 1094.2《电力变压器 第 2 部分：液浸式变压器的温升》7.3.4 除了已知的对变磁通调压的其他限制外，应使所施加的电压不超过变压器任一绕组额定电压（主分接）或分接电压（其他分接）的 1.05 倍。

要点解析： 根据电磁感应原理，变压器一次绕组施加电压 U_1 后，铁芯产生主磁通并使各绕组产生感应电动势 E，用有效值表示为 $U \approx E = 4.44fN\Phi = 4.44fNBS$，因变压器绕组匝数 N（匝）和铁芯有效截面积 S（cm^2）为常数，故可写成

$$B = \frac{U}{4.44fNS} = \frac{45e_\mathrm{z}}{S}$$

$$e_\mathrm{z} = E/N = U/N$$

式中：U 为外施相电压，V；f 为电源频率（50Hz）；B 为铁芯磁通密度，T；e_z 为绕组匝电势。

由此可知，变压器运行中，电压升高或频率降低均会导致磁通密度增大，即当变压器工作磁通密度达到铁芯磁饱和点时即发生过励磁。现代大型变压器工作磁通密度为 1.7 ~ 1.8T，铁芯饱和磁通密度为 1.9 ~ 2.0T，两者很相近，易发生过励磁。

变压器过励磁将导致铁芯饱和、电压波形畸变、空载损耗增大、变压器噪声提高。因饱和产生的漏磁将使箱壳等金属构件涡流损耗增加，铁损增大，造成铁芯温度升高，同时还会使漏磁通增强，使靠近铁芯的绕组导线、油箱壁和其他金属构件产生涡流损耗，使变压器过热，严重的会使金属件温度达 120℃ 以上，与其相邻的绝缘件可能碳化或烧坏。变压器过励磁并非每次都造成变压器的明显损坏，但多次反复过励磁，将因铁芯过热而使绝缘老化，降低变压器使用寿命。

根据 GB 1094.1《电力变压器 第 1 部分：总则》5.4.3 规定，基于频率稳定的情

况下，变压器空载运行电压不应超过10%的额定电压（带分接的为运行分接电压），由于负载电流对漏磁通大小存在影响，主磁通和漏磁通叠加会使铁芯过励磁能力受到限制，为此，长期满载运行电压不应超过5%的额定电压（带分接的为运行分接电压），不是满载运行时，可根据 $U\% = 110 - 5K^2$ 计算，考虑变压器过励磁对电压控制有一定裕度要求，规定变压器运行电压一般不应高于运行分接电压的105%。

例如，对于电压比为 $220 \pm 8 \times 1.25\%/115/10.5$ 的有载调压变压器，当高压侧系统实际运行电压为232kV时，为确保运行电压不高于运行分接额定电压的105%，变压器分接头位置额定分接电压不宜低于221kV，即分接头位置不宜超过分接8位置（额定分接电压为222.75kV）。

因运行电压过高导致的过励磁原因主要有：①变压器手动或自动AVC（或VQC）调节变压器分接头时，运行电压超过分接额定电压5%以上时；②变压器有载检修完成后，未将分接位置放置在正常运行分接位置，放置在最大分接位置（额定分接电压最低），空载合闸时，运行电压超过分接额定电压10%以上时；③电网解列、合环考虑不周或操作不当，引起局部区域出现过电压；④事故时，随着切除故障而将补偿设备同时切除，使充电功率过剩导致过电压，补偿设备本身故障而被切除时也引发过电压；⑤铁磁谐振或LC谐振引起的过电压；⑥甩负荷时，发电机未及时减磁，将产生过电压；⑦超高压输电线路突然甩负荷而发生过电压。

避免变压器过励磁解决方法：①防止变压器运行电压过高，一般电压越高，变压器过励磁情况越严重，允许运行的时间也就越短；②加装变压器过励磁保护，根据变压器特性曲线和不同的允许过励磁倍数发出告警信号或切除变压器；③在变压器设计制造阶段，根据变压器的运行特性，合理设计工作磁通密度，根据磁通密度公式，若取 B 值小时，e_z 不变而 S 大些，硅钢片用量多；S 不变而 e_z 小些，导线用量多，设计时 e_z 小些而 S 大些，导线和硅钢片用量均多，磁通密度的选择决定了铁芯直径的大小，不仅影响变压器的体积、重量、形状、制造成本，同时还影响变压器空载电流、空载损耗、负载损耗、温升、短路阻抗、噪声等参数。磁通密度饱和性能是由硅钢片性能决定的，工作磁通密度与铁芯自身饱和点磁通密度差值越大，其避免过励磁的性能越好。

1.2 负载监测管控关键技术要点解析

1.2.1 变压器正常运行时，负载系数达到0.8时应加强监视并做好控制负荷措施，负载系数达到0.9时，负载继续增长且无下降趋势，应立即采取倒负荷措施，负载系数达到运行极限时应立即采取拉停负荷措施。

【标准依据】DL/T 572《电力变压器运行规程》4.2.2 变压器在额定使用条件下，

全年可按额定电流运行。

要点解析：根据 GB/T 1094.7《电力变压器　第 7 部分：油浸式电力变压器负载导则》5.1 超铭牌额定值负载效应规定，变压器正常预期寿命值是以设计的环境温度和额定运行条件下的连续工况为基础的。当负载超过铭牌额定值时，变压器将遭受一定程度的危险，并且老化加速。为此，需通过对变压器负载电流、油温及运行时间的限定，明确规定最大负载条件各种限制，从而将此危险的程度予以降低。

根据 DL/T 572《电力变压器运行规程》4.2.1.3 负载系数的取值按照以下规定取值：①双绕组变压器取任一绕组的负载电流标幺值；②三绕组变压器取负载电流标幺值最大的绕组的标幺值；③自耦变压器取各侧绕组和公共绕组中，负载电流标幺值最大的绕组的标幺值。

变压器负载监测上设定两个报警值，一个为负载率的 80%，另一个为负载率的 90%，负载率的报警设定值没必要过多解读，其作用主要有两方面：①提醒运维检修人员做好变压器及其间隔回路设备的专项巡检及状态监测等工作；②提醒调控人员做好变压器负载增大原因及趋势分析，并做好倒负荷准备工作，当变压器负载达到过载运行极限时能有的放矢。

1.2.2 变压器载流附件和外部回路元件应能满足超额定电流运行的要求，当任一元件或回路元件不能满足要求时，应按负载能力最小的附件和元件限制负载。

【标准依据】DL/T 572《电力变压器运行规程》4.2.1.5 变压器载流附件和外部回路元件应能满足超额定电流运行的要求，当任一元件或回路元件不能满足要求时，应按负载能力最小的附件和元件限制负载。

要点解析：变压器允许满载及过载运行，但是与其连接的导电回路元件不一定具备满载或过载运行条件，为此，应详细分析变压器载流附件和外部回路元件的额定电流值，是否具备过载要求等。

变压器载流附件主要有套管和分接开关，运行时一次电流不应超过变压器额定电流的 1.2 倍。变压器外部回路元件主要有架空引线、电缆出线、限流电抗器、高压断路器（含开关柜）、隔离开关，其中，限流电抗器一次电流不超过额定值的 1.35 倍；电流互感器一次电流不超过额定值的 1.2 倍，而 35kV 及以上架空线及电缆、高压断路器（含开关柜）、隔离开关不允许过载运行。

在变压器间隔回路设备载流选型时应注意设备载流裕度，防止某设备载流过小影响变压器的负载率。例如，变压器低压主开关载流量为 3150A 时，对于 220kV 容量比为 180/180/90（MVA），额定电压比为 220±8×1.25%/115/10.5 的变压器，额定电流比为 472/904/4949（A），由于最小载流元件低压主开关载流量的限制，变压器 10kV 低压侧只允许负载电流达到 3150A，则仅允许变压器低压侧负载率达到 64%。

变电站现场运行专用规程中应统计变压器间隔回路各载流元件的额定承受电流，并梳理最小载流元件并按负载能力最小的附件和元件限制负载，此台变压器的负载率报警值应根据现场情况进行重新整定。

1.2.3 变压器存在较严重的缺陷（如油循环系统异常、器身存在局部过热、油中特征气体超注意值等）或绝缘有弱点时，不宜超额定电流运行。

【标准依据】 DL/T 572《电力变压器运行规程》4.2.2.3 当变压器有较严重的缺陷（如冷却系统不正常、严重漏油、有局部过热现象、油中溶解气体分析结果异常等）或绝缘有弱点时，不宜超额定电流运行。GB/T 1094.7《电力变压器 第7部分：油浸式电力变压器负载导则》1.3.3 变压器在超铭牌额定值运行期间或紧接其后的期间，可能不满足短路的热要求。

要点解析： 变压器超额定负载运行时，变压器绝缘劣化致运行寿命降低，套管和分接开关等部件受较高热应力致安全裕度降低，抗短路能力有所下降，若变压器器身本身存在绝缘弱点、局部过热性故障、放电性故障或突发外部出口短路故障时，增加了过载变压器损坏的风险。绝缘的劣化是温度、含水量、含氧量和含酸量的时间函数，其中热点温度（绕组及其他金属构件）对绝缘的劣化程度影响最大，而负载电流及冷却散热是影响其热点温度的主要因素。

变压器负载损耗随负载电流的平方增加，负载超额定值后负载损耗增加很快，绕组、线夹、引线以及与导体接触的绝缘件热点温度达到最高，引发绝缘劣化等，此时变压器油的温度并不会立即升高，但对于强迫油/SF$_6$循环油侧冷却系统（尤其是导向性强迫油循环系统、强迫气体循环系统），铁芯及绕组的散热需通过油泵驱动油尽快使绕组热点温度冷却，故油侧冷却系统异常时，变压器不宜满载及过载运行。例如：强迫油循环变压器仅一组冷却器组工作，其他冷却器组故障停止运转时，在负载率满载或过载情况下，变压器油温将逐步升高至限值，无法确保器身的冷却散热效果。

变压器超额定负载运行时，铁芯外的漏磁通密度将增加，从而使与此漏磁通耦合的金属部件由于涡流效应而发热，温度的剧增将引起固体绝缘和油的分解，对于绕组绝缘含水量约为2%的变压器，当热点温度超过140℃时（当绕组含水量增加时，此温度限值将会降低），有可能产生气泡，若变压器受到电网过电压的影响，则可能导致击穿事故，在较高温度下，绕组的机械性能会暂时劣化，若线路上发生短路故障则可能导致绕组崩裂，在较高温度下，变压器绝缘老化加速，有效寿命将缩短。为此，对于存在局部过热、绝缘有弱点的变压器不宜满载及过载运行。

变压器油中溶解气体分析存在局部过热性故障、氢气含量超标、放电性故障时，可能导致变压器器身绝缘劣化加重并最终发生放电性故障，为此，油中溶解气体分析结果异常的变压器不宜满载及过载运行。

另外，变压器严重渗漏油但未形成本体缺油是允许满载及过载运行的，但应尽快安排处理并做好补油工作，如无法彻底更换密封垫，应临时采取紧固、封堵等措施，待负载率较低时再安排更换密封垫处理。变压器超额定负载运行时，变压器油发生膨胀体积增大，对于存在严重渗漏油的变压器，应防止油膨胀导致渗漏油的增加，同时应关注储油柜油位的升高而发生呼吸器喷油现象，防止喷出的油充满呼吸器油杯而导致呼吸管路堵塞。

1.2.4　变压器负载率达到满载或过载时，应安排变压器本体油中溶解气体分析、红外成像测温和高频局放等状态检测工作。

【标准依据】GB 1094.2《电力变压器　第2部分：液浸式变压器的温升》7.12 对于大型矿物油浸渍式变压器，附加漏磁影响是潜在的风险因素。油中溶解气体的色谱分析可用来判断可能发生的局部过热现象。

要点解析： 由于变压器温升试验在总损耗或额定电流下进行试验，当运行变压器负载率达到满载或过载时，相当于入网形式的变压器温升试验。

温升试验可以检测受负载影响的载流回路（载流绕组、引线接线处松动或焊接不良）、因漏磁效应引起的铁芯、结构件、油箱等部件，因冷却回路循环不畅引起的局部位置等是否存在局部过热缺陷。温升参数由测得的温度并经计算获得，而局部过热只能通过油中溶解气体分析（dissolved gas analysis，DGA）发现。对于油箱及套管（如套管基座、本体电容屏、接线端子）等部位的局部发热问题，温升试验并不能进行检测，只能通过红外成像测温技术进行检测，在满载或过载条件下，能有效发现一些因电流较小不宜发现的电流型过热缺陷。由于变压器满载或过载条件下，绕组漏磁增加，绕组热点温度异常升高，绕组振动电动力增加，这些因素均会影响其绝缘，通过高频局放手段可以监测到变压器器身潜在的放电隐患。

为此，变压器负载率达到满载或过载时，应安排变压器本体油中溶解气体分析（DGA）、红外成像测温和高频局放等状态检测工作，及时发现变压器内部的潜在隐患或缺陷。

1.2.5　在发生 $N-1$ 故障情况下，将造成变压器过负荷达到故障后负载系数允许极限时，需停用有关母联开关自投装置。

【标准依据】无。

要点解析： 对于负荷变电站，变压器多采用分列运行方式；对于联络或枢纽变电站，变压器多采用并列运行方式，低压侧母联多为拉开状态。当站内一台变压器故障跳闸时（发生 $N-1$ 故障情况），自投装置将母联开关投入运行，确保不出现丢失负荷现象，此时如果变压器过负荷达到故障后负载系数允许极限时，此运行变压器承担的负载属于短期急救负荷。短期急救负荷指由于系统发生一个或多个事故，严重干扰了系统的正常负载分配，从而出现暂态（少于30min）严重过负荷，这种现象应尽量避免，这是因为此类负载会严重影响变压器的绝缘寿命，甚至可能导致变压器损坏。

因此，当变压器负载率较高时，应分析一台变压器发生故障时（发生 $N-1$ 故障情况）是否会导致其他运行变压器达到故障后负载系数允许极限，否则应考虑停用有关母联开关自投装置。另外，对变电站发生 $N-1$ 故障情况下，需停用自投装置而确保设备不发生过载的规定还涉及：

1）在发生 $N-1$ 故障情况下，将造成变压器中、低压侧设备（不包括变压器中、低压绕组）过负荷达到负载系数允许极限的变电站，需停用有关母联自投装置。

2）在发生 $N-1$ 故障情况下，将造成架空线路负荷达到故障后负载系数允许极限的变电站，需停用部分变电站自投装置（母联自投或线路互投）。

3）在发生 $N-1$ 故障情况下，将造成电缆线路满载或过载时，需停用部分变电站自投装置（母联自投或线路互投）。

1.2.6　SF_6 气体绝缘变压器不宜过载运行，其过载倍数及过载时间应符合厂家设计要求。

【标准依据】 无。

要点解析： 目前，针对 SF_6 气体绝缘变压器过载能力，国家标准和行业标准并没有出具相关要求，只能根据制造厂过载能力设计执行，变压器厂家反馈 SF_6 气体绝缘变压器具备的过载能力：在冷却装置全部投入运行的情况下，变压器负载系数达到1.1时，变压器正常运行时间不少于8h；负载系数达到1.2时，变压器正常运行时间不少于3h；负载系数达到1.3时，变压器正常运行时间不少于2h；若负载系数超过1.3或运行时间超过规定允许时间，则需采取相应措施。

可见，SF_6 气体绝缘变压器过载能力与油浸变压器相比不具备优势，这主要是因为 SF_6 气体绝缘变压器过载时，器身内部 SF_6 气体温度会快速升温，而它的散热效果也不佳，在绕组温度较高的情况下会严重影响绝缘寿命，甚至发生绝缘放电类故障，为此，SF_6 气体绝缘变压器不宜过载运行，其过载倍数及过载时间应符合厂家设计要求。

1.3　温度监测管控关键技术要点解析

1.3.1　强迫油循环风冷/水冷变压器顶层油温的报警值宜为80℃、油浸自冷/风冷变压器顶层油温报警值宜为85℃。

【标准依据】 DL/T 572《电力变压器运行规程》4.1.3 油浸式变压器顶层油温一般不应超过表1-1的规定（制造厂有规定的按制造厂规定）。当冷却介质温度较低时，顶层油温也相应降低。自然循环冷却器变压器的顶层油温一般不宜经常超过85℃。

表 1-1　　　　　　油浸式变压器顶层油温在额定电压下的一般限值

冷却方式	冷却介质最高温度（℃）	最高顶层油温（℃）
自然循环自冷、风冷	40	95
强迫油循环风冷	40	85
强迫油循环水冷	30	70

注　本标准中的水冷系统指开式冷却系统，水源循序渐进补充并循环冷却。

要点解析：对油浸变压器绕组及油温监测的目的主要是防止其绝缘寿命降低，变压器绝缘寿命是按绕组的热点温度决定的，由于绕组平均温度及绕组热点温度均无法直接测量，且热点温度无法准确定位，而顶层油温是可以通过感温探头直接测量的，综合分析只能通过顶层油温数据监测变压器的绝缘状态。

变压器在出厂前应同时满足 GB 1094.2《电力变压器　第 2 部分：液浸式变压器的温升》6.2 规定，温升限值是指在额定容量下连续运行，且外部冷却介质（空气或水）年平均温度为 20℃时的稳态条件下的值，如表 1-2 所示。当环境温度变化时应进行温升修正，当年平均温度每增加或降低 5℃，温升限值降低或增加 5K，可见，其变压器各温度的绝对限值是固定的，即在年平均环境温度和最高环境温度下，变压器顶层绝缘液体顶层温度限值为 80℃和 100℃；ON 及 OF 冷却方式下绕组平均温度的限值为 85℃和 105℃；OD 冷却方式组平均温度的限值为 90℃和 110℃；绕组热点温度的限值为 98℃和 118℃。

表 1-2　　　　　　　　　　温升及温度限值

要求		温升限值（K）	年平均环境温度20℃下温度限值（℃）	最高环境温度40℃下温度限值（℃）
顶层绝缘液体		60	80	100
绕组平均（用电阻法测量）	ON 及 OF 冷却方式	65	85	105
	OD 冷却方式	70	90	110
绕组热点		78	98	118

注　冷却方式的缩写中，第一个字母代表内部冷却介质，O 代表矿物油或燃点不大于300℃的合成绝缘液体；第二个字母代表内部冷却介质的循环方式，N 代表流经冷却设备和绕组内部的液体流动是自然的热对流循环；F 代表冷却设备中的液体流动是强迫循环，流经绕组内的液体流动是热对流循环；D 代表冷却设备中的液体流动是强迫循环，且至少在主要绕组内部的液体流动是强迫导向循环。

油浸变压器绝缘材料为 A 级绝缘，其耐热等级为 105℃，即绕组长期平均工作温度应不超过 105℃。变压器绕组热点在最高环境温度 40℃时允许 118℃运行，是因为环境温度在一年内或一天内是变化的，GB/T 1094.7《电力变压器　第 7 部分：油浸式电力变压器负载导则》6.4 规定，油浸变压器（非热改性纸绝缘）的预期寿命和温度的关系是：热点温度只要比额定值低 6℃，其额定寿命损失就会减半，变压器绝缘的实际寿命时间就会成倍增加。因此，从年平均环境温度下考虑，其绝缘热寿命并未减少。

虽然 OD 冷却方式的绕组平均温升高于 ON 及 OF 冷却方式 5K，但是在油泵的导向循环下，OD 冷却方式变压器顶层油温度与绕组平均温度较为接近，而 ON 及 OF 冷却方式顶层油温较高，为做好绕组平均温度限值的监测，对于强迫油循环风冷/水冷变压器顶层油温报警设定为 80℃，油浸自冷/风冷变压器顶层油温报警设定为 85℃，报警温度的设定主要是为后续调度部门做好倒负荷、检查变压器冷却装置或外加冷却装置（如水冲洗、加装外置风机等）做好准备工作，报警数值设定只要合理即可，不必过多解读。但在未超过额定负载运行情况下，变压器油温即使在最高环境温度 40℃ 下也不应超过 100℃，这是从变压器绝缘寿命考虑的，从变压器油的老化程度上考虑，变压器油温一般不宜经常超过 85℃。

当变压器过载或者冷却系统异常时，油温可能存在超过限值的要求，此时应按照 GB/T 1094.7《电力变压器　第 7 部分：油浸式电力变压器负载导则》7.1 对电流和油温的限值规定执行。

1.3.2　变压器油温或油温曲线异常时，应综合分析变压器结构、测温装置、冷却装置、外部冷却介质温度及负载电流变化趋势等因素对油温的影响。

【标准依据】无。

要点解析：变压器油温或油温曲线异常的影响因素主要涉及变压器结构、测温装置、冷却装置、外部冷却介质温度和负载电流变化趋势。

在进行变压器油温或油温曲线变化分析时，首先应检查测温装置是否损坏，测温装置的精度及准确度是否合格，确保为油温曲线变化异常的准确性提供基础依据。

变压器结构主要受制造厂家及生产批次制约，器身结构、冷却管路及（冷却器或散热器）冷却功率的设计均会影响散热效果，为此，不建议对不同厂家变压器的油温及油温曲线进行比对分析。但变压器受负载及环境温度影响的油温及油温曲线变化趋势是一致的，如果发生油温异常增高曲线，同一台变压器历史油温曲线不同，均指示其存在异常。

对于不同冷却装置的变压器，在环境温度及负载电流变化趋势一致的情况下，对于 OD 导向型强迫油循环变压器，铁芯及绕组产生的铁损和铜损（总损耗）能有效通过强迫油流动进行冷却，变压器顶层油温与底层油温差值不大，其油温明显低于靠对流散热的 ONAN/ONAF 油浸自冷/风冷变压器。OF 非导向型强迫油循环变压器，铁芯及绕组内部的油流速取决于负载，也是通过对流散热的，油泵仅仅驱使绕组周围的变压器油进行循环，其油道设计较导向型宽，冷却效果较差一点。对于外部冷却装置投入的情况也会影响到油温的变化，投入较多的冷却装置变压器油的降温效果明显优于投入较少冷却装置的变压器，另外，当遇到辅助冷却器投入后再返回（停止）时，虽然检查冷却系统冷却器数量投入一致，但是应分析油温曲线之前是否存在达到过启动辅助冷却装置的情形。

外部冷却介质主要指空气和水，对于空气冷却，其周边的防火墙距离，散热器顶部是否封闭等均会影响其冷却散热，当变压器位于室内时，应注意室内通风机的运行情况，防止外部冷却介质温度升高导致变压器的油温升高问题。

在变压器冷却系统、外部冷却介质温度基本一致的情况下，负载电流的变化趋势基本与油温的变化趋势一致，但对于短时急救负载或跳跃式负载波动时，由于油温变化严重滞后于负载率变化，油温变化曲线与负载变化曲线并不一致。

1.3.3 油浸风冷变压器油温达到冷却风机启动温度时，应检查冷却风机已运转，防止变压器油温异常升高。

【标准依据】 无。

要点解析： 油浸风冷变压器冷却风机（风扇）是否运行通常是通过油温进行控制，当油温达到65℃启动运转，回落至55℃返回（停止运转），由于变压器冷却控制系统未设置风机未运转报警信号（但可以设置风机启动告知信号），故在油温达到65℃启动温度时，运维人员可通过以下方式检查冷却器组的运转情况：①查询监控系统是否有冷却风机运转告知信号；②通过同一站内各变压器油温及油温曲线的比对分析，间接了解风扇是否启动；③现场检查变压器的油温指示以及冷却风机运转情况。

油浸风冷变压器冷却风机未运转的原因主要有：①冷却风机故障；②油温表冷却风机启动接点温度设定值错误或接点损坏；③冷控箱二次回路冷却风机启动元器件故障；④冷却风机电源失电等。

1.3.4 SF_6 气体绝缘变压器顶层气体温度最高不得超过105℃，顶层气体温度报警值宜为95℃。

【标准依据】 无。

要点解析： 由于 SF_6 气体绝缘变压器的线匝和线匝临近部位（如垫块、撑条）的绝缘材料耐热等级应为 E 级绝缘，而其他远离绕组部分为 A 级绝缘，为确保整个绝缘系统绝缘件不发生热老化问题，要求 SF_6 气体绝缘变压器顶层气体温度最高不得超过105℃。为可靠监测 SF_6 气体绝缘变压器顶层气体温度，设定报警值为95℃，当监控系统报警时，应做好冷却装置的检查及负荷控制等工作，防止本体气室温度继续升高。

1.4 信号监视管控关键技术要点解析

1.4.1 变压器本体油位异常和本体轻瓦斯报警信号相继发出时，应立即现场检查变压器是否大量跑油并做好倒负荷拉停工作。

【标准依据】 无。

要点解析: 应防止变压器本体绝缘油缺失导致器身发生绝缘降低的放电性故障,为此,应做好以下几项工作:

(1)做好定期巡视检查工作,对变压器渗漏油缺陷及时跟踪分析,通常法兰式密封处渗漏油不会出现快速跑油现象,比较担心的是大量跑油导致本体油箱失油,例如:①散热器被砸伤导致跑油;②取油堵掉落导致跑油现象;③油箱底部撤油蝶阀未可靠关闭。不过通过运行经验分析,变压器出现大跑油现象的概率是很低的。

(2)通过监测装置对变压器跑油的监测。目前可采用带有油位低跳闸的气体继电器,但是在呼吸管路堵塞的情况下易导致气体继电器管路缺油而使气体继电器油位低误动跳闸,造成变压器非计划停电而丢失负荷,考虑变压器运行可靠性,带油位低接点的气体继电器应投信号。另外,可以通过本体油位异常和本体轻瓦斯报警信号是否相继发生来判断变压器是否出现跑油现象,变压器本体油位异常和本体轻瓦斯报警信号相继发出时,应立即现场检查变压器是否存在大量跑油现象,是否能及时制止跑油,如无法处理应及时上报并做好变压器倒负荷拉停工作。

1.4.2 变压器本体轻瓦斯报警信号发出后,宜及时将变压器停电转检修并对本体气体继电器取气样检验以判明气体成分,同时取本体油样进行油色谱分析。

【标准依据】《国家电网有限公司十八项电网重大反事故措施(2018年修订版)》9.2.3.6 当变压器一天内连续发生两次轻瓦斯报警时,应立即申请停电检查;非强迫油循环结构且未装排油注氮装置的变压器(电抗器)本体轻瓦斯报警,应立即申请停电检查。

要点解析: 变压器本体轻瓦斯保护主要是反映变压器内部发生轻微故障而动作报警,但往往有很多异常也会导致轻瓦斯误报警,这种异常误报警原因主要有:①变压器大量跑油或气体继电器储油柜侧蝶阀未开启导致储油柜无法及时补充缺油状态;②安装油色谱装置的变压器,由于集气罐异常导致其不断进行本体回油,并将空气注入到本体油箱内;③呼吸器堵塞造成胶囊内部形成负压,储油柜的油无法及时补充到本体油箱,且此时油温骤降,油箱内气体(主要指氮气和氧气)析出并聚集在气体继电器内;④强油循环变压器潜油泵负压区渗漏(进油侧)且为运行状态,空气从负压区被吸进油箱;⑤油泵或油流继电器更换、本体注油等检修工作后,未进行充分排气;⑥雨雪天气或进行消防喷淋、水清洁变压器时,继电器接线盒进水端子二次短接;⑦保护装置误发信号;⑧人员误碰、误操作。

变压器发出轻瓦斯报警信号,在无法明确具体原因时,我们应首先考虑变压器内部发生轻微故障,以防检修人员接近变压器时正逢器身内部故障扩大化,内部油压急剧升高导致套管及油箱炸裂着火,造成人员伤亡,从保证人身安全角度考虑应申请将变压器转检修,对气体继电器取气样检验以判明气体成分,同时取本体油样进行油色谱分析,查明原因及时排除。

1.4.3 强油/气循环变压器冷却器全停瞬时告警信号发出后，应及时进行现场检查及恢复冷却系统运行，同时做好变压器倒负荷拉停工作。

【标准依据】 无。

要点解析： 强油/气循环变压器冷却器全停应设置两个信号："冷却器全停瞬时告警"和"冷却器全停延时跳闸"信号。当冷却器全停时，首先发出"冷却器全停瞬时告警"信号，变压器此时并未跳闸，但保护装置开始进行延时计时，到达整定时间即出口跳闸。其中强油循环风冷（水冷）变压器，当失去全部冷却器时，非电量保护经 20min 延时动作跳开变压器各侧开关。当 SF_6 气体绝缘变压器失去全部冷却装置时，非电量保护经 15min 延时跳开变压器各侧开关。

"冷却器全停瞬时告警"信号设置的作用是：①便于运维人员及时到达现场对变压器冷却装置检查，隔离明显故障点并试投运冷却装置，当变压器冷却系统恢复运行后，"冷却器全停瞬时告警"信号返回，保护装置对于冷却器全停跳闸计时也返回，此时不会发生冷却器延时跳闸；②便于调控人员第一时间做好变压器倒负荷拉停工作，防止变压器冷却器全停时间到达整定时间后，发出"冷却器全停延时跳闸"信号，变压器甩负荷跳闸。

1.4.4 变压器油色谱在线监测装置发出乙炔、氢气等放电特征气体超标报警时应立即安排本体油离线采样化验。

【标准依据】《国家电网有限公司十八项电网重大反事故措施（2018 年修订版）》8.2.3.2 当换流变压器及油浸式平波电抗器在线监测装置报警、轻瓦斯报警或出现异常工况时，应立即进行油色谱分析并缩短油色谱分析周期，跟踪监测变化趋势，查明原因及时处理。

要点解析： 变压器油色谱在线装置的作用是：①有效缩短变压器本体油的采样化验周期；②及时发现一些缓慢进行的放电类故障（突发性故障除外），在变压器状态化检修上提供了强有力的支持。但在线油色谱装置往往存在板件老化失灵、测量精度与离线油样分析精度偏差较大、乙炔或氢气含量超标误报警等问题，且这些问题与实际的监测结果并不一致，时间一久容易导致运维及检修人员的思想麻痹，第一时间往往认为装置误报警，最终延误时间导致变压器内部缓慢性故障不断发展成放电性故障。

为此，对于变压器油色谱在线装置发出乙炔、氢气等放电特征气体超标报警时应及时安排本体油离线采样化验，并采取红外测温、高频局放等其他状态监测手段，综合判断变压器内部是否存在异常，否则变压器油色谱在线装置就失去了其在线监测的意义。

1.4.5 变压器压力释放动作信号发出后应立即现场检查核实，如发生喷油无法查明原因时，应安排本体油中溶解气体分析。

【标准依据】 无。

要点解析： 变压器压力释放动作信号发出主要考虑两方面：①压力释放确实动作

且喷油;②仅发出压力释放动作信号,现场检查并没有喷油现象。

导致压力释放装置喷油的情形主要有:①内部发生故障,一般伴随本体瓦斯动作于变压器三侧跳闸或本体轻瓦斯报警信号;②呼吸管路堵塞导致喷油,例如呼吸器发生堵塞,油箱至气体继电器导油管路蝶阀关闭;③本体储油柜油位表显示满油位,因储油柜体积较小,在较高油温下不能满足本体油的膨胀体积;④胶囊破损或油位表标杆等导致油位表指示假油位,储油柜实测油位满油位;⑤压力释放阀膜盘弹簧失效,开启压力值或密封压力值下降。导致压力释放装置误发信号的情形主要有:①二次接点绝缘低短接,例如雨雪、潮湿天气进水受潮;②人员误碰、误操作。

考虑压力释放动作信号涉及变压器内部是否存在故障问题,因此应立即安排运维人员现场核实是否存在喷油现象,如发生喷油应及时查明原因并处理。尤其是对于一些缓慢进展性故障,往往并无瓦斯保护类信号,在无法查明原因时应安排本体油中溶解气体分析(DGA)。

1.5 倒闸操作管控关键技术要点解析

1.5.1 变压器充电前应投入全部保护并从电源侧充电,停电时先停负荷侧后停电源侧。

【标准依据】DL/T 572《电力变压器运行导则》5.2.3b) 变压器充电应在有保护装置的电源侧用断路器操作,停运时应先停负载侧,后停电源侧。

要点解析:变压器充电前应投入变压器全部保护并从电源侧充电,停电时先停负荷侧后停电源侧:①多电源情况下,按上述顺序停电,可以防止变压器反充电;若停电时先停电源侧,遇有故障,可能造成保护误动或拒动,延长故障切除时间,也可能扩大停电范围;②当负荷侧母线电压互感器带有低频减载装置,且未装电流闭锁时,停电先停电源侧断路器,可能由于大型同步电动机的反馈,使低频负荷装置误动作;③从电源侧逐级送电,如遇故障便于从送电范围检查、判断和处理。

1.5.2 变压器并列操作应先将变压器高压侧合环,再进行中、低压侧合环,禁止从低压侧合环并列操作。

【标准依据】无。

要点解析:变压器并列运行是将变压器一次绕组并列在同一电压母线上,二次绕组并列在另一电压母线上运行,变压器并列运行主要优势有两点:①能实现变压器负载的均衡分配;②变压器故障停电可实现负载不间断供电。变压器长期并列运行的情形主要为高、中压侧并列运行,而低压侧分列运行;变压器停电检修时将高、中及低压侧暂时并列运行,再停用待检修变压器。

变压器并列操作应先合高压侧（电源侧）母联（分段）断路器，再合中、低压侧母联（分段）断路器，原因分析如下：

（1）变压器先二次侧并列运行，不是真正意义上的变压器并列运行，相当于系统并列运行。为此，变压器并列运行应先从变压器高压侧（电源侧）合环。

（2）对于不同电源系统（分区电网）电动势，总是存在一定偏差（要求电压偏差不大于5%），在合环时存在较大环流，宜导致系统失去稳定，为此母联（分段）断路器应配置合环保护，当电流过大时跳开母联（分段）断路器，而低压侧合环并列宜导致变压器承受过大环流，再高压侧合环并列也同样存在过大环流。为此，变压器并列运行应先从变压器高压侧（电源侧）合环。

（3）变压器并列操作时正遇系统短路故障时，高压侧（电源侧）合环时不存在反送电流，若变压器低压侧先并列合环，短路电流将通过低压母联断路器及两台变压器流向短路点，由于阻抗及各种电流保护配合的参数配合原因，这一反送电流较难快速切除，甚至超过变压器故障耐受 2s 时间后导致变压器损坏，如图 1-1 所示。为此，变压器并列运行应先从变压器高压侧（电源侧）合环。

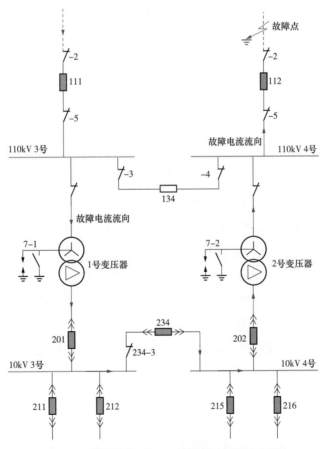

图 1-1 变压器低压并列合环线路故障反送电流

（4）变压器长期并列运行一般采取高中压侧并列运行，低压侧分列运行方式，这是因为若低压侧也并列运行，变压器等效阻抗下降，当低压侧发生短路故障时，低压侧故障电流将比分列运行大 1 倍左右，故要求变压器抗短路能力要求很高，同时要求断路器有足够的遮断容量。

1.5.3 切/合 110kV 及以上有效接地系统中性点不接地的空载变压器时，应先将该变压器中性点临时接地。

【标准依据】《国家电网有限公司十八项电网重大反事故措施（2018 年修订版）》14.3.1 切/合 110kV 及以上有效接地系统中性点不接地的空载变压器时，应先将该变压器中性点临时接地。DL/T 572《电力变压器运行导则》5.2.7 在 110kV 及以上中性点有效接地系统中，投运或停运变压器的操作，中性点必须先接地，投入后可按系统需要决定中性点是否断开。110kV 及以上中性点接小电抗的系统，投运时可以带小电抗运行。

要点解析：对于 Y 联结绕组的中性点绝缘水平，主要涉及两类：①全绝缘变压器，即中性点绝缘水平与三相出线绝缘水平相同；②分级绝缘变压器，即中性点绝缘水平低于三相出线绝缘水平。电力系统 110kV 及以上为有效接地系统，所以变压器 Y 联结绕组均采用分级绝缘，而 35kV 及以下系统为非有效接地系统，所以变压器 Y 联结绕组均采用全绝缘设计。为此，变压器运维操作过程中应考虑 110kV 及以上有效接地系统中性点绝缘因过电压损坏问题。

（1）合空载变压器过电压。变压器中性点为分级绝缘的变压器，如果中性点不接地，在变压器空载合闸时，若遇断路器三相同期性能不良，则变压器中性点会出现工频过电压，为防止变压器因过电压而损坏，在空载合闸时应将中性点接地。

（2）切空载变压器过电压。空载变压器在正常运行时表现为励磁电感，因此切除空载（或轻载）变压器就是开断一个小容量电感负荷，这时会在变压器和断路器上出现很高的过电压。产生这种过电压的原因主要是流过电感的电流在到达自然零值之前就被断路器强行切断，从而迫使储存在电感中的磁场能量转化为电场能量而导致电压的升高。试验研究表明：在切断 100A 以上的交流电流时，断路器触头间的电弧通常都是在工频电流自然过零时熄灭的，但当切断的电流较小时（空载变压器励磁电流 i_L 很小，一般只有额定电流的 0.5% ~ 5%，约数安至数十安），电弧往往提前熄灭，亦即电流会在过零之前被强行切断（截流现象）。其等值电路如图 1-2 所示，图中 L_T 为变压器的励磁电感，C_T 为变压器绕组及连接线的对地电容，在工频电压作用下 i_C 远远小于 i_L，因而断路器所要切断的电流 $i = i_C + i_L \approx i_L$。

当断路器断开后，电感中的电流不能突变，必须对电容回路进行充电，储存在 L_T 和 C_T 中的能量必会在 L_T 和 C_T 回路中产生震荡，当电感中储存的磁场能量全部转化为电容中的电场能量时，电容上电压 U_C 就达到最大值，在我国，切除空载变压器引起的过电

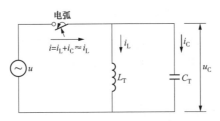

图 1-2 切空载变压器等值电路

压事故曾多次发生。影响切除空载变压器的主要因素：①断路器的灭弧性能，灭弧能力越强，切断电流的能力越强，过电压就越高；②变压器电感参数，电感越大，电容越小，过电压越高。

为此，在切/合 110kV 及以上有效接地系统中性点不接地的空载变压器时，应先将该变压器中性点临时接地，考虑运行中分级绝缘变压器中性点过电压影响，应加装放电间隙，在变压器绕组进线侧加装氧化锌避雷器。

1.5.4 变压器投运前应检查分接头位置应正确，涉及并列运行时应检查分接电压与待并列变压器一致。

【标准依据】 无。

要点解析：变压器投运前应检查分接头位置应正确，与停电前变压器或站内其他变压器分接头位置一致，涉及并列运行时，应检查分接电压与待并列变压器一致，这主要是为了确保两方面：①变压器投运时不发生过励磁现象；②并列运行变压器间不产生过大环流。

（1）变压器投运前应检查分接头位置应正确。如果待投运变压器分接头位置不正确（未恢复至停电前分接头位置），在空载合闸时高压侧系统运行电压远大于分接头所在分接电压值时将造成变压器过励磁。当并列变压器变比差值超过 ±0.5% 时将在并列变压器之间产生较大环流。

（2）涉及并列运行时，应检查分接电压与待并列变压器一致。例如：某 220kV 有载调压变压器电压比为 220 ± 8 × 1.25%/115/10.5，当高压中性点分别采用 10193W 和 10191W 调压接线方式，前者分接头位置指示显示 1 ~ 17 个，中间位置 9a、9b、9c 分接电压一致，而后者分接头位置指示显示 1 ~ 19 个，中间位置 9、10、11 分接电压一致。如果两台变压器均运行在 12 分接位置，那么并列变压器分接电压将相差 220 × (2 × 0.25%) kV，变压器之间将产生一定环流，虽然满足变比差值误差，但尽量应避免此环流的产生。

1.5.5 新安装或变动过内外连接线的变压器，并列运行前应核定相位。

【标准依据】 DL/T 572《电力变压器运行导则》4.5.2 新装或变动过内外连接线的变压器，并列运行前应核定相位。

要点解析：新安装或变动过内外连接线的变压器，并列运行前必须先做好核相工作，这是因为新安装或大修的变压器应考虑联结组别不一致性，外部套管连接线（架空引线或电缆）走向不一致性，经核相确定各变压器相序相位相同才能并列，否则将造成变压器相间短路，烧毁变压器。

新投变压器待并列前核定相位的方法有"一次核相"和"二次核相"两种，常见方法如图 1-3 所示。

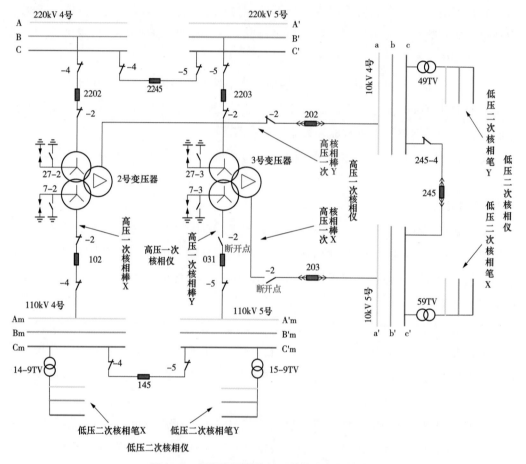

图 1-3 新投变压器待并列前核定相位示意

注：3 号为新待投运变压器，黄绿红分别代表 A、B、C 相，断路器红色代表合闸，蓝色代表分闸。

（1）一次核相方法：采用该方法的前提必须是有一个基准相，否则不应采用，它是将新变压器空载合闸（中、低压侧断路器及隔离开关为分闸状态），将两个一次核相棒分别接触在新投变压器及待并列变压器输出侧引线上，通过一次核相仪分相核对相序和相位。另外，也可以在隔离开关两侧断点处进行，这主要是根据现场情况而定。

（2）二次核相方法：将新投变压器的中、低压侧母线负荷全部倒出或拉开，母联断路器和隔离开关也在拉开状态，只留空母线及 TV（一般此方法适宜于基建站或扩建变压器间隔设备情形，不会导致负荷丢失）。然后，分别合上变压器高、中及低压侧断路器向中、低压侧母线充电，使用二次核相仪分别接在不同母线 TV 二次端子上进行二次核对相序和相位。

1.5.6　500kV 及以上变压器直流电阻试验后应进行铁芯退磁试验，直流电阻试验电流不宜大于 5A。

【标准依据】 无。

要点解析： 影响变压器充电产生励磁涌流的大小与持续时间的因素包括：①变压器剩磁，变压器的剩磁越大，产生的励磁涌流越大；②合闸角度，变压器在交流电压 0°合闸时也将产生较大励磁涌流，经仿真计算，0°合闸时励磁涌流最大峰值将达到变压器额定电流 5 倍；③合闸电阻，变压器合闸回路内串联合闸电阻，有助于限制励磁涌流，加快磁通衰减，减少励磁涌流持续时间；④变压器本体结构，三相一体变压器共用铁芯，一相充电后对其余相磁通产生影响，即使三相均在 90°合闸，由于先合闸相的在铁芯内已产生磁通，后合闸相也会产生较大励磁涌流。

直流电阻测量试验是现场变压器剩磁产生的主要原因之一，并且直阻试验电流越大，变压器剩磁越大。剩磁是铁磁材料的磁滞损耗表现，磁滞损耗是铁磁材料将电能吸收后转化为磁能的结果，在交流回路中表现为铁损的一部分（与涡流损耗共同组成变压器的铁损）。也就是说，磁滞损耗是能量转换的结果，因此与输入的功率和时间有关，也就是说在变压器绕组上输入的电功率越大、时间越长、剩磁量就越大，测量直流电阻选择电流档位过大是导致变压器产生剩磁的根本原因。因此，为了减小直阻试验产生的剩磁的影响，应尽可能地减小直阻试验的直流电流。

当对变压器施加直流电流时，变压器绕组呈现小电阻和大电感的状态，由于电感电流不能突变，因此必然有一个充电时间，并且这个时间是由时间常数 $\tau = L/R$ 决定。当充电时间 $t > 5\tau$ 时，直流电阻值测试结果才逐渐趋于稳定。根据现场运行经验，充电电流越大，直流电阻稳定时间越短。表 1–3 给出了采用不同充电电流进行直阻试验时的稳定时间。

表 1–3　　　　　　　　　不同电流下的直流电阻试验试验时间

电压等级 （kV）	额定容量 （MVA）	直阻试验充电电流 （A）	低压侧电阻值稳定时间 （min）
500kV 自耦	334	20	>10
		10	>20
		5	>30
220kV 自耦	180	20	>10
		10	>20
		5	>30

在现场进行变压器直流电阻测试时，通常会采用较大直流电流来缩短变压器充电时间。然而，当直流测试电流较大时，变压器剩磁影响将更明显。因此，为了减小直阻试验导致的剩磁，现场变压器直阻试验电流宜减小至 5A，直流电阻试验时间会有所增加。

变压器直阻等试验导致的铁芯剩磁和合闸相位对合空载变压器的励磁涌流有重要影响。由于剩磁难以直接进行测量，现场试验以后的剩磁大小和极性也难以知晓，因此在合空载变压器之前，需要对变压器进行退磁处理，在变压器没有剩磁的条件下进行合闸，选择合闸相位 $\alpha = 90°$ 可以有效减小变压器励磁涌流。

国内外普遍采用的变压器退磁方法主要有交流退磁法和直流退磁法两种。两种退磁方法的主要步骤如下所示。

（1）交流退磁法。交流退磁法是现场最常用的变压器铁芯退磁法。退磁的主要过程如下：在变压器低压侧加交流电压，高压中性点接地，缓慢升高电压至 50% 额定值，并保持 5min 后降至 0，然后缓慢升高电压至 100% 额定电压，保持 5min 后缓慢降至 0，然后切断电源，重复 2 ~ 3 次可达到完全消磁的目的。退磁用电压波形和变压器磁通变化波形分别如图 1 - 4 和图 1 - 5 所示。交流退磁法可通过判断励磁电流的波形、无偶次谐波分量来判断消磁的结果。交流消磁法需要采用交流电源试验设备，比如发电机、试验变压器等电源设备。

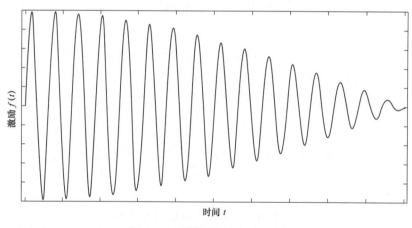

图 1-4　退磁用交流衰减电压

（2）直流退磁法。直流退磁法是通过施加一个交替变化的直流电流到绕组来完成退磁操作。在变压器高压绕组两端正向、反向分别通入一个固定直流电流，且正向、反向电流保持相同时间，通常选取 5 ~ 10min，之后逐渐减小电流，每次减少 10% ~ 15%，重复以上过程，直至电流减小到 0.5A 以下，如图 1 - 6 所示。此方法可以缩小铁芯的磁滞回环，从而达到减小剩磁的目的。现场根据仪器情况，可选用 5A、2A、1A 电流档位依次进行正、反向反复冲击消磁。

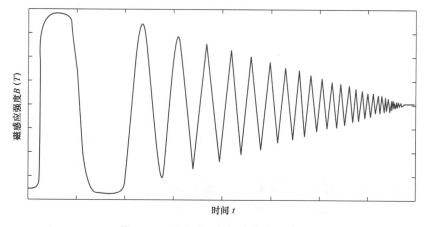

图1-5 退磁过程中的磁通密度衰减

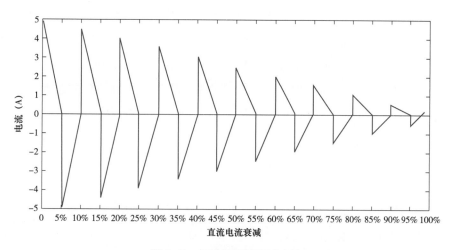

图1-6 退磁用直流衰减电流

1.5.7 变压器投入运行前应在额定电压下做空载冲击合闸试验,新品交接合闸冲击5次,更换绕组等器身类检修冲击3次,每次间隔5min,第一次合闸后持续不小于10min,冲击合闸前应将全部保护投入,冲击完成24h后应进行油中溶解气体分析。

【标准依据】GB/T 50148《电气装置安装工程 电力变压器、油浸电抗器、互感器施工及验收规范》4.12.2 变压器、电抗器应进行5次空载全电压冲击合闸,应无异常情况;第一次受电后持续时间不应少于10min;全电压冲击合闸时,其励磁涌流不应引起保护装置动作。

要点解析:变压器空载合闸是指变压器空载状态下,高压侧绕组突然接通额定电压,高压绕组中通过的瞬变励磁电流(或称励磁涌流)。

励磁涌流与空载合闸时的电压相角及铁芯中的剩磁有关,电源侧为幅值(相角为90°)时合闸,铁芯中没有剩磁,励磁涌流最小,接近于额定空载电流;在电源电压为零(相角为0°)时合闸,铁芯中存在极性相反的剩磁,励磁涌流最大。非极端情况下的励磁涌流介于最小和最大值之间。三相变压器或单相变压器组，相位相差120°，空载合闸时每相的合闸相角不可能相同，每个铁芯芯柱的剩磁也可能不一样，所以不可能同时出现最大励磁涌流。铁芯中的剩磁与测量绕组直流电阻时的电流大小有关，还与变压器停电时切断电流的大小和负载性质有关。

变压器投入运行前应在额定电压下做空载冲击合闸试验，目的是：

（1）考验冲击合闸时变压器产生的励磁涌流对差动保护的影响，变压器空载合闸时，变压器会产生励磁涌流，其数值可达6~8倍的额定电流，励磁电流衰减时间随着容量的增大而增大，一般可认为20s即可完成衰减，如果投入时差动保护动作应分析差动保护对于励磁涌流的判据是否正确，变压器是否剩磁过大等原因。

（2）考验励磁涌流电动力振动的影响，励磁涌流在变压器内产生相当大的电磁力，引起器身连同变压器剧烈振动，振动过程中不但出现异常响声，而且导线和绝缘结构都可能变动，对于绝缘结构设计不合理，器身压紧机构较差时，易发生绝缘类故障。

（3）考验变压器绝缘强度是否能承受过电压。由于切/合110kV及以上有效接地系统中性点不接地的空载变压器时会产生操作/谐振过电压现象，对中性点分绝缘变压器，在进行冲击合闸时，中性点必须接地。如果绝缘存在薄弱点并发生过电压损坏事情，变压器油中将会出现放电性特征气体或本体气体继电器集聚气体（轻瓦斯动作），严重时内部故障导致油流冲击本体气体继电器挡板而动作跳闸（重瓦斯动作）。

变压器第一次额定电压下带电必须对各部件进行检查，如声音是否正常，各连接处是否有存在放电打火现象（等电位线连接不可靠）、油色谱在线分析是否正常、气体继电器内部是否集聚气体等，故规定第一次冲击合闸受电后持续时间应不少于10min。冲击完成应在24h后进行油中溶解气体（DGA）分析，这是因为，油循环及油中放电或过热类特征气体的扩散是需要一定时间的，只有这样才能更准确地鉴别冲击合闸对变压器的影响。

1.5.8　并列运行变压器中性点接地方式改变后，应及时调整站内变压器中性点接地方式，防止形成局部不接地系统。

【标准依据】 无。

要点解析： 系统中变压器的中性点是否接地运行，原则是应尽量保持变电站零序阻抗基本不变，以保持系统中零序电流的分布不变，便于零序保护的整定，并使零序电流、零序电压保护有足够的灵敏度，而且变压器不致于产生过电压危险。

并列运行变压器中性点接地原则为，并列运行的220kV变电站，至少应有一台变压器220kV、110kV侧中性点接地运行，具体为：①优先选择带有站用变或10kV出线的变压器中性点接地；②当变电站有3台及以上变压器时，选择运行于同一条母线上的两台变压器中的一台接地。

以某 220kV 变电站变压器中性点接地运行方式为例分析具体原则，如图 1-7 所示。该站接线方式为：220kV 及 110kV 采用双母线接线方式，2 号和 4 号变压器高、中压运行于 220kV4 号母线和 110kV4 号母线，3 号变压器高、中压运行于 220kV5 号母线和 110kV5 号母线，2 号、3 号和 4 号变压器低压运行于 10kV3 号、4 号、5 号母线，4 号变压器高、中压中性点接地运行，220kV 和 110kV 母联自投 2245 和 145 合闸运行，10kV 母联 245 分闸自投运行。变压器均配置零序电流保护为两段式保护，一段第一时限跳母联（分段）断路器、第二时限跳本侧断路器、二段跳变压器三侧断路器。变压器配置间隙保护延时跳变压器三侧断路器。

当 110kV 馈线 113 发生单相接地故障且 113 馈线保护或断路器发生拒动时，3 号变压器后备保护零序电流动作，此时母联 145 断路器跳闸，2 号变压器 110kV 侧中性点接地方式形成局部不接地系统，而馈线路 113 接地故障仍然存在，此时只能通过 2 号变压器间隙保护跳三侧断路器，随后 110kV 馈线 112 和 114 失电，10kV3 号母线负载停电。可见，如果 10kV3 号母线为重要供电负载线路时将造成停电，即使装设有低压母联，也会存在短时停电的现象。为此，变压器 220kV、110kV 侧中性点接地运行应优先选择带有站用变压器或 10kV 出线的变压器中性点接地。

而对于站内由 3 台及以上变压器时，应选择运行于同一条母线上的两台变压器中的一台接地，否则按上述故障分析将导致另外两台变压器同时跳闸，导致严重甩负荷现象，例如当选择 3 号变压器中性点接地运行时。

并列运行变压器中性点接地运行方式发生改变的情形主要涉及：①中性点接地运行的变压器停电检修或故障跳闸；②并列运行变压器母联开关拉开或跳闸导致 110kV 及 220kV 有效接地系统形成局部不接地系统，当发生以上情形时应及时调整站内中性点接地系统。

对于其他变电站变压器中性点接地原则为：①变电站分列运行的 220kV 变电站，220kV 侧中性点不接地运行，110kV 侧中性点接地运行；②110kV 变电站的中性点不接地运行。此类变压器中性点接地运行方式并不会导致上述所说的中性点接地方式改变。变压器中性点的接地运行方式应由调度管理部门统一管理，运维检修人员不应随意更改变压器中性点接地运行方式。

1.5.9 Yyd 接线分级绝缘变压器高压或中压侧开路运行时，应将开路运行的 Y 接绕组中性点接地并投入零序保护。

【标准依据】 无。

要点解析： Yyd 接线分级绝缘变压器高压或中压侧开路运行时，Y 接绕组侧将形成局部不接地系统，为确保该绕组被雷电波电磁感应传递的过电压造成损坏，应采取将开路运行的 Y 接绕组中性点接地并投入零序保护。另外，如果变压器开路侧近端进线

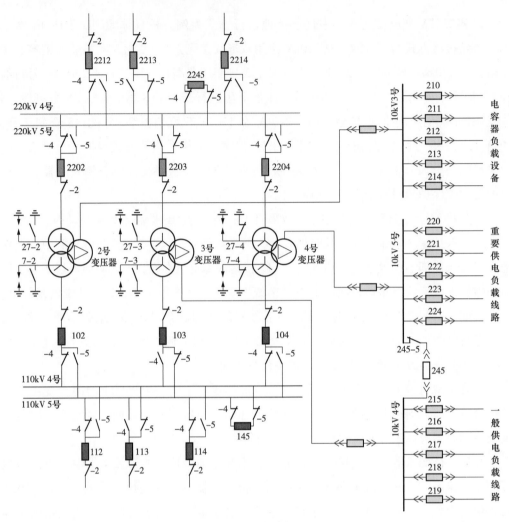

图 1-7　某 220kV 变电站变压器中性点接地运行方式

发生接地故障时，此时变压器零序保护将会拒动，中性点将承受工频过电压，同样也威胁到变压器的分级绝缘，造成变压器绕组损坏。

1.5.10　对于桥接线变压器停电检修，应停用变压器非电量保护跳闸功能压板（或非电量保护电源），防止变压器非电量保护误动造成母联（分段）断路器跳闸。

【标准依据】无。

要点解析：对于桥接线变压器停电检修工作，往往先将该变压器停电转检修，隔离开关拉开后再将进线电源断路器及母联（分段）断路器合闸，使另一台主变压器实现双电源供电模式，提高变压器电源侧供电可靠性，如图 1-1 所示。

若变压器检修时发生非电量装置跳闸接点接通，将启动非电量保护跳闸，变压器各侧断路器跳闸［涉及进线电源断路器及母联（分段）断路器］。虽然不会影响另一台主变压器的供电，但是断路器的非计划跳闸是不允许的，为此应将待检修变压器非电量保护跳闸功能压板停用。

变压器非电量保护涉及跳闸的变压器组部件主要有：①油浸变压器的本体气体继电器，有载开关气体继电器或油流速动继电器；②SF$_6$气体变各仓室压力突变保护和各仓室压力低跳闸保护，如果涉及跳闸功能压板较多时，可采取停用非电量保护电源。

1.6 调压操作管控关键技术要点解析

1.6.1 变压器过载 1.2 倍以上时禁止有载调压操作。

【标准依据】DL/T 574《变压器分接开关运行维修导则》6.4.5.9 有载调压变压器可按各单位批准的现场运行规程的规定过载运行。但过载 1.2 倍以上时，禁止分接变换操作。GB/T 10230.2《分接开关　第 2 部分：应用导则》6.2.2.2 分接开关额定通过电流应不小于变压器额定容量下分接绕组中的分接电流最大值，此电流是指连续负载下的。6.2.2.3 分接开关在 1.2 倍最大额定通过电流下试验通过即可确保满足关于 GB 1094.2 中所述的变压器过载要求。但分接开关在一次过载操作中的操作次数不得超过分接范围的一个终端到另一个终端所需要的操作次数。6.2.3 若变压器最大分接电流和每级的电压在分接开关标称的额定通过电流和相应的额定级电压之内，则该分接开关的开断容量即满足要求。

要点解析：关于有载分接开关额定电流，其定义主要涉及两个：①额定通过电流 I_{um}，它指经分接开关流到外部电路的电流，此电流在相关级电压下，能被分接开关从一个分接转移到另一个分接去，分接开关能持续承载此电流；②最大额定通过电流 I_{um}，它指分接开关设计的最大额定通过电流，显然额定通过电流 $I_u \leqslant$ 最大额定通过电流 I_{um}。分接开关铭牌上所标注的额定电流即为最大额定通过电流 I_{um}，它是作为有载分接开关触头温升、触头切换、短路电流等试验的基准电流。

由于分接开关配套变压器时，其额定电流 I_{um} 数值满足不小于变压器额定容量下分接绕组中的分接电流最大值，那么在正常满载情况下，其有载调压操作是完全符合有载开关调压标准的。为考虑其过载 1.2 倍以内能有载调压操作，在有载开关技术招标环节中要求其额定电流（最大额定通过电流）大于 1.2 倍相应绕组额定电流。

根据 GB/T 10230.2 标准 6.2.3 相关规定，考虑有载开关的开断容量影响，在变压器过载 1.2 倍时应严禁有载调压操作（有载分接开关额定电流并未超过变压器 1.2 倍过载电流）。

1.6.2 有载开关保护退出运行后禁止有载调压操作。

【标准依据】无。

要点解析：油浸变压器有载开关的保护主要指有载油流速动保护或有载瓦斯保护，

SF_6 气体变压器有载开关的保护主要指有载气体压力突变保护，它们主要是防止有载开关在切换过程中发生故障时能及时将变压器切除，防止切换开关故障扩大化。为此，有载开关保护退出运行后禁止有载调压操作。

涉及有载开关保护退出运行的情形主要有：①有载呼吸器及硅胶更换；②有载储油柜补油或撤油。这些措施主要是防止有载开关保护发生误动，虽然这种误动发生的概率很低。当变压器有载开关保护退出运行后，有载开关将失去主保护，为避免开关在此期间动作，应将有载调压电源空开拉开并挂禁止合闸操作牌，将 AVC 调控变压器分接头功能退出，这样可确保当地及远方不能进行有载调压操作。

1.6.3 油浸式真空有载分接开关轻瓦斯报警后应暂停调压操作，并对有载气体继电器积聚气体和开关室绝缘油进行色谱分析，根据分析结果确定恢复调压操作或进行检修。

【标准依据】《国家电网有限公司十八项电网重大反事故措施（2018 年修订版)》9.4.5 油浸式真空有载分接开关轻瓦斯报警后应暂停调压操作，并对气体和绝缘油进行色谱分析，根据分析结果确定恢复调压操作或进行检修。

要点解析：油浸式真空灭弧切换开关切换灭弧操作是在真空泡中进行的，灭弧过程与开关油室的油不接触，不会产生氢气和烃类放电特征气体，变压器绝缘油主要起到开关的润滑、冷却及绝缘等作用，通常情况下油中不会出现放电特征气体，只有真空泡异常时才会发生，为此，油浸式真空有载分接开关轻瓦斯报警后应考虑切换开关（或选择开关）真空泡发生泄漏，无法承担灭弧能力，为防止进一步故障扩大化，应暂停调压操作，并对有载气体继电器积聚气体和开关室绝缘油进行色谱分析，根据分析结果确定恢复调压操作或进行检修。

1.6.4 SF_6 真空灭弧有载开关气室低压力（零表压）或高压力报警应暂停调压操作，并及时安排开关气室补气或撤气。

【标准依据】无。

要点解析：SF_6 真空灭弧有载开关转换元件使用真空开关管，无机械转换触头，如图 1-8 所示，独立于周围 SF_6 介质以实现更高的转换功能，并且对机构的转换操作无需润滑剂，保证清洁。分接开关采用滚筒触头来实现几乎无磨损的分接选择；各种轴承零件使用干轴承，可以实现在无润滑剂的情况下使机构平稳运行，并延长使用周期，除了周围介质不同外，这是与油浸式真空灭弧有载开关主要区别。

有载开关气室气压保持 0.025~0.03MPa（20℃）微正压仅仅主要是为了检测气室是否存在渗漏问题，避免外界潮湿空气进入而无法知晓。而从有载开关切换的电气强度考虑，SF_6 气体零表压状态下和 0.025~0.03MPa（20℃）相比绝缘强度只降低 2% 左右，影响非常微小，可以说，有载开关气室在零表压下是具备额定电流下的有载调

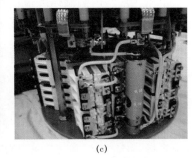

（a）　　　　　　　　　　　（b）　　　　　　　　　　　（c）

图1-8　SF$_6$真空灭弧有载开关结构
（a）开关芯体；（b）真空开关管；（c）过渡电阻

压操作的。

但是，考虑到变压器运行期间会随时出现过载、较大出口短路电流及系统过电压现象，以及空气及潮气的进入气室导致 SF$_6$ 气体纯度降低，湿度增大等因素的影响，有载开关气室在零表压下应暂停调压操作，并及时安排气室补气工作。

SF$_6$ 真空灭弧有载开关气室高压力报警应及时停止有载调压操作，这主要是因为开关气室压力持续升高并超过 0.1MPa 时会造成开关真空管破裂，此时调压操作将造成开关爆炸，具体可见 7.1.11 解析。

1.6.5　短路阻抗不同的变压器，可适当提高短路阻抗高的变压器二次电压，使并列运行变压器的容量能充分利用。

【标准依据】 DL/T 572《电力变压器运行导则》4.5.1 阻抗电压不等或电压比不等的变压器，任何一台变压器除满足 GB/T 1094.7 和制造厂规定外，其每台变压器并列运行绕组的环流应满足制造厂的要求。阻抗电压不同的变压器，可适当提高阻抗电压高的变压器的二次电压，使并列运行变压器的容量均能充分利用。

要点解析： 变压器并列运行的基本条件为：①联结组标号相同；②电压比应相同，差值不得超过 ±0.5%；③阻抗电压值偏差小于 10%。

变压器联结组标号是必须满足项，不满足则不允许运行，这是因为并列时变压器之间的循环电流是额定电流的好几倍，会直接导致变压器绝缘损坏。

变压器电压比不同时将造成并列变压器之间形成循环电流（环流），只要确保变压器不发生满载或过载即满足要求。由于并列变压器一次侧电压相等，当并列变压器电压比不同时，二次侧绕组感应电动势也就不相等，便出现了电势差，使并列变压器二次绕组之间形成了循环电流。在有负荷的情况下，由于循环电流的存在，使变比小的变压器绕组的电流增加，而使变比大的变压器电流减小。变压器循环电流并不是负载电流，它占据了变压器容量，从而降低了输出效率，增加了损耗，当电压比相差过大并产生过大循环电流时可能导致变压器过载甚至损坏。另外，根据磁动势平衡关系可知，由于二次绕组侧循环电流的存在，变压器一次绕组侧也会产生循环电流，从这点看，此循环电流的出现并不会导致变压器差动保护误动跳闸。

变压器短路阻抗不同时将造成并列变压器负载分配不均衡，变压器间并不会形成循环电流（环流），变压器负载分配与变压器容量成正比，与短路阻抗成反比。各并列运行变压器负载分配公式为：$I_\alpha : I_\beta : I_\gamma = S_{N\alpha}/Z^*_{K\alpha} : S_{N\beta}/Z^*_{K\beta} : S_{N\gamma}/Z^*_{K\gamma}$，其中，$I_\alpha$、$I_\beta$、$I_\gamma$ 分别为变压器 α、β 和 γ 的负载分配系数；$S_{N\alpha}$、$S_{N\beta}$、$S_{N\gamma}$ 分别为变压器 α、β 和 γ 的额定容量；$Z^*_{K\alpha}$、$Z^*_{K\beta}$、$Z^*_{K\gamma}$ 分别为变压器 α、β 和 γ 的短路阻抗。即在变压器容量相同时，并列运行变压器的负载分配系数与阻抗电压成反比，短路阻抗小变压器将第一时间达到满载。当短路阻抗小的变压器满载时，短路阻抗大的变压器欠载；当短路阻抗大的变压器满载时，短路阻抗小的变压器过载。

通过以上分析可知，如果为了使并列运行变压器负载平衡分配，防止某台变压器满载或过载，在这种情况下可通过提高短路阻抗高的变压器二次电压，使并列运行变压器的容量能充分利用。提高短路阻抗高的变压器二次电压，使得短路阻抗高的与短路阻抗小的变压器之间形成循环电流，且循环电流与短路阻抗大的负载电流同方向，与短路阻抗小的负载电流反方向，这样即确保了短路阻抗小的不会第一时间满载或过载运行。

1.6.6 并列运行的变压器进行分接变换操作时，不得在单台变压器上连续进行2个分接变换操作，分接变换后应检查电压和电流的变化情况。

【标准依据】DL/T 572《电力变压器运行导则》6.4.5.6 两台有载调压变压器并联运行时，允许在85%变压器额定负荷电流及以下的情况下进行分接变换操作，不得在单台变压器上连续进行2个分接变换操作，必须1台变压器的分接变换完成后，再进行另一台变压器的分接跟随变换操作。每进行1次分接变换后，都要检查电压和电流的变化情况，防止误操作和过负荷。升压操作，应先操作负荷电流相对较少的1台，后操作负荷电流相对较大的1台，以防止过大的环流。降压操作时与此相反。操作完毕，应再次检查并联的2台变压器的电流分配情况。

要点解析：变压器并列运行的电压比差值不得超过±0.5%，这是因为在某台变压器调压操作时，总会涉及一先一后，电压比总是存在偏差，但是电压比偏差时也同样在并列变压器之间形成环流，为确保环流对变压器运行的影响，其电压比差值不得超过±0.5%。例如，对于电压比为220±8×1.25%/115/10.5的有载调压变压器，并列变压器的分接电压差值不能超过2个分接位置（±2×0.25%=±0.5%）。

1.6.7 由3台单相有载调压变压器构成的变压器组应具备远方及当地同步操作和失步保护功能，三相分接位置应一致。

【标准依据】 DL/T 574《变压器分接开关运行维修导则》5.2.2.3 单相有载调压变压器组进行分接变换操作时应采用三相同步的远方或就地电气操作并有失步保护；三台单相变压器组或并联运行变压器必须具有可靠的同步操作、失步监视保护，各有载开关处于同一分接位置时，方可电气联动操作；各有载开关处于不同步时，在发出操作信号时应闭锁此分接变换操作。凡参与电气联动的分接开关只允许失步一级，不应造成级差环流导致变压器差动保护动作。

要点解析： 由3台单相变压器构成的有载调压变压器组都采用电气连锁实现同步功能，并通过上送实际分接位置来判断其操作同步性，不具备机械连锁功能，因此，为防止对分相分接开关误操作，应采取对分相调压机构箱进行挂锁措施。

当进行分接开关调压操作时，如发现某相调压机构拒动时分接位置指示与其他相不一致时，应在当地分相调压机构箱处手动操作，首先尝试对异常相分接开关手动遥动手柄至待运行分接位置，确保三相分接位置指示应一致；如调压机构拒动应停止操作，可能是齿轮机构或内部存在卡涩原因，防止强行操作导致调压机构损坏或者内部开关故障，此时可将其他两相分接开关手动遥动手柄至原分接位置。在未修复前应同时将调压电源空气开关拉开、AVC调控变压器分接头功能退出，禁止进行分接变换操作。

变压器带负荷调整变压器分接头时将对变压器差动保护产生不平衡电流，保护装置整定值应躲过此不平衡电流。正常情况下，保护装置采集变压器各侧电流互感器二次电流之和应为零，即电流互感器的变比等于变压器变比，而调整分接头实际就是改变变压器的变比，通常负荷侧电流是不变的，根据功率传输守恒定律，输入侧电流将随之发生改变，其结果必然破坏差动保护互感器二次电流的平衡关系，即产生了不平衡电流。若差动保护整定值设定不合理，分接位置相差较大时易导致差动保护误动。

对于由3台单相变压器构成的有载调压变压器组，当某相变压器分接位置不一致时，最大的影响是输出侧电压将不一致，进而导致三相电压不平衡，同样也会出现三相电流不平衡。这样负序分量和零序分量将可能超过相关保护整定值，导致相关保护误动。

1.6.8 有载调压电源空气开关跳闸后可试合一次，检查有载开关分接位置指示器是否到位，否则应拉开调压电源空气开关，并手动摇至正确分接指示位置。

【标准依据】 无。

要点解析： 有载调压电源空气开关跳闸的原因主要涉及两方面：①调压机构元器件存在缺陷，导致调压电源空气开关跳闸，例如时间继电器损坏、继电器接点粘连导致机构连调、电源相序接反而反向调压等；②AVC或VQC自动调压控制系统发现机构存在连调、调压时间过长（超过13s）、分接头位置未上送等现象，远方跳调压电源空气开关。

有载调压电源空气开关跳闸后，位置指示器和分接变换指示器箭头将停留在过渡状态，考虑后续有载电动调压顺利进行以及分接位置远方与当地的一致性，应采取措施将分接开关分接位置调整至正确分接位置，如图1-9所示。有载调压电源空气开关跳闸后可试合空气开关一次，在此期间应检查：①是否运转至规定分接位置即停止，如果发生连调现象应及时拉开调压电源空气开关，再用手动摇至正常运行分接位置；②如果调压机构未动作，应拉开调压电源空气开关并手动摇至正确运行分接位置。

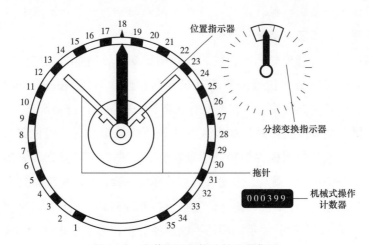

图1-9　有载调压机构分接位置指示

从另一个角度分析，先对调压电源空气开关试合，可直接观察调压机构存在的异常现象，运维人员应记录原始分接位置指示状态以及最终分接位置指示状态，便于调压机构存在问题的分析处理。

1.6.9　Y或YN接线变压器采用高压中性点调压时，升分头操作升高中、低压侧电压，降分头操作降低中、低压侧电压。

【标准依据】DL/T 572《电力变压器运行导则》6.4.2对同时装有有载调压变压器及无功补偿并联电容器装置的变电站，当母线电压超出允许偏差范围时，首先应按无功电力分层、分区就地平衡的原则，调节发电机和无功补偿装置的无功出力，若电压质量仍不符合要求时，再调整相应有载调压变压器的分接开关位置，使电压恢复到合格值。

要点解析：变压器调压是通过改变调压绕组分接头位置进行调压，即改变变压器绕组匝数比（基本绕组连同调压绕组有效匝数比，有效匝数根据产生主磁通方向是否一致确定有效匝数）。Y或YN接线变压器高压中性点调压接线如图1-10所示。

根据电磁感应原理，变压器高压侧外施电源铁芯产生磁通，高（中）低压侧绕组均通过相同的磁通变化产生感应电动势，下面以磁通 Φ_m 的变化和匝数 N 的变化来分析变压器调压过程。

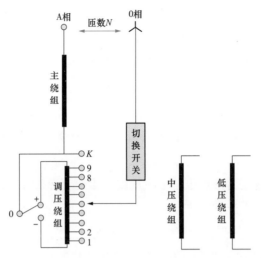

图 1-10 Y 或 YN 接线变压器高压中性点调压接线（正反调压为例）

（1）变压器高压侧（电源侧）电网电压波动。当变压器高压侧电网电压 U_1 升高时，根据电磁感应原理 $U = 4.44fN\Phi_m$，铁芯磁通 Φ_m 增大，输出侧电压 U_2、U_3 也随之升高。为确保输出侧电压不变，需通过调增匝数 N_1 降低磁通 Φ_m 实现降低输出侧电压，即降分头 $N{\to}1$ 操作（分接电压由低变高）。同理，当变压器高压侧电网电压降低时，应调减匝数 N_1 升高磁通 Φ_m 实现升高输出侧电压，即升分头 $1{\to}N$ 操作（分接电压由高变低）。

调压过程：
$$U_1 \uparrow \to U_2、U_3 \uparrow \to N_1 \uparrow（降分头）\to \Phi_m \downarrow 至基本不变 \to U_2、U_3 \downarrow；$$
$$U_1 \downarrow \to U_2、U_3 \downarrow \to N_1 \downarrow（升分头）\to \Phi_m \uparrow 至基本不变 \to U_2、U_3 \uparrow。$$

（2）变压器输出侧（中、低压侧）电压波动。变压器高压侧（电源侧）电网电压 U_1 不变，变压器铁芯磁通 Φ_m 不变。当变压器输出侧电压 U_2、U_3 升高时，根据电磁感应原理 $U = 4.44fN\Phi_m$，只能通过调增匝数 N_1 降低磁通 Φ_m 实现降低输出侧电压，即降分头 $N{\to}1$ 操作。同理，变压器输出侧电压下降时，应调减匝数 N，即升分头 $1{\to}N$ 操作。

调压过程：
$$U_2、U_3 \uparrow \to N_1 \uparrow（降分头）\to \Phi_m 继续 \downarrow（U_1 不变）\to U_2、U_3 \downarrow；$$
$$U_2、U_3 \uparrow \to N_1 \uparrow（降分头）\to k_{12}、k_{13} \uparrow \to U_2、U_3 \downarrow。$$
$$U_2、U_3 \downarrow \to N_1 \downarrow（升分头）\to \Phi_m 继续 \uparrow（U_1 不变）\to U_2、U_3 \uparrow；$$
$$U_2、U_3 \downarrow \to N_1 \downarrow（升分头）\to k_{12}、k_{13} \downarrow \to U_2、U_3 \uparrow。$$

综上所述，Y 或 YN 接线变压器采用高压中性点调压时，升分头操作升高中、低压侧电压，降分头操作降低中、低压侧电压。

1.6.10　自耦变压器采用中压中性点调压方式时，升分头操作降低中压侧电压，升高低压侧电压；降分头操作升高中压侧电压，降低低压侧电压。

【标准依据】 DL/T 572《电力变压器运行导则》6.4.2 对同时装有有载调压变压器及无功补偿并联电容器装置的变电站，当母线电压超出允许偏差范围时，首先应按无功电力分层、分区就地平衡的原则，调节发电机和无功补偿装置的无功出力，若电压质量仍不符合要求时，再调整相应有载调压变压器的分接开关位置，使电压恢复到合格值。

要点解析： 自耦变压器采用中压中性点调压接线（见图 1-11），根据电磁感应原理，变压器高压侧外施电源铁芯产生主磁通，高（中）低压侧绕组均通过相同的磁通变化产生感应电动势（电压），改变中压中性点调压分接位置时（即改变匝数），则中压绕组匝数 N_2（公共绕组）发生变化，同时高压绕组匝数 $N_1 + N_2$（串联绕组 + 公共绕组）也发生变化，下面以铁芯磁通 Φ_m 和匝数 N 的变化来分析变压器调压过程。

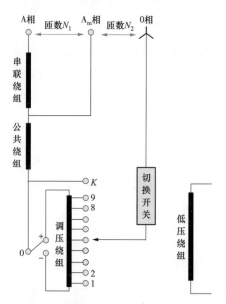

图 1-11　自耦变压器中压中性点调压接线（正反调压为例）

（1）变压器高压侧（电源侧）电网电压波动。当变压器高压侧电网电压 U_1 升高时，根据电磁感应原理 $U = 4.44fN\Phi_m$，铁芯磁通 Φ_m 增大，中压和低压侧电压也同时升高。根据变比 $k_{12} = (N_1 + N_2)/N_2$ 可知，欲使中压侧电压降低，需调减匝数 N_2，此时主磁通 Φ_m 变大，低压侧电压 U_3 将继续升高，即升分头 $1{\rightarrow}N$ 操作（分接电压由高变低）。同理，当变压器高压侧电网电压降低时；欲使中压侧电压升高，应调增匝数 N_2，即降分头 $N{\rightarrow}1$ 操作（分接电压由低变高）。

$$U_1 \uparrow \rightarrow U_2 、 U_3 \uparrow \rightarrow N_2 \downarrow （升分头）\rightarrow \Phi_m 继续 \uparrow \rightarrow U_3 继续 \uparrow ;$$

调压过程：

$$U_1 \uparrow \rightarrow U_2 、 U_3 \uparrow \rightarrow N_2 \downarrow （升分头）\rightarrow k_{12} \uparrow \rightarrow U_2 \downarrow 。$$

$$U_1 \downarrow \rightarrow U_2 、 U_3 \downarrow \rightarrow N_2 \uparrow （降分头）\rightarrow \Phi_m 继续 \downarrow \rightarrow U_3 继续 \downarrow ;$$

$$U_1 \downarrow \rightarrow U_2 、 U_3 \downarrow \rightarrow N_2 \uparrow （降分头）\rightarrow k_{12} \downarrow \rightarrow U_2 \uparrow 。$$

（2）变压器输出侧（中、低压侧）电压波动。变压器高压侧（电源侧）电网电压不变，变压器铁芯磁通 Φ_m 不变。

当调增调压绕组匝数 N_2 时，高压侧绕组匝数 $N_1 + N_2$ 也同时增大，由于外施电源电压未变化，故此铁芯磁通 Φ_m 将降低，低压侧绕组电压将降低。从变比角度分析，高压和中压变比 $k_{12} = （N_1 + N_2）/N_2$ 将变小，此时中压侧绕组电压将升高。

当调减调压绕组匝数 N_2 时，高压侧绕组匝数 $N_1 + N_2$ 也同时减小，由于外施电源电压未变化，故此铁芯磁通 Φ_m 将升高，低压侧绕组电压将升高。从变比角度分析，高压和中压变比 $k_{12} = （N_1 + N_2）/N_2$ 将变大，此时中压侧绕组电压将降低。

$$U_2 \downarrow \rightarrow N_2 \uparrow （降分头）\rightarrow \Phi_m \downarrow （U_1 不变）\rightarrow U_3 \downarrow ;$$

调压过程：

$$U_2 \downarrow \rightarrow N_2 \uparrow （降分头）\rightarrow k_{12} \downarrow \rightarrow U_2 \uparrow ;$$

$$U_2 \downarrow \rightarrow N_2 \uparrow （降分头）\rightarrow k_{13} \uparrow \rightarrow U_3 \downarrow 。$$

$$U_2 \uparrow \rightarrow N_2 \downarrow （升分头）\rightarrow \Phi_m \uparrow （U_1 不变）\rightarrow U_3 \uparrow ;$$

$$U_2 \uparrow \rightarrow N_2 \downarrow （升分头）\rightarrow k_{12} \uparrow \rightarrow U_2 \downarrow ;$$

$$U_2 \uparrow \rightarrow N_2 \downarrow （升分头）\rightarrow k_{13} \downarrow \rightarrow U_3 \uparrow 。$$

综上所述，自耦变压器采用中压中性点调压时，中、低压两侧电压变化方向是相反的。升分头操作降低中压侧电压，升高低压侧电压；降分头操作升高中压侧电压，降低低压侧电压。

自耦变压器采用中压中性点调压对降低制造难度、提高安全可靠性和降低成本较为有利，但会造成变压器低压绕组电压的较大波动，为此，其低压侧的设备应能承受较高的电压变化，低压侧所接站用变压器的调压范围应相应增大，以保证低压侧供电电压质量。

1.6.11 自耦变压器采用中压线端调压时（中压绕组匝数不变），升分头操作升高中、低压侧电压；降分头操作降低中、低压侧电压。

【标准依据】无。

要点解析：自耦变压器采用中压线端调压（中压绕组匝数不变）接线如图 1 – 12 所示，在中压线端调节分接位置时，高压侧绕组匝数 $N_1 + N_2$（串联绕组 + 公共绕组）

发生变化，而中压侧绕组匝数 N_2（公共绕组）不变。自耦变压器采用中压线端调压时（中压绕组匝数不变），其调压接线原理等效于 Y 或 YN 接线变压器高压中性点调压，故调压结果是一致的。

为此，自耦变压器采用中压线端调压时（中压绕组匝数不变），升分头操作升高中、低压侧电压；降分头操作降低中、低压侧电压。

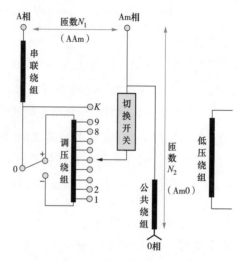

图 1-12　自耦变压器中压线端调压接线（中压绕组匝数不变）

1.6.12　自耦变压器采用中压线端调压时（高压绕组匝数不变），升分头操作降低中压侧电压，低压侧电压不变；降分头操作升高中压侧电压，低压侧电压不变。

【标准依据】GB/T 17468《电力变压器选用导则》4.6.2 自耦变压器采用公共绕组中性点侧调压者，应验算第三绕组电压波动不致超出允许值。在调压范围大、第三绕组电压不准许波动范围大时，推荐采用中压侧线端调压。如果需要，则可以采用低压补偿方式，补偿低压绕组电压。

要点解析：自耦变压器采用中压线端调压（高压绕组匝数不变）接线如图 1-13 所示，在中压线端调节分接位置时，高压侧绕组匝数 $N_1 + N_2$（串联绕组 + 公共绕组）不变，仅中压侧绕组匝数 N_2（公共绕组）发生变化，下面以磁通 Φ_m 的变化和匝数 N 的变化来分析变压器调压过程。

（1）变压器高压侧（电源侧）电网电压波动。

1）当变压器高压侧电网电压 U_1 升高时，根据电磁感应原理 $U = 4.44fN\Phi_m$，铁芯磁通 Φ_m 增大，中、低压侧电压 U_2、U_3 也同时升高。由于高压侧绕组匝数 N_1 无法改变，故铁芯磁通 Φ_m 也无法改变，低压侧电压 U_3 保持升高值不变。

当调压绕组有效匝数调增时（即：降分头 $N \rightarrow 1$，分接电压由低→高），中压绕组匝数 N_2 增加，根据高、中压变比关系 $k_{12} = (N_1 + N_2)/N_2$ 将变小，则中压侧绕组电压

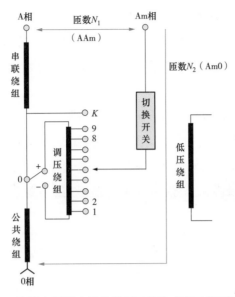

图1-13 自耦变压器中压线端调压接线（高压绕组匝数不变）

将继续升高。当调压绕组有效匝数 N_2 调减时（即：升分头 $1 \rightarrow N$，分接电压由高→低），根据高、中压变比关系 $k_{12} = (N_1 + N_2)/N_2$ 将变大，则中压侧绕组电压将降低。因此，若需中压侧电压降低，需升分头操作。

2）当变压器高压侧电网电压 U_1 下降时，铁芯磁通 Φ_m 减小，中、低压侧电压 U_2、U_3 也同时降低。由于高压侧绕组匝数 N_1 无法改变，故铁芯磁通 Φ_m 也无法改变，低压侧电压 U_3 保持降低值不变。

当调压绕组有效匝数 N_2 调增时（即：降分头 $N \rightarrow 1$，分接电压由低→高），中压绕组匝数 N_2 减小，根据高、中压变比关系 $k_{12} = (N_1 + N_2)/N_2$ 将变小，则中压侧绕组电压将升高。当调压绕组有效匝数 N_2 调减时（即：升分头 $1 \rightarrow N$，分接电压由高→低），根据高、中压变比关系 $k_{12} = (N_1 + N_2)/N_2$ 将变大，则中压侧绕组电压将继续降低。因此，若需中压侧电压升高，需降分头操作。

调压过程：
$$U_1 \uparrow \rightarrow U_2、U_3 \uparrow \rightarrow N_2 \downarrow（升分头）\rightarrow \Phi_m \text{不变} \rightarrow U_3 \text{不变}；$$
$$U_1 \uparrow \rightarrow U_2、U_3 \uparrow \rightarrow N_2 \downarrow（升分头）\rightarrow k_{12} \uparrow \rightarrow U_2 \downarrow。$$

$$U_1 \downarrow \rightarrow U_2、U_3 \downarrow \rightarrow N_2 \uparrow（降分头）\rightarrow \Phi_m \text{不变} \rightarrow U_3 \text{不变}；$$
$$U_1 \downarrow \rightarrow U_2、U_3 \downarrow \rightarrow N_2 \uparrow（降分头）\rightarrow k_{12} \downarrow \rightarrow U_2 \uparrow。$$

（2）变压器输出侧（中、低压侧）电压波动。变压器高压侧（电源侧）电压 U_1 不变，变压器铁芯磁通 Φ_m 保持不变。

当调压绕组有效匝数调增时（即：降分头 $N \rightarrow 1$，分接电压由低→高），高压侧绕

组匝数 $N_1 + N_2$ 不变，中压侧绕组匝数 N_2 增加，因外施电源电压 U_1 未变化，根据电磁感应原理 $U = 4.44fN\Phi_m$，则铁芯磁通 Φ_m 不发生改变，则低压侧绕组电压不变。从变比角度分析，根据高、中压变比关系 $k_{12} = (N_1 + N_2)/N_2$ 将变小，则中压侧绕组电压将升高。

当调压绕组有效匝数调减时（即：升分头 $1 \to N$，分接电压由高→低），高压侧绕组匝数 $N_1 + N_2$ 不变，中压侧绕组匝数 N_2 减小，因外施电源电压 U_1 未变化，根据电磁感应原理 $U = 4.44fN\Phi_m$，则铁芯磁通 Φ_m 不发生改变，低压侧绕组电压也不变。从变比角度分析，根据高、中压变比关系 $k_{12} = (N_1 + N_2)/N_2$ 将变大，则中压侧绕组电压将降低。

调压过程：

$$U_2 \downarrow \to N_2 \uparrow （降分头）\to \Phi_m 不变 \to U_3 不变；$$
$$U_2 \downarrow \to N_2 \uparrow （降分头）\to k_{12} \downarrow \to U_2 \uparrow；$$
$$U_2 \downarrow \to N_2 \uparrow （降分头）\to k_{13} 不变 \to U_3 不变。$$

$$U_2 \uparrow \to N_2 \downarrow （升分头）\to \Phi_m 不变 \to U_3 不变；$$
$$U_2 \uparrow \to N_2 \downarrow （升分头）\to k_{12} \uparrow \to U_2 \downarrow；$$
$$U_2 \uparrow \to N_2 \downarrow （升分头）\to k_{13} 不变 \to U_3 不变。$$

综上分析，自耦变压器采用中压线端调压时（高压绕组匝数不变），低压侧电压保持不变，仅能调节中压侧电压，可以防止铁芯过励磁、欠励磁和第三绕组电压变化。

1.7 冷却系统操作管控关键技术要点解析

1.7.1 强迫油循环变压器冷却器组运转模式轮换调整时，宜先将原辅助模式倒至工作模式，后将原工作模式倒至备用模式，再将备用模式倒至辅助模式。

【标准依据】 无。

要点解析： 强迫油循环变压器冷却器组定期开展运转模式轮换调整，目的是：①可以实现各冷却器组的轮替运行，延长冷却器组的整体使用寿命；②可以检查冷却器组是否运转良好，防止长期不运转导致的卡涩问题。

强迫油循环变压器冷却器组运转模式轮换调整应遵循两个原则：①在调整过程中不应失去工作模式冷却器组，防止发生冷却器全停现象；②调整结束后应确保有一组备用模式冷却器组。变压器冷却器组模式调整常见有两种方式：

（1）方式一：原辅助模式→工作模式，原工作模式→备用模式，原备用模式→辅助模式，此冷却器组轮换模式在调整过程中确保了始终不失去工作模式和备用模式，当进行第一步辅助模式放置工作模式时，如发生冷却器组故障时，能及时启动备用冷却器组，另外，因备用模式冷却器组是由原工作模式转换的，因此，能确保变压器备用冷却器组是良好的。因此，推荐使用此方式。

（2）方式二：原备用模式→工作模式，原工作模式→辅助模式，原辅助模式→备用模式。此调整方式存在以下不足：在原备用模式→工作模式期间，若工作冷却器组发生故障，无备用冷却器组启动，调整结束后的备用模式冷却器组不能确保是否能可靠运转。

综上所述，强迫油循环变压器冷却器组运转模式轮换调整时，宜先将原辅助模式倒至工作模式，后将原工作模式倒至备用模式，再将备用模式倒至辅助模式。

1.7.2 强迫油循环变压器工作或辅助冷却器组故障切除并启动备用冷却器组后，应先将备用冷却器组倒至工作模式，再将故障冷却器组倒至停止模式。

【标准依据】 无。

要点解析：强迫油循环变压器工作或辅助冷却器组故障切除并启动备用冷却器组后，应及时现场检查冷却器组运转情况，如备用组冷却器组已启动，应检查是工作模式冷却器组故障还是辅助模式冷却器组故障。

（1）如果原工作模式冷却器组故障，则先将备用冷却器组倒至工作模式，再将故障冷却器组（原工作模式冷却器组）倒至停止模式，再将辅助模式冷却器组倒至备用模式。

（2）如果原辅助模式冷却器组故障，则先将备用冷却器组倒至工作模式，将故障冷却器组（原辅助模式冷却器组）倒至停止模式，再将原工作模式冷却器组倒至备用模式。

检修专业应尽快开展冷却器组的处缺工作，确保各模式冷却器组工作正常，防止再次发生冷却器组故障，进而导致冷却器组数量不够，严重时会导致冷却器组全停故障。

1.7.3 强迫油循环变压器出厂油流静电试验应合格，运行时潜油泵应逐台启动且延时间隔应在30s以上，防止本体气体继电器误动。

【标准依据】《国家电网有限公司十八项电网重大反事故措施（2018年修订版）》9.7.2.2 强迫油循环变压器的潜油泵启动应逐台启用，延时间隔应在30s以上，以防止气体继电器误动。DL/T 572《电力变压器运行规程》3.1.4 强油循环变压器对两组或多组冷却系统的变压器，应具备自动分组延时启停功能。

要点解析：关于强迫油循环变压器潜油泵的运转，应重点考虑两点：①油流冲击绕组产生油流静电；②油流涌动冲击气体继电器挡板发生误动。为此，在变压器交接验收及运维阶段应做好以下管控措施：

（1）强迫油循环变压器应按照 DL/T 1095《变压器油流带电度现场测试导则》进行出厂油流带电试验（具备交接试验条件时宜应开展）。启动全部冷却器运行 4h，其间连续测量绕组中性点和铁芯对地电流的稳定值，一般绕组对地泄漏电流为负值，而铁芯和夹件对地泄漏电流为正值。测量过程中监视有无放电信号。然后在不停潜油泵的前提下施加电压做局部放电测量。在开启潜油泵 4h 内，内部无静电放电信号，泄漏电流应无异常。局部放电量符合标准，与潜油泵不转的数据相比，内部放电量应无明显变化，同时油中无乙炔。

潜油泵加速绝缘油流过绝缘纸表面，会产生油流静电。绝缘纸板表面积有正电荷，绝缘油中带负电荷，一般情况下均可通过导体释放。由于绝缘油流速高，绝缘纸板表面粗糙及绝缘油本身带电高等因素影响，产生的静电电荷量就大，如果变压器绝缘电阻较高，电荷释放就越困难。当空间电荷形成的局部场强过高时，即会发生静电放电。其中强迫油循环导向冷却方式是通过强油泵将绝缘油导入绕组冷却路径，因此，其油流放电的可能性明显大于强迫油循环非导向冷却方式。

为防止油流带电发生放电，严重时可导致绝缘击穿事故，可以通过增加油路截面积，降低油流速度、优化内部电场结构、改善绝缘材料、降低油中含水量等方式避免油流带电发生。

（2）强迫油循环变压器应分组延时启动潜油泵，防止油流涌动造成气体继电器误动。由于潜油泵的安装位置不同，在启动瞬间打破了绝缘油的流动规律并形成油流涌动，如果延时较短或同时开启全部潜油泵则有发生油流冲击挡板的概率。为此，强迫油循环变压器冷却控制回路应具备潜油泵分组延时启动功能。同时在手动倒换冷却器方式时，在确保至少有一组冷却器运转的前提下，每组潜油泵轮替调整延时隔应在 30s 以上，以确保油流平衡稳定过渡。

另外，在变压器交接试验时也可进行此项试验，分别无延时和延时 30s 以上启动各组冷却器，检查冷却系统潜油泵位置及流速等参数是否合理，本体气体继电器的挡板流速整定值是否正确等。

2

变压器器身运维检修管控
关键技术要点解析

电力变压器运维检修管控关键技术
要点解析

2.1 铁芯与夹件管控关键技术要点解析

2.1.1 变压器铁芯应采用优质、低耗的晶粒取向冷轧硅钢片，用先进方法叠装和紧固，使铁芯不致因运输和运行中的振动而松动。

【标准依据】DL/T 1388《电力变压器用电工钢带选用导则》5.3.1 电力变压器应根据其损耗、噪声等要求选用适用的电工钢带。

要点解析：硅钢片主要分为热轧硅钢片和冷轧硅钢片，由于热轧硅钢片单位铁损是冷轧硅钢片的 2 倍，饱和磁密度低，为降低空载损耗、空载电流和运行噪声，变压器铁芯均应采用优质、低耗的晶粒取向冷轧硅钢片，有些高端变压器采用性能更优的激光刻痕晶粒取向冷轧硅钢片。目前常用冷轧硅钢片的厚度为 0.23mm、0.27mm 和 0.30mm，厚度越薄的硅钢片在相同的磁通密度下，具有更低的单位铁损值，例如牌号 B27R090，厚度 0.27mm 的硅钢片单位铁损 0.85W/kg（P17/50[❶]）；牌号 B30G120，厚度 0.30mm 的硅钢片单位铁损 1.10W/kg（P17/50）。在磁通密度 1.6~1.7T 范围内，铁芯损耗可用 $P = P_0 B_m^{2.8} G$ 计算，其中，P_0 为铁芯片单位损耗，W/kg；B_m 为磁通密度峰值，T；G 为铁芯质量，kg。虽然硅钢片的厚度减小可以降低空载损耗，但是硅钢片太薄会影响叠片系数的降低和带来工艺的不便。

空载损耗与变压器负载电流无关，主要是铁芯产生的铁损，称为不变损耗，但是它受电压波形的影响，磁通波形畸变也会增加空载损耗，铁芯磁通密度是影响铁芯空载损耗和空载电流的重要参数，因此，要降低空载损耗和空载电流，必须使铁芯各个部分的磁通密度分布区域均匀。铁芯制造工艺直接影响铁芯的空载性能，其影响主要涉及：①硅钢片翘曲变形或受力变形时，硅钢片磁畴结构受到破坏，会增大空载损耗；②铁芯毛刺会造成硅钢片之间短路，涡流损耗增大，进而增加空载损耗；③铁芯冲孔导致磁通在孔以外的部位平行流动，磁通密度增加，进而增加空载损耗；④铁芯叠积中，接缝形式及搭接宽度等不符合设计时均会导致局部磁通密度过大，进而增加空载损耗；⑤硅钢片每叠片数量越多时，空载损耗和空载电流就越大；⑥铁芯形状也会影响空载损耗，目前多采用多级圆形截面结构。

综上分析，为优化及满足空载损耗设计值，铁芯一定要用先进方法叠装和紧固，目前，变压器铁芯硅钢片多采用多级步进搭接叠装工艺，由晶粒取向一致的硅钢片一层一层叠积而成，每层是一层硅钢片时，磁性能最好，但增加了叠积的工作量，一般

---

❶ 表示磁通密度为 1.7T，频率为 50Hz 时的单位铁损。

情况下是用两片或三片硅钢片分层叠积，磁力线与硅钢片的辗压方向一致时磁阻小、磁导率高、损耗小的特点。

　　铁芯绑扎和夹紧结构也是影响变压器空载损耗、空载电流和运行噪声的重要环节。目前，铁芯均采用无孔高强度绑带绑扎工艺，不仅省去冲孔加工工序，还避免因冲孔对铁芯有效截面积的减小，简化了制造工艺，同时也改善了空载性能，还增加了铁芯的整体性和机械强度，使铁芯不致因运输和运行中的振动而松动。铁芯芯柱绑扎常用方式如图 2-1 所示，图 2-1（b）能实现铁芯均匀绑扎效果。铁芯的夹紧装置固定主要由夹件、拉板、拉带等组件组成。夹紧装置的夹紧力应均匀，防止铁芯出现片间留有缝隙、硅钢片发生波浪弯曲、边沿毛刺或翘曲变形等，如图 2-2 所示。

(a) (b)

图 2-1　变压器铁芯绑扎方式
（a）环氧玻璃丝带断续绑扎；（b）环氧玻璃丝带连续绑扎

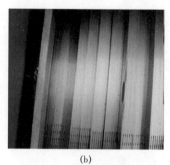

(a) (b) (c)

图 2-2　铁芯叠积及绑扎夹紧工艺不良示例
（a）上铁轭硅钢片磕碰凹陷；（b）上铁轭插接过程导致磕碰凹陷；（c）硅钢片间存在明显可见缝隙

　　2.1.2　变压器铁芯不应出现超过允许范围的波浪度、倾斜度和平整度，边沿不得有毛刺和翘曲变形。

　　【标准依据】DL/T 1388《电力变压器用电工钢带选用导则》6.2.4 钢带的不平衡

度应不大于 1.5%，波高不应超过 3mm；6.2.6 钢带的剪切毛刺不应大于 0.015mm。

要点解析： 铁芯通过夹件、拉板、拉带等夹紧装置固定时，应确保夹紧力均匀，铁芯应不出现超过允许范围的波浪度、倾斜度和平整度，其中铁轭端面和芯柱波浪度不大于 2mm；芯柱倾斜度 ≤0.2H‰（H 为铁芯高度）；铁轭端面平整度（参差不齐）不大于 0.5mm。在器身吊罩及钻桶过程中应进行专项检查，例如，某基建新品变压器吊芯检查发现上铁轭及旁轭均存在严重超允许范围的波浪度及倾斜度（如图 2-3 所示），不满足运行要求，安排返厂整改。这是因为铁轭及芯柱扭曲变形会导致磁通流经铁芯的磁力线不均匀，导致某处局部磁通密度过大，另外，硅钢片扭曲势必影响叠片间的搭接缝隙等，导致搭接不严密有缝隙，进而此处磁通畸变，磁通密度的增大势必导致空载损耗和运行噪声增大，这也是空载损耗实测值比计算值大的原因。

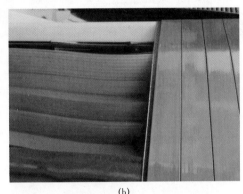

(a)   (b)

图 2-3　铁芯波浪度、倾斜度和平整度不满足要求
（a）旁轭存在波浪倾斜；（b）上铁轭存在波浪变形

硅钢片的最外侧边沿不得有毛刺和翘曲变形，铁芯毛刺会影响空载性能，毛刺大于 0.03mm 时，会造成铁芯片间搭接短路，使涡流损耗增大。毛刺大还可造成叠片系数降低，导致有效面积内铁芯净截面积减小，磁通密度提高，空载损耗增加和运行噪声增大。毛刺还可破坏绝缘，形成片间的涡流，在短路点局部涡流损耗密度过大，可能引起铁芯局部过热，靠近夹件等部位的毛刺还可能导致绝缘纸板穿透，导致与夹件短接。

2.1.3　变压器上下夹件定位装置应与油箱可靠绝缘，运输过程中应防止器身发生移位，定位装置与油箱绝缘应检查无破损。

【标准依据】无。

要点解析： 目前，变压器上下夹件定位装置均采用定位碗浇注定位，上下夹件分别设计凸出的圆形定位柱，器身落位时应将圆形定位柱落入圆形凹槽定位碗，如图 2-4 所示，配置环氧固化胶填料应无气泡，然后浇注环氧固化胶填料至定位碗上限划线位置，当其满足24h硬化时间后方可进行器身抽真空。变压器上下夹件设计定位装置主要是防止器身发生移位，上下夹件定位装置应与油箱可靠绝缘，否则将导致夹件与油箱多点接地并形成短路环，在漏磁通贯穿短路环的作用下产生环流发热。

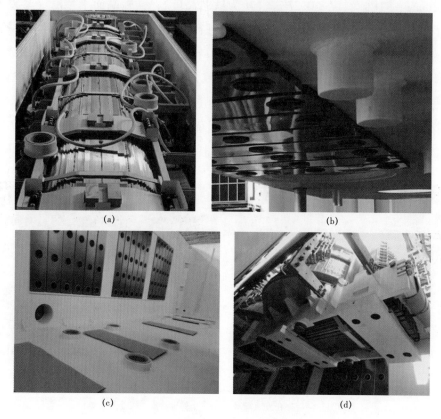

（a）

（b）

（c）

（d）

图2-4　上下夹件定位装置
（a）上部定位碗；（b）上部定位轴；（c）下部定位碗；（d）下部定位轴

　　为此，在变压器运输到达现场后，在变压器吊罩或钻桶时应检查上下夹件定位装置是否发生移位，定位装置与油箱间的绝缘填充物是否发生挤压变形、开裂等现象，发现问题时应及时检查器身是否存在移位现象，导线与箱体距离是否变小，铁芯是否存在歪斜变形等现象，在未查明原因并处理前禁止将变压器投入运行。

　　2.1.4　变压器铁芯对地绝缘爬距应大于25mm以上，铁芯与夹件之间的绝缘纸板应固定牢靠，且至少应高于铁芯最外一级硅钢片10mm。

　　【标准依据】无。

　　要点解析：变压器铁芯绝缘主要包括铁芯与油箱的绝缘和铁芯与夹件（含金属构件）的绝缘。从铁芯与夹件的布置结构分析，相比于夹件而言，铁芯与油箱的间距是可见的，而下夹件与油箱底部是通过4~8mm的高强度绝缘纸板实现增大对地绝缘爬距的。可见，铁芯的绝缘主要需要解决与夹件之间的绝缘问题，其中因硅钢片边沿出现毛刺或翘曲是导致绝缘失效的常见原因，为更好地提高夹件与铁芯之间的绝缘可靠性，在器身制作工艺上，应确保夹件与铁芯之间的绝缘纸板至少应高于铁芯最外一级硅钢片 10mm。

【案例分析】某站 2 号变压器因铁芯硅钢片翘曲，与夹件触碰，导致铁芯对夹件绝缘电阻为零。

（1）基本情况。2015 年 6 月，某基建站新品 2 号变压器修后试验发现，铁芯对地绝缘为 0，电阻为 4.8Ω，而修前试验铁芯对地绝缘为 2000MΩ，为检查器身内部是否存在异常，将本体油撤至套管安装手孔以下，打开安装手孔目测铁芯接地引线未发生触碰铁芯，温度表套未触碰铁芯，怀疑硅钢片与夹件绝缘不良导致。后续安排铁芯电容放电试验，发现上铁轭有放电火花现象，放电点在器身上部中压 A_m 相套管至铁芯接地引出套管区域，通过内窥镜发现中压 A_m 相侧上铁轭最外一级硅钢片端片翘曲倾斜并与夹件搭接，两者之间并没有绝缘纸板隔离，而是通过绝缘垫块实现绝缘隔离，如图 2-5 所示。

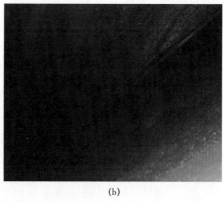

（a）　　　　　　　　　　　　　（b）

图 2-5　铁芯上铁轭最外层硅钢片触碰上夹件

（a）硅钢片与上夹件之间无绝缘纸板；（b）硅钢片翘曲触碰上夹件

当将翘曲倾斜的硅钢片与夹件分离，在无变压器油介质填充的情况下，铁芯对夹件绝缘电阻变为 200MΩ，经与厂家沟通，在最外一级硅钢片与夹件之间加装了 L 型绝缘纸板并固定牢靠，复测铁芯对夹件绝缘电阻恢复正常。

（2）原因分析。设计变压器时未充分考虑铁芯与夹件之间的整体绝缘化措施，仅仅间隔性地增加绝缘垫块，致使铁轭最外一级硅钢片翘曲倾斜触及夹件，进而导致铁芯对夹件绝缘电阻值为 0。

（3）分析总结。①变压器吊罩及钻桶前应开展变压器铁芯与夹件的绝缘试验，存在问题时在此过程中一并查找解决；②变压器吊芯检查时，应检查铁芯与夹件间是否绝缘固定牢靠，硅钢片未发生翘曲变形现象；③完善变压器采购技术要求，铁芯与夹件之间的绝缘宜使用整张绝缘纸，夹件与铁芯之间的绝缘纸板至少应高于铁芯最外一级硅钢片 10mm，不宜采用间隔绝缘垫块措施，防止绝缘垫块脱落，或者间隙处硅钢片翘曲接触夹件。

2.1.5　变压器铁芯绑扎拉带与铁芯应可靠绝缘，夹件及其金属构件不构成短路环，上下夹件与拉板连接螺栓宜配用蝶形弹性垫圈。

【标准依据】DL/T 573《电力变压器检修导则》11.4.2d）金属结构件应无悬空现象，并有一点可靠接地；紧固件应拧紧或锁牢。11.4.3b）铁芯组间、夹件、穿心螺栓、钢拉带绝缘良好，其绝缘电阻应无较大变化，并有一点可靠接地。

要点解析：变压器夹件与铁芯通过拉带或拉板进行夹紧固定，上下夹件之间通过拉螺杆或拉板进行紧固。考虑铁芯均采用了无孔绑扎技术，铁轭中间部分只能通过拉带实现夹紧措施，通常情况下，变压器一般采用高强度玻璃丝带绑扎，拉带的两端与带螺纹的专用挂钩连接并拉紧，通过螺母固定在两侧夹件上。而对于一些铁芯体积较大或者要求机械强度和稳定性更高时，变压器一般采用高强度结构钢或无磁钢制成的金属拉带绑扎，上下铁轭用拉板相连，拉带及拉板都通过绝缘材料与铁芯绝缘。

对于金属拉带而言，拉带、拉板与夹件的连接方式主要分为两种结构：①拉带、拉板的一端与夹件直接连接，且接触良好，否则会引起发热或局部放电，另一端与夹件绝缘，其螺杆通过绝缘套管或绝缘垫片与夹件连接；②拉带、拉板的两端均通过绝缘材料与夹件绝缘、整条拉带、拉板处于绝缘状态，不与铁芯及夹件接触。

铁芯的夹紧装置不应形成闭合短路环，但应确保与夹件等电位，当有较大的磁通穿过此闭合回路时，就会在回路中感应出电动势并产生电流，进而增大涡流损耗，若电流较大，会引起局部过热导致绝缘材料及油非正常老化，严重时还会造成铁芯或夹件局部烧损。

在制造工艺上，夹件与拉板的连接除了保证机械性能可靠外，还应考虑一旦发生多点接地而通过环流的能力。夹件与拉板连接螺栓宜配用蝶形弹性垫圈，它用于螺栓与螺钉连接的防松垫圈，理想的安装方式是尽可能压平，愈接近压平状态，张力矩增加愈快，不需要扭矩扳手，就可得到适当的螺栓拉力。

2.1.6　66kV 及以上变压器铁芯和夹件应分别通过油箱顶盖的套管引下并一点接地。

【标准依据】DL/T 573《电力变压器检修导则》11.4.3b）铁芯组间、夹件、穿心螺栓、钢拉带绝缘良好，其绝缘电阻应无较大变化，并有一点可靠接地。

要点解析：变压器运行时，铁芯及夹件（含金属构件）均处在强电场中，它们具有较高的对地电位，且由于电容分配不均、场强各异。如果铁芯不接地，它们与接地的油箱和其他金属构件之间存在电位差，极易发生放电现象，同时在绕组周围，具有较强的磁场，它们与绕组的距离不等，所有零部件感应出来的电势各不相同，彼此之间也存在着电位差，也会引起局部放电，为此，铁芯及夹件应分别一点接地。

66kV 及以上变压器铁芯与夹件引出分为油箱顶盖引出和油箱下部引出两种方式，从油箱下部引出接地便于外部的接地引线连接和运行检查，但油箱下部承受油的压力较大，容易发生渗漏油。如果在油箱内部发生铁芯或夹件接地点接触不良或断线等故障时，需要放油检查处理，检查处理较为困难，检修周期较长。而从油箱顶盖引出接地需要将接地引线与油箱绝缘引下后再接地，但却减小了接地引出部位渗漏油的风险，如果发生油箱内铁芯或夹件接地引线方面的故障时，检查处理比较方便，因此，变压器铁芯及夹件接地应采用油箱顶盖引出并引下的接地方式，便于变压器不停电进行铁芯及夹件接地电流检测。

2.1.7 变压器铁芯硅钢片级间等电位连接铜片、铁芯与夹件接地引出铜片及电缆外露部分应包覆绝缘，引出电缆应进行绝缘固定，防止铁芯或夹件发生多点接地。

【标准依据】 DL/T 573《电力变压器检修导则》11.4.3b）铁芯接地片插入深度应足够牢靠，其外露部分应包扎绝缘，防止铁芯短路。

要点解析： 对于较大直径的铁芯，考虑铁芯内部过热问题，通常要求铁芯内部设计散热油道，散热油道是通过绝缘材料隔离开的，硅钢片之间的绝缘电阻很大，为确保各分割区铁芯硅钢片整体等电位连接，应通过金属短接片将油道两侧相互绝缘的硅钢片连接起来，这样，不均匀电场和磁场在铁芯硅钢片中感应的高压负荷，可以通过硅钢片接地处流入大地。另外，为了确保硅钢片其他片间不发生短路环，跨接铜片外露部分应包覆绝缘。

变压器铁芯接地方式是通过将接地铜片插入接地点附近任一处硅钢片之间并通过铜电缆引出，铁芯接地片插入铁轭深度应不小于 120mm，夹件接地方式是通过连接夹件的接地点并通过铜电缆引出。两者在接地点位置选择上应考虑就近与铁芯及夹件接地引出套管。

为防止铁芯接地铜片搭接临近硅钢片导致片间短路发生局部环流过热，要求铁芯插接铜片外露部分应包覆绝缘。接地引出铜电缆不宜过长，为确保接地引出铜电缆在变压器振动作用下不发生移动，且与铁芯及夹件绝缘可靠，其铜引线不宜过长且同样应包覆绝缘。由于变压器铁芯与夹件接地引出安装过程中曾发生过插接铜片拔出的问题，要求引出铜电缆应进行绝缘固定，通过固定支撑点设置在上夹件，其典型绝缘固定设计如图 2−6 所示。

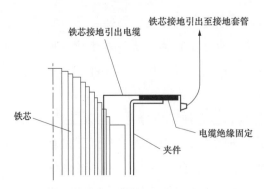

铁芯接地引出电缆
铁芯接地引出至接地套管
铁芯
夹件
电缆绝缘固定

图2-6　铁芯及夹件接地引出绝缘固定示例

2.1.8　变压器绕组强漏磁场区域的金属螺栓及结构件棱角应采取尖端屏蔽措施。

【标准依据】无。

要点解析：变压器强漏磁场区域的铁芯上下夹件等结构件的金属螺栓、金属结构件的棱角必须进行屏蔽处理，避免产生尖端放电。此区域的螺栓自身带有防晕罩，当螺栓紧固锁死后，应将防晕罩扣平，否则会产生电晕放电或造成防晕罩对引线放电的事故，如图2-7所示。对于该区域的金属棱角，采取加装由金属管或金属棒做成的屏蔽环、屏蔽棒加包绝缘纸进行屏蔽，对于不便于安装屏蔽环的区域，应加装屏蔽罩进行整体屏蔽，夹件边缘等处一般需在制造过程中应倒圆角。无论屏蔽环、屏蔽棒或屏蔽罩必须与夹件有一个电气连接点，防止形成短路环引起发热。

图2-7　高压引线附近的金属螺栓尖角屏蔽

2.1.9　变压器室外敞开布置时，应评估变压器噪声水平对周边居民的影响，并做好变压器噪声抑制措施。

【标准依据】无。

要点解析：变压器的噪声来源主要来源于变压器本体及冷却装置，变压器本体的噪声根源为：①硅钢片的磁致伸缩引起的铁芯振动；②负载电流产生的漏磁引起的绕组、箱壁的振动；③硅钢片接缝处和叠片之间存在因漏磁产生的电磁吸引力而引起的振动，其噪声主要来源还是硅钢片的磁致伸缩引起的铁芯振动，其他影响均小得多。变压器冷却器的噪声根源为：①风扇、油泵或水泵等冷却装置在运行时产生的振动；②冷却装置转速、风量等参数过大导致的噪声过大。

变压器运行噪声有：

（1）正常的嗡嗡声。

（2）无规律或周期性的噪声，这一类噪声声级水平明显增大，例如：①运行过电压导致过励磁；②中性点接地运行变压器受直流偏磁影响；③冷却装置运行噪声；④本体振动带动相关盖板、爬梯、管道等形成的共振等。

变压器室外敞开布置时，应评估变压器噪声水平对周边居民的影响，做好变压器噪声的限值措施：

本体降低噪声的措施一般有：①选择磁致伸缩小的优质晶粒取向冷轧硅钢片；②降低铁芯的额定工作磁通密度；③采用斜接缝叠装，充分考虑铁芯结构对降低噪声的作用，避免产生共振；④从加工工艺方面降低噪声，绑带紧固且应力尽量均匀，防止产生弯曲应力；⑤改进垫脚与箱底的钢性连接方式，使垫脚传递给油箱的振动减小；⑥增加油箱加强铁的数目，减少箱壁的振幅。

冷却装置降低噪声的措施一般有：①增大散热器的数量及散热面积，减少风扇、油泵等冷却器数量；②使用低转速低噪声风机、油泵等冷却装置；③使用不锈钢波纹管连接本体和冷却装置；④冷却装置加装消音器或消音屏障。

2.1.10 中性点接地运行的变压器噪声水平异常时应考虑直流偏磁的影响，中性点接地引下线直流电流不宜超过 10A，防止造成铁芯局部过热和器身紧固件松动。

【标准依据】《国家电网有限公司十八项电网重大反事故措施（2018 年修订版）》9.2.1.5 有中性点接地要求的变压器应在规划阶段提出直流偏磁抑制需求，在接地极 50km 内的中性点接地运行变压器应重点关注直流偏磁情况。

要点解析：中性点接地运行的变压器噪声水平异常增大时应考虑直流偏磁的影响，可以通过使用直流表测量中性点引下线的电流是否大于 10A（根据 DL/T 272《220kV ~ 750kV 油浸式电力变压器使用技术条件》5.3.8 直流偏磁耐受能力仅考虑变压器高压绕组在 4A 直流偏磁作用下应满足变压器的相关运行要求，则中性线中的电流应为三绕组电流之和，即 12A），或者通过倒换变压器中性点接地方式，检查变压器噪声水平是否与变压器中性点接地一致。

直流偏磁指由于变压器绕组内流过直流电流致使铁芯产生的不对称磁通，直流磁化现象及其耐受值与过励磁现象相类似，当绕组中负载电流含有直流分量时，磁通—电流曲线将向上或向下偏移但形状保持不变，运行中处于非对称状态。

中性点接地的变压器绕组流经直流电流的来源常见有：①地铁直流轨道交通系统；

②直流输电系统单级接地系统或双极不对称系统；③太阳磁暴；④地中有其他的直流源等。当较大的直流注入大地，会在地下形成直流电场，受影响区域的变电站地电位就会升高，由于交流变电站的地电位不同，各变电站之间存在电位差，当变电站中变压器中性点接地时，各变电站间就会通过架空线路与变压器等设备相互连接。输电线路与变压器的直流电阻构成地上电阻网络，各变电站的地电位相当于与其相连的电压源，从而在交流系统中便会有直流电流流过，该直流电流流经交流主变压器绕组，从而造成变压器偏磁，其等值电路如图 2-8 所示。

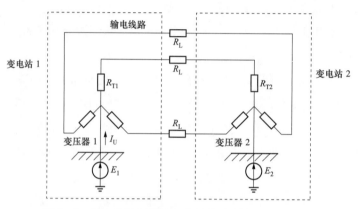

图 2-8　地电位引起的流入中性点接地变压器的直流

其中变电站 1 的电位升为 E_1，变电站 2 的电位升为 E_2，连接两台变压器的输电线路相电阻为 R_L，两台变压器每相绕组的电阻为 R_T，则通过两个变电站之间的输电线路，有直流 I_0 在变压器和输电线路上流动，其值由下式计算：$I_0 = \dfrac{E_1 - E_2}{(R_{T1} + R_{T2} + R_L)/3}$。

变压器正常运行时，其额定工作磁密度在变压器励磁特性曲线的拐点以下（饱和点以下），当直流电流流经变压器绕组时将产生直流偏磁，直流偏磁的影响将使变压器工作磁密可能大幅度提高，甚至超过拐点，造成铁芯相当程度饱和，由于铁芯饱和关系，使励磁电流急剧增大，造成变压器过励磁，从而导致空载损耗增加，铁芯温度升高，变压器噪声水平增加，空载电流中的高次谐波分量增加，漏磁场增强，使靠近铁芯的绕组导线、油箱壁和其他金属构件产生涡流损耗，发热引起高温。

变压器的磁路系统对直流偏磁耐受能力影响很大，对于三相五柱变压器或单相变压器组而言，流入绕组的直流，其直流磁通能通过铁芯形成磁阻很小的磁回路，因此，直流励磁分量对铁芯饱和影响较大；而三相三柱变压器，每相直流磁通无法借助另外两相的磁路闭合，只能借油、油箱壁等形成回路，由于这些磁路的磁阻很大，故直流励磁对铁芯的影响较小。

变压器抑制直流偏磁的措施主要通过三个方面：

（1）变压器制造时应考虑提高变压器承受直流偏磁的能力，例如：在设计阶段应降低额定工作磁通密度，使其远离励磁特性曲线的拐点（也就是铁芯的饱和点），选用三相三柱式铁芯结构等措施。

（2）变压器招标阶段，用户可根据实现变电站直流电流分布情况应提出要求，对于中性点接地系统的变压器，变压器的绕组耐受直流偏磁电流应不低于 6～10A，我们通常通过以下列标准验证变压器承受直流偏磁的能力，即：变压器油色谱正常，单台变压器噪声不应大于 90dB，油箱壁最大振动位移不大于 100μm，最大振动位移增量不应大于 20μm 等。

（3）运行维护阶段可通过降低母线电压方式尽量减少直流偏磁带来的影响，使铁芯磁密较晚饱和；直流电流较大时应采用中性点加装电阻型限流装置或电容型隔直装置。

【案例分析】某站 1 号变压器因受直流偏磁影响导致运行噪声周期性变大和变小。

（1）基本情况。2016 年 8 月，运维人员巡视发现某站 1 号变压器运行声音周期性地变大和变小，周期为 5min 左右，2 号变压器为正常的运行嗡嗡声。检查变压器运行电压未发生过电压过励磁现象。该站变压器接地运行方式为：1 号变压器高中压侧中性点接地运行，2 号变压器高中压侧中性点不接地运行，为判断器身绝缘良好性，对变压器进行红外检测、高频局放检测、油色谱分析等，均未发现问题。初步排除内部放电异音，怀疑直流偏磁导致的异音概率较大。

现场对变压器铁芯、夹件及中性点引下线电流进行检测，数据如表 2-1～表 2-3 所示。现场通过倒换变压器中性点接地方式后，原中性点接地运行的 1 号变压器运行声音恢复正常，而 2 号变压器运行声音则出现了周期性的变大变小。后续安排夜间 0：30～1：30 到站检查，发现 1 号变压器和 2 号变压器运行声音整体恢复正常，判断变压器异音为直流偏磁导致，经区域直流泄漏分析，可能为附近地铁轨道直流泄漏大地并流入变压器中性点系统。

表 2-1　　　　　　　1 号变高压及中压中性点接地电流（交、直流量）

（～）交流	高压侧中性点接地电流	中压侧中性点接地电流
无异音时	4.2A	3.9A
异音最大时	11.1A	4.8A
（－）直流	高压侧中性点接地电流	中压侧中性点接地电流
无异音时	5.1A（每相 1.7A）	1.2A（每相 0.4A）
异音最大时	54.3A（每相 18.1A）	10.2A（每相 3.4A）

表2-2 1号变压器和2号变压器其他部位交流量

（~）交流	1号变压器铁芯、夹件接地电流	2号变压器铁芯、夹件接地电流
无异音时	7.9mA	12.1mA
异音最大时	64.6mA	—
（~）交流	1号变压器上下节油箱跨接线电流	2号变压器上下节油箱跨接线电流
无异音时	8.1A	51A
异音最大时	56.6A	—

表2-3 1号变压器和2号变压器其他部位直流量

（－）直流	1号变压器铁芯、夹件接地电流	2号变压器铁芯、夹件接地电流
无异音时	0	0
异音最大时	0	—
（－）直流	1号变压器上下节油箱跨接线电流	2号变压器上下节油箱跨接线电流
无异音时	9.9A	88A
异音最大时	134A	—

（2）原因分析。变电站附近地铁直流轨道存在直流泄漏，直流电流通过变压器中性点构成直流电流回路，直流电流导致铁芯磁通密度波形整体抬高或下落，磁通密度的升高导致运行噪声增大。

（3）分析总结。①对于地铁运行附近的变电站，中性点接地运行的变压器运行噪声过大时应首先考虑直流偏磁的影响；②对受直流偏磁影响的变压器，应考虑长期振动所导致的结构件松动和异常噪声等问题，缩短变压器的绝缘技术监督周期；③对于受直流偏磁影响的地域，有中性点接地要求的变压器应在采购技术条件中提出直流偏磁抑制需求；④对受直流偏磁影响较大的变压器应整站进行直流偏磁治理。

2.1.11 三相三柱式铁芯变压器出厂试验应测量零序阻抗，提供实测值。

【标准依据】无。

要点解析：三相变压器零序阻抗是绕组通过零序电流时的阻抗，只有星形联结（或曲折形联结绕组）绕组中性点引出接地的变压器，绕组内才可能流过零序电流，并形成零序阻抗，它是计算电网零序电流及零序保护整定的重要参数。零序阻抗应在额定频率下，在短接的三个线路端子（星形或曲折形联结绕组的线路端子）与中性点端子间进行测量，以每相欧姆数表示，其值等于 $3U/I$（其中 U 为试验电压，I 为试验电流），每相试验电流为 $I/3$。

对于三相五柱式铁芯变压器，由于零序磁通在铁芯中可以形成闭合回路，零序磁通通过旁轭构成磁通回路，磁阻很小，零序阻抗和短路阻抗是相同的，不需要测量零序阻抗，通过短路阻抗试验即可获得。而对于三相三柱式铁芯变压器，铁芯未设计零序磁通流通路径，零序磁通在铁芯内不能形成闭合回路，只能通过变压器油及油箱壁沟通回路，磁阻很大，零序阻抗与短路阻抗是有差别的，其零序阻抗比较大。因此，三相三柱式铁芯变压器出厂试验应测量零序阻抗，提供实测值。而根据 GB 1094.1《电力变压器　第 1 部分：总则》11.1.4 规定可知，三相变压器零序阻抗测量为特殊试验，为此，变压器制造厂家应根据铁芯结构设计确定是否进行此项试验。

2.1.12　变压器正常运行时铁芯接地电流不宜超过 100mA（不应存在接近 0mA 数值），当铁芯接地电流超过 300mA 时宜加装铁芯接地限流装置。

【标准依据】DL/T 573《电力变压器检修规程》6.4 运行中测量铁芯接地电流若大于 300mA 时，应加装限流电阻进行限流，将接地电流控制在 100mA 以下，并适时安排停电处理。《国家电网有限公司十八项电网重大反事故措施（2018 年修订版）》9.2.3.4 铁芯、夹件分别引出接地的变压器，应将接地引线引至便于测量的适当位置，以便在运行时监测接地线中是否有环流，当运行中环流异常变化时，应尽快查明原因，严重时应采取措施及时处理。

要点解析：铁芯硅钢片之间是相互绝缘的，但其绝缘电阻很小，对于不均匀电场和磁场在铁芯硅钢片中感应的高压电荷可以通过硅钢片接地处流入大地，但却能阻止涡流穿越片间流动，变压器正常运行时，一般铁芯接地电流不会超过 100mA，如果铁芯接地电流超过 100mA，那么铁芯可能存在弱绝缘性多点接地故障。铁芯接地电流不应出现数值接近零的现象，若出现此现象，一般认为铁芯引出线发生断线故障，此时铁芯处于悬浮电位，极易导致内部发生悬浮放电。

为防止铁芯长期存在局部过热、绝缘材料及油非正常老化、局部硅钢片烧损等问题，当铁芯接地电流超过 300mA 时宜加装铁芯接地限流装置，接地电阻不宜过大，以免铁芯地电位被抬高。

2.1.13　变压器铁芯、夹件与油箱的绝缘电阻均不应低于 1000MΩ，与历史试验数据相比无较大下降趋势，试验期间绝缘电阻数值无回落或抖动现象。

【标准依据】DL/T 393《输变电设备状态检修试验规程》5.1.1.5 绝缘电阻测量采用 2500V（老旧变压器 1000V）绝缘电阻表。除注意绝缘电阻的大小外，要特别注意绝缘电阻的变化趋势。夹件引出接地的，应分别测量铁芯对夹件及夹件对地绝缘电阻。除例行试验之外，当油中溶解气体分析异常，在诊断时也应进行本项目。

要点解析：变压器铁芯、夹件与油箱之间的绝缘应可靠，如绝缘不良将导致铁芯与夹件形成闭合回路，漏磁通过闭合回路形成电势，并形成较大环流，铁芯长期经过较大的环流将导致局部过热、绝缘材料及油非正常老化、局部硅钢片烧损等问题，为此，在例行试验时，应做好铁芯对夹件、铁芯对油箱（地）、夹件对油箱（地）的绝缘电阻试验，试验数值应不低于1000MΩ。GB 50150《电气装置安装工程电气设备交接试验标准》中并没有对该试验数值的规定，但根据变压器制造经验，变压器铁芯、夹件与油箱之间的绝缘电阻值完全能满足1000MΩ，提高试验数值同时可以排除高阻接地、绝缘纸板受潮的潜在隐患。

变压器铁芯、夹件与油箱之间进行绝缘电阻试验时，尤其应关注两点：①试验过程中绝缘电阻数值应无回落或抖动现象；②与历史试验数据相比变化趋势不大。历史经验表明，当存在绝缘纸板或垫块脱落、绝缘纸板受潮、油中存在导电异物、接地引出线绝缘破损等现象时，虽然绝缘电阻试验数据合格，但与历史试验数据相比，总是有很大的下降趋势。

【案例分析1】某站1号新品变压器因器身掉落密封垫圈导致铁芯绝缘电阻修后试验下降较大。

（1）基本情况。2019年8月，某基建站1号新品变压器修前试验测量铁芯绝缘电阻数值为10000MΩ，变压器本体抽真空注油后，铁芯对夹件修后绝缘试验为100MΩ左右，数值下降趋势明显，而铁芯对地和夹件对地绝缘电阻数值在修后试验和修前均一致，现场经热油循环后，再次测量铁芯对夹件绝缘电阻恢复正常，但变压器整体组装完成后又发现铁芯对夹件绝缘降低为100MΩ左右，初步判断器身内部存在漂浮导电异物。

经本体撤油钻桶检查发现，在变压器中压 B_m 相上铁轭最外一层硅钢片与夹件之间存在一个密封胶圈，如图2-9所示，将其取出再进行铁芯与夹件绝缘试验，恢复正常，确定铁芯对夹件绝缘降低原因为密封胶圈所致。

图2-9 密封垫圈掉落至上铁轭与上夹件之间

（2）原因分析。铁芯硅钢片与夹件之间存在非绝缘材质的丁腈橡胶密封胶圈，致使铁芯对夹件绝缘电阻值下降明显。

（3）分析总结。①在新品变压器安装过程中应注重铁芯与夹件绝缘电阻试验的修前、修中和修后，发现问题能及时处理；②安装新品变压器时应避免异物掉落器身，防止导电材质发生悬浮放电；③铁芯与夹件绝缘电阻有降低趋势时，可通过热油循环、电容充放电等方式判断是否为临时性接地导致。

【案例分析2】 某站1号新品变压器因夹件下方绝缘纸板位置不正导致夹件对地绝缘试验时发生瞬间放电。

（1）基本情况。2020年8月，某基建站对变压器夹件对地绝缘试验时，使用指针式绝缘电阻表测量发现指针有瞬间抖动回落现象，稍后绝缘电阻值稳定在20000MΩ。重新进行夹件绝缘试验，未出现指针抖动回落现象。仔细排查夹件对油箱是否存在异物导致，检查中发现C相铁芯柱下方的2处夹件支撑点与油箱的绝缘纸板位置不对应，而其他4处绝缘纸板放置位置正确，如图2-10所示。用手无法移动绝缘纸板，初步分析该问题为器身装配时未正确放置绝缘纸板导致，不存在器身运输过程中移位问题。

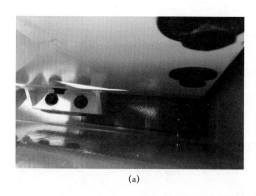 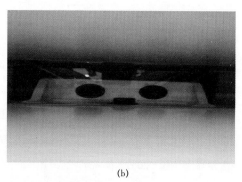

(a)　　　　　　　　　　　　　　(b)

图2-10　夹件与油箱底部绝缘纸板位置
（a）夹件支撑点下方错误放置绝缘纸板；（b）夹件支撑点下方正确放置绝缘纸板

（2）原因分析。夹件支撑点是与油箱距离最小的部位，现场测量两者距离不到7mm，当此处缺少绝缘纸板时，根据试验现象，初步判断在油膜及异物共同作用下发生小桥放电，异物消失后，再进行夹件对地绝缘电阻试验现象消失。

（3）分析总结。①夹件对地绝缘电阻试验并不能完全确定夹件与油箱之间的绝缘是否良好，还应加强夹件与油箱之间绝缘纸板的检查；②对于铁芯及夹件绝缘电阻值低于出厂值，或者绝缘电阻值数值瞬时跳变时应查找原因，防止变压器遗留潜在安全隐患。

2.2 绕组及绝缘管控关键技术要点解析

2.2.1 变压器绕组应采用无氧半硬铜导线，中压及低压绕组均应采用自黏性换位导线。

【标准依据】DL/T 1387《电力变压器用绕组线选用导则》4.2 绕组线产品基本性能参数。

要点解析：选用变压器绕组导线时要考虑：①电阻率小，即导电性能好；②稳定的物理特性，有合适的机械强度；③性价比合适，满足以上要求的材质主要为铜和铝。20 世纪 80 年代，由于铜材紧缺，变压器绕组多采用铝材质绕制，但由于铝的抗拉强度较低，经常出现器身烧损故障，无法满足变压器的抗短路能力，随着设备可靠性要求的提高以及铜材的日益丰富，铝绕组变压器已基本完成更换，而新品变压器绕组均采用铜材质（纯度需大于 99.95% 的阴极电解铜），它们的物理特性对比如表 2-4 所示。

表 2-4　　　　　　　　　　铜与铝物理特性的对比

物理特性	铝	铜	铝比铜
密度（kg/dm^3）	2.703	8.89	约轻 3/10
熔点（℃）	657	1083	约小 426℃
电阻温度系数（1/℃）	1/245	1/235	约小 4%
电阻率（20℃，$\Omega \cdot cm$）	0.02845	0.01724	约大 3/5
弹性模量（N/mm^2）	72000	125000	约小 6/10
抗拉强度（软，20℃，N/mm^2）	70~100	230~300	约小 1/3
抗拉强度（硬，20℃，N/mm^2）	100~130	300~350	约小 1/3

我国现行标准规定铜导线的电阻率为 $0.017\Omega \cdot mm^2/m$，无氧铜电阻率为 $0.0169 \sim 0.017\Omega \cdot mm^2/m$，如果变压器绕组采用无氧铜导线绕制（含氧量不高于 $20\mu L/L$），则变压器的负载损耗可降低 3.3% 左右。铜材质绕组导线按规定非比例延伸强度 $R_{p0.2}$（屈服强度）将其分为软铜、半硬铜和硬铜三种，其中软铜导体规定非比例延伸强度 $R_{p0.2}$ 应满足 $80N/mm^2 \leqslant R_{p0.2} \leqslant 100N/mm^2$（$100N/mm^2$ 为软铜与硬铜的分界点）；半硬铜导体分两级，规定非比例延伸强度 $R_{p0.2}$ 介于软铜和硬铜之间，如表 2-5 所示。

表2-5   软铜、半硬铜和硬铜性能指标

等级	规定非比例延伸强度 $R_{p0.2}$（N/mm²）	最小伸长率	20℃时最大电阻率 ρ_{20}（Ω·mm²/m）
CPR1	$100 < R_{p0.2} \leq 180$	20%	≤1/58
CPR2	$180 < R_{p0.2} \leq 200$	20%	
	$200 < R_{p0.2} \leq 220$	15%	
CPR3	$220 < R_{p0.2} \leq 260$	15%	

注 $R_{p0.2}$指当机械负荷持续增加到按非比例拉伸达到计量长度的0.2%时的拉伸应力。

虽然硬铜的屈服强度较高，但存在绕组绕制难度，无法确保工艺质量，为此不能一味要求屈服强度数值，综上考虑，变压器绕组应采用无氧半硬铜导线。

当变压器绕组（中压及低压）流过的电流较大时，导线截面积较大，为确保导线本身纵向、横向漏磁场中的涡流损耗和导线间的不平衡电流较小，需对并联导线换位，但使用多根导线并联绕制时存在绕制换位困难，甚至无法绕制，而选用换位导线可很好地解决以上问题，我国从20世纪80年代开始引进换位导线，90年代中后期换位导线开始被大量采用。换位导线可分为非自黏换位导线和（半硬）自黏换位导线，半硬自黏换位导线将自黏和半硬换位导线合用可达到理想的抗突发短路能力。

非自黏换位导线是以一定根数的漆包扁铜线（如将裸铜扁线涂覆RVF缩醛漆）组合成宽面相互接触的两列，按要求在两列漆包扁线的上面和下面沿窄面做同一方向的换位，并用电工绝缘纸、绳或带做连续绕包的绕线组，换位导线内各漆包扁铜线之间不允许有短路现象的存在。自黏换位导线是在缩醛漆包线的基础上，涂敷以环氧树脂为主要成分的自黏漆，如图2-11所示，当绕组成型后经干燥处理时，处于半聚合的环氧树脂发生反应，从而使单根导线的分散结构彼此黏合在一起构成一个整体，明显提高换位导线抗拉强度，能承受更大的弯曲应力，提高变压器承受短路能力，同时可防止绕组导线内部的滑动和膨胀后堵塞油道。综上所述，变压器中压及低压绕组均应采用（半硬）自黏性换位导线。

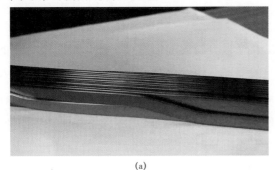
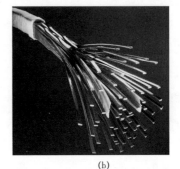

(a)   (b)

图2-11　自黏换位导线
（a）导线整体图；（b）导线拆解图

2.2.2 容量180MVA以上或非强迫油循环变压器的绕组匝绝缘应采用热改性绝缘纸。

【标准依据】无。

要点解析：热改性纸是一种经过化学方法改善而降低纸的降解率的纤维纸，通过局部消除水分形成的媒质或通过使用稳定剂来抑制水分形成以减少老化的影响，如果将一种纸放入密封管中，在110℃下经过65000h后还能保持50%的抗拉强度，则称其为热改性纸。由于现在使用的热改性化学药品含氮，而在硫酸盐纸浆中没有氮，因此，化学改性的程度是通过对处理过的纸中的氮含量进行测定来确定的，其典型值介于1%和4%之间。

根据GB/T 1094.7《电力变压器 第7部分：油浸式电力变压器负载导则》相关规定，在高温时，热改性绝缘纸比未经处理的纸保留了更高的张力和抗裂强度百分值，且延长绝缘寿命，考虑变压器匝绝缘对于变压器抗短路能力的重要影响，对于变压器出现急救负荷时，考虑绕组匝绝缘散热工况对其寿命的影响，规定非强油循环变压器的绕组匝绝缘应采用热改性绝缘纸；对于绕组体积较大散热循环较差的变压器，规定容量180MVA以上变压器的绕组匝绝缘应采用热改性绝缘纸。

2.2.3 在变压器制造阶段，应进行绕组线、绝缘材料等抽检，并抽样开展变压器短路承受能力试验验证。

【标准依据】《国家电网有限公司十八项电网重大反事故措施（2018年修订版)》9.1.3 在变压器制造阶段，应进行电磁线、绝缘材料等抽检，并抽样开展变压器短路承受能力试验验证。9.1.1 240MVA及以下容量变压器应选用通过短路承受能力试验验证的产品；500kV变压器和240MVA以上容量变压器应优先选用通过短路承受能力试验验证的相似产品。生产厂家应提供同类产品短路承受能力试验报告或短路承受能力计算报告。9.1.2 在变压器设计阶段，应取得所订购变压器的短路承受能力计算报告，并开展短路承受能力复核工作，220kV及以上电压等级的变压器还应取得抗震计算报告。

要点解析：在变压器制造阶段，应进行绕组线、绝缘材料等抽检工作，这主要指，从变压器制造阶段开始即加强绕组线及绝缘材料的性能管控，确保绕组线材料的电气及机械性能满足正常运行及突发短路的要求，绝缘材料满足绝缘耐压、抗形变及耐热性能的要求，防止未按变压器设计或用户要求使用规定材质，或者使用的材质存在缺陷等导致变压器抗短路能力下降、绝缘耐压性能下降、耐热等级不良而发生热老化等。根据DL/T 1387《电力变压器用绕组线选用导则》规定，绕组线抽检见证要点主要内容如表2-6所示。

表2-6 绕组线见证内容、方法及要求

序号	见证内容	见证方法及要求
1	产地、供货商、型号、规格及尺寸	查看出厂质量证明文件和入厂检验报告，导线产地、线规和参数符合设计及供货合同要求；尺寸符合 GB/T 7673.1、GB/T 7673.3、GB/T 7673.4 和 JB/T 6758.1、JB/T 6758.2、JB/T 6758.3 的相关规定及用户要求
2	外观检查	(1) 导体表明光滑、清洁、不应有擦伤、毛刺、油污、金属粉末等缺陷表明不应有氧化层，圆弧与平面的连接处应光滑，不应有突起和尖角； (2) 漆包线表明应光滑、连续，不应有影响漆包线性能的缺陷； (3) 纸包扁铜线、组合导线、换位导线的绝缘绕包应连续、紧密、均匀、平整，不应有起皱及开裂缺陷，不应有缺层、断层的现象，各层绝缘纸上均不应留有金属粉末、油污、粉尘及其他异物
3	漆膜厚度及均匀性	查看出厂质量证明文件和入厂检验报告，符合 DL/T 1387 相关要求
4	规定非比例延伸强度（屈服强度）$R_{p0.2}$	参数符合设计、DL/T 1387 及供货合同要求
5	击穿电压	查看出厂质量证明文件和入厂检验报告，符合 DL/T 1387 相关要求
6	电阻率	查看出厂质量证明文件和入厂检验报告，20℃时的电阻率 $\rho_{20} \leqslant 1/58\Omega \cdot mm^2/m$
7	黏结强度	查看出厂质量证明文件和入厂检验报告，符合 DL/T 1387 相关要求，交流油浸式变压器自黏漆包线黏结强度： (1) 220kV 及以下，黏结强度应不小于 $5N/mm^2$； (2) 330~750kV，黏结强度应不小于 $8N/mm^2$； (3) 1000kV，黏结强度应不小于 $10N/mm^2$
8	漆膜柔韧性及附着性	查看出厂质量证明文件和入厂检验报告，符合 GB/T 7095.2 的相关要求
9	股间绝缘性	查看出厂质量证明文件和入厂检验报告，组合导线股间绝缘性应按 GB/T 7673.4 的规定执行，换位导线股间绝缘性应按 JB/T 6758.1 的规定执行

根据 DL/T 1806《油浸式电力变压器用绝缘纸板及绝缘件选用导则》，绝缘材料一般通过来源、外观及性能参数进行抽检见证，详细可参考 DL/T 1806 中 5.1 和 5.2 规定要求，这里仅罗列了一些主要抽检内容及要求：

（1）来源检查。绝缘件产地、规格符合设计及供货合同要求。

（2）外观检查。基本尺寸应符合图纸要求。绝缘件颜色应为原材料本色，异形件允许有每处面积小于 $30mm^2$ 因修补而形成的局部色泽差别，修补深度不允许超过厚度的 30%，厚度小于 2mm 的异性件不允许有修补。异性件和模压件内外表面应平整，允许有工艺带纹，应无可见分层、无皱纹、无污染斑点、无气泡、无孔洞，产品加工断面应平整、无毛刺、不允许有碳化现象；结构件的表面应平整，无明显凹凸、气泡、污染斑点等缺陷黏胶应均匀，不得有开裂、气泡、脱胶、分层等现象。任何机加工部位应平整，不允许有超 0.2mm 的凹凸及楞凸或刀齿印，不允许有碳化现象，允许有因密度和加工产生的色差。

（3）性能参数检查。性能参数主要通过查看出厂质量证明文件和入厂检验报告等手段进行。绝缘件应采用 100% 的硫酸盐木浆，不得含有任何影响电气性能的杂质。绝缘件所用黏结剂应具有较强的黏结力、耐热性、抗老化性，黏结剂与变压器油应具有良好的相容性。主要涉及的性能参数为：密度、水分、灰分、收缩率、电气强度、吸油性、弯曲强度、压缩性、聚合度、X 光检测金属颗粒、杂质和气隙。

目前，变压器在结构设计为同类型产品上要求选用已通过短路承受能力试验验证的产品或者相似产品，由于抗短路试验为型式试验，并不是每台变压器均开展此项具有破坏性的特殊试验，为此，在变压器抗短路性能评估上，变压器制造厂基本仅提供同结构设计变压器的抗短路型式试验报告和供货变压器的短路承受能力计算报告，而该评估方式对于供货变压器器身制造过程中存在工艺质量缺陷并不能验证，为弥补这一短缺，要求对同批次变压器抽样进行短路承受能力试验，这间接督促变压器制造厂家严格落实设计与制造工艺，确保制造工艺符合短路承受能力计算报告。

2.2.4　变压器应选择合适的短路阻抗和额定电流密度，避免短路电流及电流密度过大导致变压器抗短路能力下降。

【标准依据】无。

要点解析：变压器短路阻抗由电阻分量和电抗分量组成，一般大容量变压器的短路阻抗中电抗分量 U_{kx} 占主要部分，其设计值主要受绕组总匝数、漏磁等效面积和绕组平均高度影响，设计公式为

$$U_{kx} = \frac{49.6 f I_N W \rho K \sum D}{e_t H_k \times 10^6} \times 100\%$$

可以认为

$$U_{KX} \propto W^2 \frac{\sum D}{H_k}$$

式中：W 为绕组总匝数；I_N 为额定电流，A；f 为频率，Hz；H_k 为绕组平均高度，又称

电抗高度，cm；$\sum D$ 为漏磁等效面积，cm^2；e_t 为绕组匝电势，V/匝；K 为附加电抗系数，用以考虑当横向漏磁通较大时，对主要以纵向漏磁通所决定的短路阻抗的影响；ρ 为洛氏系数，为实际电抗高度与计算高度之比。

在调整短路阻抗时主要是调整电抗分量，从短路阻抗电抗分量可以看出，短路阻抗与 f、I_N、ρ、K 等成正比，但 f 和 I_N 值为确定值，无法变动，ρ 和 K 值可调整范围也较小。所以只有从 W、$\sum D$、H_k 上调整，而 $e_t = U/W$，因为 U 不变，那么 e_t 与 W 相关。

当只需作小幅度调整时，适当改变 $\sum D$ 的大小，即两绕组间距最为方便，但绕组间距不能过小，否则影响油道散热及绝缘距离，太大将造成材料消耗增加，尺寸加大，所以 $\sum D$ 的调整范围是不大的。

当需要作大幅度调整时，铁芯直径不变，可调整绕组的电抗高度，要降低短路阻抗，可采取增大导线高度（扁而高）等措施，反之则可增大短路阻抗，另一种方法是改变 W，这时铁芯直径和匝电势都要相应改变，由于 U_{kx} 正比于 W^2，所以改变匝数会带来较大的变化，势必影响到空载损耗、空载电流、负载损耗等，并影响到整个材料消耗和制造成本。

根据 GB 1094.5 中的三相短路电流计算公式可知，短路阻抗与短路电流倍数成反比，短路阻抗越小，短路电流倍数越大，当变压器短路时，绕组会遭受巨大的短路电流电动力并产生较高的短路温升，为限值短路电流，则希望较大的短路阻抗，然而当取较大的短路阻抗时，就要增加绕组的匝数、即增加了导线重量，或者增大漏磁面积和降低绕组电抗高度，从而增加铁芯的重量。由此可见，高阻抗变压器要相应增加制造成本，随着短路阻抗增大，负载损耗也会相应增大。所以，选择短路阻抗要短路电流电动力和制造成本二者兼顾。短路阻抗的设计数值应符合 GB/T 6451 中规定的油浸式电力变压器技术参数和要求，并不能随意设计，这主要是考虑系统变压器并列运行及规范化要求。

变压器绕组导线的电流密度选取取决于负载损耗、正常运行及突发短路时绕组的温升、短路机械力及技术经济指标等。绕组导线电流密度 J_q 的计算公式为

$$J_q = I_q / S_q$$

式中：I_q 为绕组中额定线电流及各分接相电流，A；S_q 为绕组导线总截面积，mm^2。

通常铝导线的电流密度取 $1.6 \sim 2.4 A/mm^2$，铜导线取 $3.0 \sim 4.5 A/mm^2$，但对于一些低损耗变压器，铜导线电流密度一般取 $2.5 \sim 3 A/mm^2$，不超过 $3.5 A/mm^2$。选取电流密度后，即可推导出导线截面积，再通过导线规格选取相应的导线。

变压器短路电流增加了绕组的损耗（$I^2 R$），温升增加，损耗可能比正常运行值高

很多，但是短路持续时间有限，GB 1094.5 规定承受短路持续时间为 2s，大电流损耗产生的热只能散去一部分，由损耗产生的大部分热量将积累在导线中，短路期间允许的最高温度与导线的机械强度以及绝缘材料的性能有关，根据相关研究实验结果，绕组线的温度对屈服强度 $R_{p0.2}$ 影响很大，随着绕组线温度的升高，其抗弯、抗拉强度及延伸率均明显下降，而实际运行的变压器在额定负载下，绕组的平均温度可达 105℃，最热点温度可达 118℃，此时变压器绕组线性能下降，所以其抗短路能力必然也下降。另外，变压器抗短路能力与导线的幅向厚度有着密切关系，导线幅向厚度越大，变压器抗短路能力越强，为此，额定电流密度过大的导线线径小，进而幅向厚度也小，抗短路能力必然下降。

对于绝缘系统耐热等级为 A（105℃）的油浸变压器，铜导线允许的最大极限温度为 250℃，以额定电流密度（Iq）为 2.8A/mm^2、短路阻抗（Z_T）为 16% 的变压器为例，根据 GB 1094.5 中规定的公式，其三相短路电流倍数为短路阻抗的倒数，即 $Id = 1/Z_T = 6.25$，则短路电流密度为：$I_{dq} = I_q/Z_T = 2.8/0.16A/mm^2 = 17.5A/mm^2$，当初始温度为 105℃，短路时间为 2s 时，根据短路期间铜导体的温度计算公式，最终温度计算结果为 110℃，温升小于 5K，远低于铜导线允许的最大温度 250℃，为此，短路情况下热容量通常不是设计考虑的重点。

综上所述，变压器额定电流密度和短路阻抗选择的不合理，会导致正常负载损耗增加，温升增加，降低变压器突发抗短路能力，在变压器承受短路电流期间，如短路电流过大，导线的热量急剧增加虽然不会超过其热容量限值，但导线抗短路能力明显降低，为此，应限制导线短路时的温升。通过提高短路阻抗值可降低短路电流数值，降低导线额定电流密度（选取截面积较大的导线）可降低负载损耗，同时可降低变压器短路期间的绕组温升，避免变压器抗短路能力不足而损坏。

2.2.5　变压器极限正分接短路阻抗应在额定分接短路阻抗的 0 ~ +10% 变化，极限负分接应在额定分接短路阻抗的 -10% ~0 范围变化，扩建变压器应提出额定分接和极限分接与待并列变压器的短路阻抗偏差，满足变压器并列运行要求。

【标准依据】无。

要点解析：由于调压绕组在不同分接位置接入主绕组的匝数和电抗高度的不同，变压器在不同分接位置时，绕组间的短路阻抗是不相同的。变压器极限正分接短路阻抗 U_{k-max}（%）以极限正分接电压 U_+ 与极限正分接电流 I_+ 为基准，即 U_{k+max}（%）= Z_+I_+/U_+，式中 Z_+ 为极限正分接阻抗；变压器极限负分接短路阻抗 U_{k-min}（%）以极限负分接电压 U_- 与极限负分接电流 I_- 为基准，即 U_{k-max}（%）= Z_-I_-/U_-，式中 Z_- 为极限负分接阻抗。其中正分接指分接电压与额定分接电压之比大于 1 的分接，负分接指分接电压与额定分接电压之比小于 1 的分接，两台级电压和调压范围相同的有载调压变压器并列时，U_{k+max}、U_k、U_{k+min} 均应满足偏差在 + 10% 以内，不能只保持 U_k（主分接）偏差在 + 10% 以内。因此，变压器铭牌上必须同时标明主分接、最大分接位置和最小分接位置的短路阻抗百分数。

如果不对变压器极限正分接、极限负分接进行短路阻抗偏差限定时，它们均可得到不同规律的短路阻抗，例如，某 220kV 电压等级，容量为 180MVA 的三相三绕组有载变压器，调压范围为 220kV ± 8 × 1.25%，高压—中压的短路阻抗在额定分接位置为 14%。在最高电压分接位置 1 和最低电压分接位置 17 时，按照产品设计和绕组排列方式的不同，其短路阻抗将会大于或者小于 14%。极端情况下甚至会出现两台额定分接位置短路阻抗都为 14% 的产品，由于不同的产品设计，其中一台产品在分接位置 1 时的短路阻抗为 18%，而在分接位置 17 时的短路阻抗为 11%。而另一台产品正相反，在分接位置 1 时的短路阻抗为 11%，而分接位置 17 时的短路阻抗为 18%。为此，我们应对变压器极限正分接和极限负分接偏差进行约定。

一方面，变压器并联运行的条件之一是短路阻抗百分数不大于 10%。因此实际工作中，经常出现某变电站在扩容或者更换其中一台主变压器时，新上的变压器在设备选型时，受限于建设初期的产品在极限分接位置的短路阻抗上的不同，而无法实现设备的通用性。为避免该问题的产生，在新建站变压器短路阻抗参数的规定上，应不仅仅规定其额定分接位置的短路阻抗，对其极限分接位置的短路阻抗的也应明确予以规定。

另一方面，短路阻抗是限制系统短路电流的重要参数，在系统电压升高时，变压器向最高电压分接位置（最小分接位置）切换，因此，在最高电压分接位置时，其短路阻抗随之升高对限制系统短路电流更有利。

综合考虑以上因素，对新建站的变压器进行短路阻抗参数选型时，应规定极限正分接（最大分接电压）短路阻抗应在额定分接短路阻抗的 0 ~ +10% 范围变化，极限负分接（最小分接电压）应在额定分接短路阻抗的 −10% ~0 范围变化，即分接位置从 1→N 的短路阻抗值是递减的，极限正分接短路阻抗最大，极限负分接短路阻抗最小。例如，对额定分接短路阻抗百分数为 14% 的变压器，可规定分接位置为 1 时的短路阻抗应为 14% ~15.4%，分接位置为 17 时的短路阻抗应为 12.6% ~14%，通过对额定分接和极限分接短路阻抗的偏差规定，可以更好地保证变压器的通用性，也便于后期调用、扩建、储存同类型短路阻抗的变压器，实现变压器的通用性。

2.2.6 变压器饼式绕组"S"弯换位处应采用楔形垫块固定并加以绑扎，防止绕组发生剪切或电动力下相互摩擦导致匝绝缘破坏。

【标准依据】无。

要点解析：变压器绕组按结构型式分为层式绕组和饼式绕组。层式绕组的线匝是沿轴向依次排列而分层连续绕制的，每层的相邻两个线匝是紧靠的，最后组成圆筒式的绕组，所以也称为圆筒式绕组。饼式绕组的线匝是在幅向形成线饼后，再沿轴向排列而成的绕组，其中饼式绕组存在跨越线饼的换位问题。变压器调压绕组和低压绕组一般采用层式绕组，而高压和中压绕组采用饼式绕组，在饼式绕组换位处应特别注意绕组绝缘剪切现象。

绕组绕制换位必须满足的要求，一是正确处理"S"弯处导线在垫块中的位置，加强该处绝缘和机械稳定性；二是对导线跨段、升层及引出线端等处均应加强绝缘。在绕组饼与饼之间的升层"S"弯换位处应特别注意防止导线之间的剪切现象发生，如图2-12所示。根据导线的尺寸规格不同，内部换位处应采取"楔形垫块"填充。变压器绕组在"S"弯换位处采用较长的楔形垫块以提高垫块的机械稳定性，但因垫块未加强绑扎紧固，仍存在位移导致导线绝缘摩擦损坏的现象，而当采用带绑扎的"S"弯楔形垫块的机械稳定性得到明显加强。但无论采取何种方式，应避免楔形垫块的移位或脱落，绕组"S"弯换位处的结构稳定性应可靠，防止造成绕组匝绝缘相互摩擦损坏而发生匝间短路。

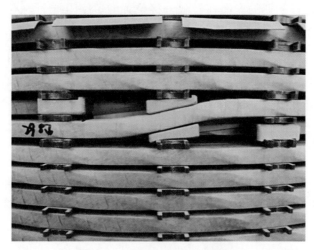

图2-12　饼式绕组"S"弯换位

2.2.7　变压器绕组线焊接质量符合工艺要求，绕组在套装铁芯柱前应进行半成品绕组直流电阻试验。

【标准依据】无。

要点解析：变压器绕组线接头一般采用焊接方式，焊接前应去除导线表明漆膜、油污、氧化层，漆膜去除可根据空间选择脱漆剂或高频焊枪加热方式，要求焊线饱满无空隙、平齐和平整，焊接后将焊接头除去毛刺、倒角、砂光和清洁，修正导线位置并按图包扎绝缘。

变压器绕组接头涉及焊接处理的结构型式主要为纠结式绕组和内屏蔽绕组。

图 2-13 是某变压器总烃超标解体检查情况，变压器高压绕组"S"弯位置，均存在有明显发热痕迹。导线焊接处虚焊是导致总烃和直流电阻异常的直接因素，反映出制造厂焊接工艺仍存在缺陷。

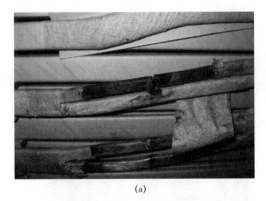
(a)

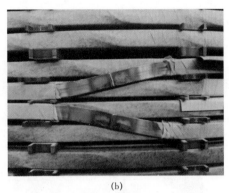
(b)

图 2-13　绕组导线焊接样例
(a) 绕组线焊接不良断裂；(b) 绕组线焊接质量合格

变压器绕组整体绕制完成后，在套装铁芯柱前应进行半成品绕组直流电阻试验（绕组未连接分接引线）：

（1）根据半成品绕组直流电阻值与器身布置结构，合理布置绕组需套装的铁芯，例如对于 YNd 有载调压变压器，根据各相绕组对有载分接开关的距离，考虑分接引线直流电阻不一致问题（A 相、B 相、C 相的分接引线长度依次增加），故半成品高压绕组直流电阻值最小的应套装在 C 相铁芯，随直流电阻值增大，依次套装在 B 相和 A 相铁芯上，防止带分接引线后的绕组直阻不平衡率超标。

（2）对半成品直流电阻测量可以发现导线接头焊接或压接质量是否良好、各相绕组绕制是否均衡，及时发现问题并整改，避免在后续试验发现问题重新返工。

（3）与绕组绕制理论电阻计算值进行比对，可判别绕组绕制整体直径，绕组松紧度、绕组线长度等是否偏差过大，是绕组绕制一致性的间接判别标准。

2.2.8　变压器绕组抽头与引出线采用冷压接时宜选用带孔接线端子，冷压接内部填充饱满且压接紧固，分接引线冷压处应进行屏蔽。

【标准依据】无。

要点解析：变压器绕组引出线主要涉及主绕组引出线和调压绕组引出线两类，引出线一般选用铜绞线。主绕组引出线将通过套管引出至器身外部，引出线配置导电杆与套管头部连接，如图 2-14 所示，通常采用磷铜焊或冷压接。调压绕组引出线也称为分接引线，它的一侧与调压绕组引出端连接，另一侧与分接选择器接线端子连接，如图2-15（a）所示，目前，分接引线两侧连接多采用压六方冷压连接方式。

磷铜焊接可将高温液态铜灌注在导电杆槽内，填充充实可靠，接触面积大，磷铜焊接要求大于较小引线截面积5倍，焊面饱满，无氧化、无毛刺，而液压压接方式为点或线接触，在冷压前一定选择符合引出线线径的接线端子，并且填充饱满，避免因接线端子尺寸与绕组引出线粗细不匹配存在压接不实、填充空隙大等问题，以冷压连接方式为例说明。

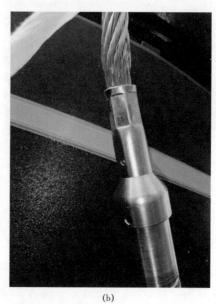

（a）
（b）

图2-14　主绕组引出线连接端子
（a）套管引出线导电杆；（b）带孔冷压接线端子

分接引线与调压绕组引出端冷压接后，压接处必须光滑无毛刺，先用半导体碳纸包扎连接头，半搭接包两层，碳纸收尾处应落在接线头直线端，再包扎绝缘。对于分接开关侧的冷压接头可直接使用绝缘皱纹纸进行包扎，尤需加包半单体皱纹纸。两者选用的液压头均宜采用根部带孔结构，如图2-15（b）所示，其作用为：①接线端子液压连接时便于内部的空气排出；②可作为检查分接引线压接质量的观察口；③运行时内部填充变压器油，液压端子内部存在的接触不良的隐患能及时通过本体油色谱数据反映出来；④避免内部积聚气体导致热涨冷缩和氧化，长期作用宜造成端子压接不可靠和接触电阻增大。

【案例分析】某基建站2号变压器高压绕组C相直流电阻数据与出厂数据严重不一致。

（1）缺陷情况。2019年10月，某基建站进行2号变压器修前试验，发现高压绕组C相直流电阻与出厂试验数值相差较大，其中出厂直阻不平衡率为0.85%，而修前直

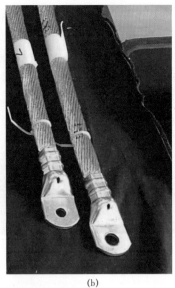

(a)   (b)

图 2-15 分接开关侧引线连接端子

（a）分接开关侧分接引线；（b）带孔冷压接端子

阻不平衡率达到 1.03%，A 相和 B 相与出厂试验数值基本未变化。

（2）检查情况。根据试验数据分析，高压套管 C 相导电杆和引出线连接质量的概率较大，经拆解引线头绝缘发现，引线头焊接质量较差，连接部位存在导线散股、断股、与引线头凹槽焊接深度不够等问题，如图 2-16 所示，对高压 A 相和 B 相套管导电杆与绕组引出线连接检查发现均存在不同程度的焊接问题，初步判断厂家套管引线头焊接工艺存在问题。

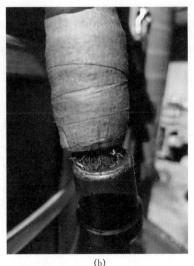

(a)   (b)

图 2-16 绕组引出线与导电杆连接

（a）绕组引线头焊接深度不够；（b）引线头导线断股

后续对绕组与引出线液压连接部位也开展排查，发现此部位液压铜管内径与绕组导线外径尺寸不匹配，存在变形大、内部空隙大、压接不实等问题，如图 2-17 所示。

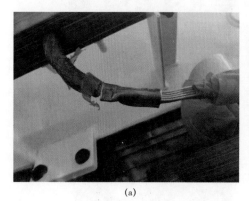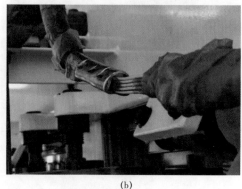

(a)　　　　　　　　　　　　　　　(b)

图 2-17　绕组引出线与导电杆连接

(a) 液压夹规格与导线不匹配；(b) 液压空隙大无填充

（3）原因分析。穿缆式套管导电杆与绕组引出线焊接质量不良、导线存在断股、散股等问题，绕组引线头一经晃动即会导致高压绕组直阻数据变化。

（4）分析总结。①对同厂家同批次变压器安排返厂，重新对两个连接部位重新制作，并提供连接部位的接触电阻试验报告；②新品变压器应增加绕组引出线与导电杆焊接质量的专项检查工作，目测及接触电阻试验发现问题及时上报；③绕组引出线与与其配套的导电杆应采用磷铜焊接方式，导电杆凹槽深度不宜小于导线直径。

2.2.9　变压器绕组及引出线在焊接或冷压接后应检查连接质量，必要时应进行连接部位的接触电阻试验或 X 光探伤检测。

【标准依据】无。

要点解析：变压器绕组及引出线在焊接或冷压接后基本都是采用目测方法进行合格性检查，绕组绕制完成后通过直流电阻试验及理论计算值进行比对分析，但对于一些特高压变压器或者换流变压器，为提高工艺质量的层层监督，在焊接或冷压接后可采取接触电阻试验或 X 光探伤检测，与接头接触电阻试验相比，X 光探伤检测能更直观地检查其工艺质量。通常认为接触电阻值不大于 $20\mu\Omega$ 为合格，X 光探伤检测接触面无间隙为合格。

当焊接或冷压接质量不合格时，会影响变压器绕组直流电阻数值，运行中在焊接或冷压接处发生局部过热现象，此时要避免绕组线焊接处机械强度降低，否则在受到较大短路电流冲击后易造成导线接头连接处拉断。

2.2.10　变压器绕组各相直流电阻测量值的相互差值应小于相间平均值的 1%，各线间测量值的相互差值应小于线间平均值的 1%，在未查明原因前禁止投入运行。

【**标准依据**】GB/T 50150《电气装置安装工程 电气设备交接试验标准》7.0.3 测量绕组连同套管的直流电阻，1600kVA 及以下容量等级三相变压器，各相测得值的相互差值应小于平均值的 4%，线间测得值的相互差值应小于平均值的 2%；1600kVA 以上三相变压器，各相测得值的相互差值应小于平均值的 2%，线间测得值的相互差值应小于平均值的 1%。

要点解析：变压器绕组连同套管的直流电阻试验是每一台变压器在出厂试验、交接试验、例行试验及故障诊断试验中均应开展的试验项目，它可检查绕组内部导线接头的焊接质量，引线与绕组接头的焊接或压接质量，分接开关各分接位置以及引线与套管的接触是否良好、并联支路连接是否正确、变压器载流回路有无断路、接触不良以及绕组层间、匝间有无短路等问题，基本可概括为两类：①直流电阻数值偏大类异常或故障；②直流电阻数值偏小类异常或故障。

本规定将变压器直流电阻试验标准提高一个等级，无论是各相直流电阻测量值还是各线间直流电阻测量值，它们各自测量值的相互差值均应小于平均值的 1%，这样规定的目的是：①督促变压器厂家在绕组绕制及焊接环节注重质量，确保绕组选型、设计、绕制及焊接等环节严格落实质量，提高了变压器入网质量；②提高变压器直流电阻例行及诊断试验的灵敏度，能及时发现由于绕组匝间短路、接触不良等引起直流电阻较小变化的缺陷。对于无中性点引出的星形联结和三角形联结变压器，当线间电阻纵横比较出现异常时，可将线间电阻换算成相电阻，初步确定故障相别，便于进一步分析和确诊。

进行变压器直流电阻试验时，一定要警惕数值偏小的情况，首先应排除上层油温测量不准确、电阻未进行温度换算的情况，如发现数值比其他两相偏小，与出厂值相比也偏小，可判断该相绕组内部存在匝间（或层间、段间）短路的概率很大。

变压器直流电阻试验数值有一定偏大时，大多是由于分接开关或套管导体连接处存在接触不良，待排查后依旧无法解决时，应考虑绕组出现断线或断股的现象，此时一定要警惕数值偏大较多的情况。若绕组为三角形联结，当某相出现断线时，没有断线的两相线间电阻值为正常值的 1.5 倍左右，而断线相线间电阻值为正常值的 3 倍；若绕组为星形联结，当某相断线时，其对应的相电阻或线间电阻均无法测出。而当某一相电阻值偏大，而另两相电阻值正常，且油中色谱成分 CO、CO_2 含量异常时，在排除分接开关和套管等原因后，可判断该相绕组内部发生断股的概率很大。

若需对绕组故障进一步确定，应综合考虑油中溶解气体 DGA 分析、变比试验、空载试验、负载试验、感应耐压试验等进行佐证，避免将存在绕组缺陷的变压器投运后发生故障而烧损。

2.2.11 应及时更换 20 世纪 60～80 年代生产的薄绝缘变压器，未更换前应加强变压器绝缘技术监督，完善预防过电压及出口短路措施。

【标准依据】《国家电网有限公司十八项电网重大反事故措施（2018 年修订版）》9.2.3.2 对运行超过 20 年的薄绝缘、铝绕组变压器，不再对本体进行改造性大修，也不应进行迁移安装，应加强技术监督工作并安排更换。

要点解析：在 20 世纪 60～80 年代，为改变产品"老大粗"状况，变压器制造行业在其绝缘结构设计上作了探索和改进，这个时期生产的变压器绕组匝间绝缘（指相邻两匝每个导线半边绝缘厚度之和）低于表 2－7 规定的厚度，相对于 20 世纪 80 年代之后生产的匝绝缘加强型变压器，通常称之为薄绝缘变压器。但随着科技的进步，新材料、新工艺的研究与不断运用，可以显著提高其相应匝间绝缘厚度的起晕电压，匝绝缘可能设计的一样薄甚至更薄，但此类变压器并不属于薄绝缘变压器，薄绝缘变压器是特定时代的产物。

表 2－7 不同电压等级变压器的匝绝缘厚度

额定电压（kV）	10	35	110	220
匝绝缘厚度（mm）	0.45	0.95	1.35	1.95

大量生产的这类薄绝缘变压器在投入运行后，因绝缘强度不够，导致绝缘事故频繁发生，这类薄绝缘变压器的主要问题是高压绕组匝间工作场强比较高，例如 220kV 等级变压器采用厚度为 0.95～1.35mm 的薄绝缘，匝绝缘工作场强由原来连续绕组的 220V/mm 左右提高到纠结式绕组的 2000～2750V/mm，匝电压达 10000V，加之工艺粗糙，导线及其焊接头有毛刺、垫块不打棱角、纸包绝缘跑层或漏铜、线段间"S"弯绝缘处理不当等，造成纵绝缘先天缺陷，致使许多变压器在刚投入不久或在正常运行时突然发生事故。另外，对于匝绝缘工作场强高于 2000V/mm 的变压器也可作为薄绝缘变压器的一个评判标准。

为此，对于 1980 年以前生产的变压器，应尽快与厂家确认其绝缘结构，若为薄绝缘变压器，应尽快安排更换，未更换前应加强绝缘技术监督，采取防止过电压及出口短路的措施，例如加强油中溶解气体分析，对于 CO、CO_2 纸绝缘老化特征气体应给予重点关注，在变压器各出口侧加装避雷器、中性点加装间隙、低压出口采取绝缘化措施等。

2.2.12 变压器低压绕组和调压绕组应采用内外撑条的结构，撑条与垫块应垂直、均匀布置并绑扎牢固，撑条数量满足稳定性要求。

【标准依据】无。

要点解析：变压器产生的漏磁通大部分是轴向的，故导线所受电动力是幅向的。根据磁动势平衡原理，对于双绕组变压器，高低压绕组电流流向是相反的；对于三绕组变压器，高低压绕组电流也是相反的，而中压绕组电流根据系统电流存在流入流出方向问题，如图2－18所示，根据左手定则分析载流导体受力分析，内外绕组受到使其相互分离的作用力，即外绕组在圆周方向受张力（环形拉伸力），导线存在向外扩的趋势，内绕组在圆周方向受到压力（环形压缩力），导线有朝铁芯方向变形的趋势，它是符合感应力基本规则的：相同电流方向的导线相互吸引，不同电流方向的导线相互排斥。绕组局部变形的导线均会出现直径变小、长度变长的现象，可造成导线绝缘破损漏铜发生匝间短路故障。

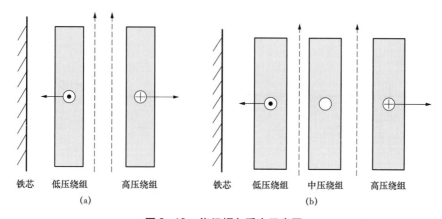

图2－18　绕组幅向受力示意图
（a）三相双绕组变压器；（b）三相三绕组变压器

对于变压器低压绕组（内绕组）而言，当其机械稳定性薄弱或导线的抗弯强度不够，绕组将发生变形，为提高绕组的抗弯强度，一般采用半硬自黏性换位导线，它能够明显提高绕组幅向失稳的平均临界应力值，而对于机械稳定性，主要考核内绕组垫块稳定性、撑条的有效支撑及数量等。

绕组一般绕制在安装有绝缘撑条的绝缘纸筒或工装纸筒上，即构成绕组的骨架，又使绕组和纸筒间形成冷却油道。对于饼式绕组，每根绝缘撑条上套有鸽尾或平尾垫块，形成段间油道，同时构成轴向支撑，平尾垫块沿圆周均匀布置，其厚度决定了油道的大小，宽度和数量直接影响绕组的温升和导线应力，一般垫块数量越多散热效果越差，绕组温升越高，但导线应力越小。反之，则导线应力大，散热效果好，绕组温升低。

往铁芯上套装时，所有绕组要尽可能保持同心，在工艺上要尽量减小套装间隙以保证承受幅向压缩短路力作用的绕组内径处撑条处于有效支撑状态，但往往很难掌握间隙及同心度，有的撑条可能处于完全失效的支撑状态。同时，相邻撑条之间的跨距

（决定撑条的数量）也能提高绕组的幅向稳定性，当相邻撑条之间的跨距为 120mm 时，幅向失稳的平均临界应力比无撑条支撑时提高 20% ~ 30%，如继续增加撑条数量，幅向失稳的平均临界应力不再明显升高，撑条数量也不宜过多，否则将影响铁芯与内绕组的油路循环散热。另外，垫块上的轴向压紧力也影响幅向稳定性，当垫块上的轴向压力小于 2.5MPa 时，幅向失稳平均临界应力随垫块上轴向压力的增大而提高，当垫块上的轴向压力大于 3MPa 时，若再增加垫块上的轴向压力，绕组幅向失稳平均临界应力的变化较小。

对于变压器调压绕组（外绕组）而言，由于短路电动力是引起向外扩的趋势，为避免外侧绕组变形，其绕组外侧同样应布置撑条，依靠撑条及绑扎带的稳固力，它可以有效避免外绕组局部出现过大外凸变形，如图 2 - 19 所示。

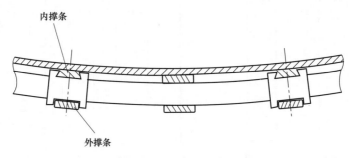

图 2-19　绕组内外撑条结构

2.2.13　变压器绕组上的垫块、撑条等绝缘件应采用高密度硬纸板制成并倒角处理，绕组绕制紧密无间隙，与绝缘件的机械稳定性应可靠。

【标准依据】无。

要点解析：变压器正常运行时绕组中流过电流，绕组中的导线即受到电动力的影响，电动力与流经导线电流的平方成正比，当变压器发生出口短路或中压及低压侧线路发生短路故障时，会有相当大的电动力作用在绕组上，绕组导线必须能承受很大的拉伸和弯曲力。

（1）应特别注意电动力对变压器绕组上的垫块、撑条等绝缘件机械强度的影响，为提高绕组整体的机械强度，变压器绕组上的垫块、撑条等绝缘件应采用高密度硬纸板制成并倒角处理，真空干燥处理浸油后使其塑性变形明显下降，弹性模量明显上升，基本不再收缩。

（2）绕组绕制应紧密无间隙，绕组线饼中导线应紧紧靠在一起，若存在幅向间隙，那么在幅向短路力下将导致导线沿幅向产生局部变形，严重时发生幅向失稳；绕组线饼之间也应紧密无间隙，若油轴向间隙，那么在轴向短路力下将发生弹簧式跳动，严重时发生轴向失稳。

（3）绕组与绝缘件的稳定性应可靠，防止在绕组电动力作用下出现垫块压缩变形、松动或脱落，失去垫块的绕组在下一次短路电动力作用下极易产生绕组变形或匝绝缘破损；对于绕组垫块未采取倒角措施时，垫块的尖端与绕组长期摩擦将会造成绕组匝绝缘破损，进而导致绕组匝（饼）间短路故障。

综上考虑，在变压器绕组绕制、套装及压紧工艺上应合理选择导线及绝缘件，防止因组件选用不当导致承受电动力机械强度的下降，图 2-20 为整理完成待套装的绕组。

图2-20　整理完成待套装的绕组

2.2.14　变压器绕组引出线应多道绑扎牢固，防止引出线根部绝缘受力损伤，绕组引出线应通过绝缘支撑板和绝缘螺栓固定牢靠且满足绝缘间距，严禁采用悬臂式固定结构。

【标准依据】无。

要点解析：变压器绕组引出线应夹紧绑扎牢固，引出线头处应与不同的相邻线饼进行多道绑扎，对于调压绕组引出线，还应将相邻调压引出线进行绑扎，确保变压器遭受外部短路的情况下，绕组引出线不因电动力作用发生松动或移位，防止引出线根部绝缘受力损伤。图 2-21 为幅向出头的螺旋式调压绕组在干燥之前的状态，可见看出每一调压引出线头都进行了多处绑扎。

绕组引出线应通过绝缘支撑板和绝缘螺栓固定牢靠，这是因为，变压器绕组引出线在运输、长期运行振动以及突发短路等多种复杂工况条件下，必须保持足够的机械强度，不得发生明显可见的永久变形或者窜动。所有绕组出头以及引线本身需要可靠的夹持，特别需要注意低压大电流引线，低压侧短路时，由于短路电流很大，其相应的短路力也很大，而低压引线一般会是三相并行至套管处，由于电压不高，因此引线

图 2-21　幅向出头的螺旋式调压绕组

之间的绝缘距离相对比较小。如果相互之间机械支撑强度不够，在发生短路时，巨大的电动力极易造成引线变形移位，特别是在三相引线弯折走线的部位。变形移位后一旦造成低压引线相间短路，变压器被整体烧损的概率很大。图 2-22 是一台 220kV 三相三绕组变压器低压绕组引出线的固定示例，可以看出，弯折处的引线间均增加了固定绝缘架，防止相间引线变形短路。另外，低压引线由于所承载的电流较大，考虑集肤效应和降低温升，一般均选用裸铜棒、铜管或者铜排，表面无绝缘纸。为减少裸铜与变压器油接触产生硫化物，低压裸铜线表面必须刷绝缘漆。

(a)　　　　　　　　　　　　　　　(b)

图 2-22　低压绕组引出线的固定绝缘架
(a) 低压 10kV 绕组引出线固定；(b) 调压绕组引出线绑扎固定

　　绕组引出线严禁采用悬臂式固定结构，这是因为，当悬臂式固定结构不可靠发生松动时，在电动力的作用下极易导致绝缘距离变小，最终导致引线之间或者引线与箱体之间发生短路放电故障。

2.2.15 变压器内部所有木螺栓每端均应有两个木螺母固定且紧固牢靠，防止器身长期振动导致其松动脱落。

【标准依据】无。

要点解析：变压器内部的木螺栓通常作为绕组引出线绝缘支架紧固所用，由于变压器正常运行时铁芯会产生电磁振动，同时绕组流过电流在漏磁通作用下也产生电动力，为此，对于木螺栓所配套的木质螺母，应考虑振动的影响，若螺栓与螺杆螺纹连接正压力在某一瞬间消失，摩擦力为零，从而使螺母与螺杆松动，如经反复，螺纹连接就会松弛失效，最终导致紧固失效，螺母退出螺杆。为此，变压器内部所有木螺栓每端均应有两个木螺母固定，通过利用两个螺母之间的摩擦力、螺母和螺纹之间的摩擦力，起到后面一个阻止前面一个螺母轻易松动问题，是防止螺纹固定部件松动经典紧固方案，其防松的摩擦原理如图2-23所示，可以看出，上螺母螺纹与螺杆丝扣顶部接触，下螺母与螺杆丝扣底部接触两螺母对顶拧紧后，上下螺母与螺杆螺纹接触面相反，使旋合螺纹始终受到附加的压力和摩擦力的作用。有些变压器制造厂通过单螺母加胶、缠绕丝带等防脱落方式，但长期在变压器油中浸泡，运行时间一长存在脱落的问题，为此，不宜仅采取该措施来替代备螺母的紧固措施。

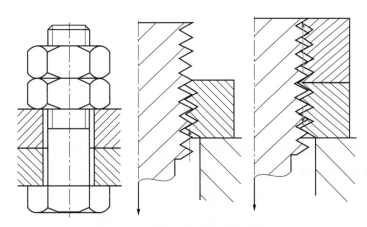

图2-23 两个木螺母紧固防松措施

另外，木螺母固定的力矩应满足要求，否则将失去备母的作用，例如，在某基建变压器吊罩检查时曾发现备用螺母处于松动脱离状态，如图2-24所示，完全没有起到备螺母固定的作用，为此，在出厂及现场吊罩验收时，应重新紧固所有木螺母，发现损坏及时更换。

2.2.16 变压器各绕组安匝分布应均匀，电磁中心线应在同一高度，压板对各绕组的轴向压紧力均应大于轴向短路力，防止绕组发生轴向失稳。

【标准依据】无。

(a)　　　　　　　　　　　　　　(b)

图 2-24　绕组引出线支架紧固木质螺母松动

（a）低压母排螺母松动 1；（b）低压母排螺母松动 2

　　要点解析：变压器漏磁通指由绕组电流（负载电流及短路电流）在绕组所占空间及其周围产生的磁通，漏磁通的大小取决于电流的安匝大小和漏磁路径。在理想情况下，如忽略励磁电流、各绕组安匝平衡，这时绕组电流所产生的漏磁通为轴向漏磁通（短路力则为幅向短路力），其磁力线在绕组整个高度范围内，都平行于芯柱的轴线，轴线漏磁通的大小沿绕组幅向呈梯形分布。当安匝不平衡时，将产生幅向漏磁通（短路力则为轴向短路力）。另外，磁力线在绕组的端部也会发生弯曲，故也会有幅向漏磁分量存在，同时轴向漏磁分量减小，但是幅向漏磁与轴向漏磁相比是相当小的。故通常仍可认为绕组电流产生的幅向漏磁通是主要的。在变压器设计和制造阶段，应尽量避免幅向漏磁的增加而导致轴向短路力过大的问题。

　　变压器各绕组安匝分布不均匀，例如调压绕组沿整个绕组轴向高度上分布不均匀，则会因不平衡安匝产生不均匀的幅向漏磁通，漏磁通方向与绕组的轴相垂直，那么绕组中流过电流所产生的电动力将是轴向的，即轴向短路力。变压器绕组设计时要求电磁中心线应在同一高度，但是由于制造偏差或绕组干燥过程中的不均匀收缩等多种因素影响，导致电磁中心线不在同一高度，这也会导致绕组沿绕组轴向的安匝不平衡，从而使幅向漏磁通增大，进而增大了轴向短路力。综上分析，为避免绕组产生过大的轴向短路力，应尽量缩小由于安匝分布不均匀，或者电磁中心线不在同一高度等原因导致轴向短路力的增加。

　　为确保变压器绕组不因轴向短路力过大而导致轴向失稳，要做到：①确保绕组的压板轴向预压紧力始终大于轴向动态短路力；②绕组各饼或各层间压紧严密，绕组上各部位（线饼间、线饼和垫块间、垫块间）轴向压力永远是正值，上下不应出现"空隙"。否则，在短路电流达到最大值的瞬间，由于轴向预压紧力小于最大轴向动态短路力，绕组上各部位（线饼间、线饼和垫块间、垫块间）将出现"空隙"，而在短路电流等于零的瞬间，由于轴向短路力为零，而使"空隙"随之消失。随着短路电流的交变过程中，由于"空隙"的多次出现与消失的冲击作用，必然导致匝绝缘破损，垫块松动移位、导线倾斜倒塌的事故发生。另外，绕组如果各饼间轴向短路力相反，则会进一步加大安匝不平衡、电磁中心线高度不一致问题，进而严重影响到绕组的轴向稳定性。

变压器各绕组通过压板压紧时，应确保各绕组均能满足轴向压紧力均大于轴向短路力，另外还应考虑压板对绕组的绝缘性能和机械性能，目前主要为高密度层压木压板或高密度层压纸板。另外值得注意的是，用同一压板压紧同柱绕组时，若确保各绕组得到有效压紧，必须使所有绕组高度一致，否则有些绕组得不到压紧力，绕组短路时存在轴向运动空间，易导致绕组倾倒、匝绝缘破坏等问题。

2.2.17　SF_6 气体绝缘变压器绕组匝绝缘及临近部位（如垫块、撑条）的绝缘材料耐热等级均应选用 E 级绝缘，其他远离绕组部分可选用 A 级绝缘。

【标准依据】DL/T 1810《110（66）kV 六氟化硫气体绝缘电力变压器使用技术条件》6.2 气体变压器绕组导线用绝缘包覆材料的耐热等级为 E 级，其绝缘系统最高允许温度为120℃、绕组平均温升限值为75K。

要点解析：由于 SF_6 气体绝缘变压器绝缘介质为 SF_6 气体，其冷却绕组的效果不如变压器油，为此，其绕组匝绝缘应选用 E 级绝缘，其耐热性能如表2-8所示。

表2-8　　　　　基于散热器环境温度40℃下的变压器绕组温升要求

最高年平均温度（℃）	20	25
绝缘耐热等级	E 级	
绝缘系统最高允许温度（℃）	120	115
绕组温升限值（K）	75	70

注　1. 若年平均温度不同上述规定时，温升限值应作相应修正。
　　2. SF_6 气体绝缘变压器本体与散热器共室布置的户内或地下最高年平均温度25℃，本体与散热器分室布置的最高年平均温度20℃。

绕组匝绝缘以及相邻的垫块及撑条的稳定性决定了变压器承受突发短路的能力，如果垫块及撑条选用 A 级绝缘材料，在气室温度高于105℃时即会发生老化，垫块及撑条的机械强度下降，当变压器出口遭受突发短路时，绕组极易发生变形，严重时可导致匝绝缘破坏而发生匝间短路故障。因此，线匝临近部位（如垫块、撑条）的绝缘材料在满足机械性能的同时，也应满足其耐热性能，这在 DL/T 1810 标准中并未提及。

综上分析，SF_6 气体绝缘变压器绕组匝绝缘及临近部位（如垫块、撑条）的绝缘材料耐热等级均应选用 E 级绝缘，其他远离绕组部分可选用 A 级绝缘，如图 2-25 所示。

(a)   (b)

图 2-25　采用 E 级绝缘材料 SF_6 气体绝缘变压器
（a）分接引线绝缘；（b）绕组匝绝缘

2.2.18　SF_6 气体绝缘变压器本体或有载开关气室零表压时，变压器应能短时在额定电压下持续运行。

【标准依据】DL/T 1810《110（66）kV 六氟化硫气体绝缘电力变压器使用技术条件》7.1.3.4 气体变压器在 SF_6 气体零表压下应能承受 1.05 倍额定电压历时 5min 的励磁试验。

要点解析：SF_6 气体绝缘变压器各气室组部件电气绝缘设计时应满足在零表压状态下不发生气室内部放电故障，这是因为，SF_6 气体绝缘变压器一旦发生大量漏气时，气室内的气体压力将迅速降低，为可靠保护变压器的安全运行，通过气体密度继电器实现变压器跳闸（通常跳闸压力值高于零表压），进而避免变压器 SF_6 气体绝缘降低而发生内部放电，在此期间，并不能确保变压器跳闸快于气室的泄漏时间，变压器跳闸时是存在零表压概率的。

SF_6 气体绝缘变压器各气室在零表压下保持继续运行是有条件的，即气室内部 SF_6 气体的纯度及湿度。如果此时空气与气室进行缓慢置换，变压器气室内 SF_6 气体纯度、湿度等参数劣化，势必导致气室内的绝缘强度下降而发生放电，为此，SF_6 气体绝缘变压器各气室在零表压状态下是否能继续运行还是要看 SF_6 气体与空气的置换率。如果变压器不存在泄漏而仅仅是保持零表压状态，那么在额定电压下，SF_6 气体绝缘变压器应能正常运行，且有载开关也能正常操作，气室内部不会发生放电性故障。

有载开关气室是在零表压下运行的，而且能在 1.2 倍额定电流下进行调压操作。电缆终端气室是不允许零表压下运行的，这主要是因为 SF_6 气体绝缘变压器多采用三相共仓模式，各相绕组引出线绝缘距离较近，当 SF_6 气体压力下降时，势必导致相间绝缘降低，此时发生零表压必然导致相间故障的发生。

3

变压器分接开关运维检修管控
关键技术要点解析

电力变压器运维检修管控关键技术
要点解析

3.1 无励磁分接开关管控关键技术要点解析

3.1.1 三相三绕组变压器中压绕组不宜选用无励磁调压方式，避免因绕组安匝不平衡导致变压器抗短路能力降低。

【标准依据】无。

要点解析：三相三绕组变压器中压侧绕组不宜选用无励磁调压方式，其原因如下：

（1）降低变压器抗短路能力。设计变压器调压绕组时，由于调压分区的存在，以及纵绝缘沿整个绕组轴向高度上分布不均匀，沿高、低压绕组轴向的安匝分布实际上是不平衡的。安匝分布不平衡将产生幅向漏磁通，其大小完全视不平衡安匝的大小而定，该幅向漏磁通将引起轴向短路力。

（2）增加无励磁调压必要性不足。三相三绕组变压器中压系统侧对端变电站变压器基本都采用有载调压方式以应对负荷侧电压的波动，那么使用无励磁调压方式多此一举。例如电网 110kV 和 35kV 等级的变压器均采用有载调压方式，那么对于 110kV 三相三绕组变压器 35kV 中压侧绕组完全没有必要采用无励磁调压开关。

（3）增加运维检修工作量。运行经验表明，运行超过 15 年的无励磁开关大多存在密封不良渗漏油，内部触头接触不良局部过热等问题。

3.1.2 无励磁开关分接变换操作应在变压器无励磁状态下进行，分接调整到位后必须将机械闭锁装置重新锁定到位且三相位置应一致，投运前应测量使用分接直流电阻和变比。

【标准依据】《国家电网有限公司十八项电网重大反事故措施（2018 年修订版）》9.4.3 无励磁分接开关在改变分接位置后，应测量使用分接的直流电阻和变比；有载分接开关检修后，应测量全分接的直流电阻和变比，合格后方可投运。DL/T 574《变压器分接开关运行维修导则》6.4.4.3 无励磁开关调整到位后必须锁紧，并经直流电阻测量合格后方可投入运行，变压器启用后应注意电压变化情况。

要点解析：在分接变换操作过程中，无励磁开关主绕组与分接绕组的连接将会出现断路现象，在变压器励磁状态下相当于绕组三相断路故障，绕组断点将发生高压放电故障并烧毁绕组，因此，无励磁开关分接变换操作应在变压器无励磁状态下进行。

无励磁开关按相数主要分为三相（S）和单相（D），无励磁开关操作手动轮一般设计定位螺丝和定位螺孔，在锁定某一档位时必须将定位螺丝插入定位螺孔并固定到位，对于配置手摇机构多采用挂锁将箱门锁住，各开关厂家的机械定位闭锁装置结构及操作方法不同，但原则上要求固定锁紧，防止人员未经授权操作或变压器振动等原因发生分接位置触头移位。对单相无励磁开关分接位置调整完成后应核对各相分接位置应一致，防止因分接位置不一致导致各相绕组匝数不同，进而引起三相电压不平衡。

为防止无励磁开关定位指示与开关接触位置不对应导致动触头不到位的情况发生，在无励磁开关分接位置调整后应测量使用分接直流电阻和变比。另外，通过测量直流电阻也可以发现无励磁开关触头接触不良的隐患。当变压器的直流电阻不平衡，通过调整无励磁开关得以消除时，不宜简单地认为是无励磁开关接触不良，应反复地测试确认。无励磁开关经常出现接触不良的原因是：①接触点压力不够（压紧弹簧疲劳、断裂或接触环各方向弹力不均匀）；②部分触头接触不上或接触面小使触点烧伤；③接触表面有油泥及氧化膜；④定位指示与开关接触位置不对应，使动触头不到位；⑤穿越性故障电流烧伤开关接触面。

3.1.3　无励磁开关分接变换操作时宜先反复作全程操作再切换到新的档位，防止因触头接触电阻过大而产生局部过热。

【标准依据】DL/T 574《变压器分接开关运行维修导则》6.4.4.2无励磁开关如在某一档位运行了较长时间，分接变换时应先反复作全程操作以便消除触头上的氧化膜，再切换到新的档位，并且三相档位必须保持一致。DL/T 574《变压器分接开关运行维修导则》5.4.1无励磁调压变压器在变换分接时，应作多次转动，以便消除触头上的氧化膜和油污。在确认变换分接正确并锁紧后，测量绕组的直流电阻。分接变换情况应记录。

要点解析：无励磁开关触头是完全浸没在本体油箱内的，对于非运行分接位置的触头，触头表面易形成氧化膜或附着油泥，触头接触时接触电阻过大产生局部过热。对于运行分接位置触头，触头长时间停留在某个分接位置，触头表面得不到清洗，如果触头存在接触电阻过大问题，触头上可能形成热解碳并逐步劣化增加，最终可能导致自由气体的产生和诱发闪络，使变压器发生灾难性故障。为此，无励磁开关分接变换操作时宜先反复作全程操作再切换到新的档位，这样可以将触头表面的氧化膜、油泥及热解碳清洁干净。这可能是无励磁分接开关和有载分接开关转换选择器的潜在性问题。

3.2　有载分接开关管控关键技术要点解析

3.2.1　有载开关头盖上方不应布置油管路、消防管路及电缆等影响吊芯检修的遮挡物。

【标准依据】无。

要点解析：有载开关吊检时需打开开关头盖，方可将切换芯子吊离开关油室并放置地面进行相关部件检修及试验工作，为方便实现吊芯检修工作，开关头盖上方不应被自身的注油管路、撤油管路，连接油流速动继电器管路、本体至储油柜连接管路等遮挡；开关头盖上方不应布置消防管路及电缆等影响吊芯检修的遮挡物。

3.2.2 油浸有载切换开关触头组应具有主触头设计结构，防止触头接触电阻过大影响变压器绕组直流电阻诊断分析。

【标准依据】无。

要点解析：有载切换开关触头组主要由主触头、主通断触头和过渡触头组成。主触头指承载通过电流但不通断电流的触头组，触头一般采用纯铜材质，接触电阻为微欧（$\mu\Omega$）级，它与变压器绕组之间没有过渡阻抗；主通断触头指接通和开断电流的触头组，触头一般采用铜钨合金材质，接触电阻为毫欧（$m\Omega$）级，它与变压器绕组之间不接入过渡阻抗；过渡触头指与过渡阻抗串联的，能接通和开断电流的触头组。

有载切换开关主触头是根据开关最大额定通过电流考虑的，一般额定电流350A型切换开关因其载流量较小，未设计主触头，而额定电流500A及以上切换开关均设计主触头，如图3-1所示。

根据油浸切换开关切换过程分析，主通断触头会发生拉弧现象，其表面容易产生碳化物及烧灼点，进而影响触头间的接触电阻，而主触头主要起载流作用，只转移电流不开断电流，因此，主触头与主通断触头和过渡触头相比基本无碳化物及烧灼点。对于无主触头的切换开关，主通断触头承担了长期载流与开断电流的任务，由于该触头的接触电阻过大，进而导致触头温升较高，会导致油温局部升高，可能导致热击穿或切换时无法正常灭弧，给开关带来安全隐患。另外还会影响到变压器绕组直流电阻测量数值，不便于开展变压器直阻试验诊断分析。

因此，有载切换开关应选择具有主触头设计结构，不应采用长期靠主通断触头载流的方式。例如：对于额定容量为50MVA，电压比为110±8×1.25%/10.5的双绕组有载调压变压器，有载切换开关额定电流选型应满足额定电流的1.2倍，即最大额定通过电流为314A，选择额定电流为350A的切换开关即可满足运行要求，但考虑该切换开关无主触头设计，为此，应选择额定电流为500A的有载切换开关。

3.2.3 有载分接开关的束缚电阻应采用常接方式，防止转换选择器动作时触头断口发生电位悬浮放电。

【标准依据】《国家电网有限公司十八项电网重大反事故措施（2018年修订版）》9.4.1 新购有载分接开关的选择开关应有机械限位功能，束缚电阻应采用常接方式。

要点解析：有载分接开关加装束缚电阻是针对正反调压或粗细调压有载分接开关而言的，而对于线性调压有载分接开关则不涉及，这是因为前者涉及转换选择器（极性选择器或粗调选择器）。

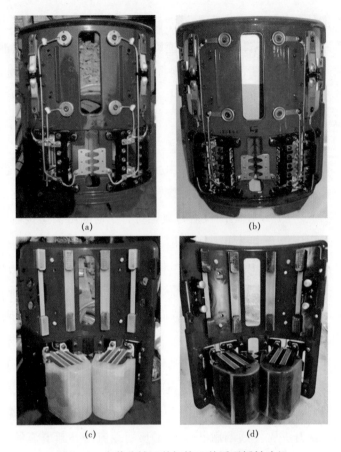

图 3-1　有载分接开关切换开关弧形板触头组
(a) 外侧无主触头设计；(b) 外部有主触头设计；(c) 内侧无主触头设计；(d) 内侧有主触头设计

　　以正反调压方式为例分析，极性选择器是在不增加变压器调压分接头用于扩大调压范围的。极性选择器的操作是在有载分接开关（on-load tap-changer，OLTC）的中间位置时，即分接选择器处在 K 位置上进行，如图 3-2（a）所示。在这个操作过程中，调压绕组暂时与主绕组分离，处于"悬浮"状态。此时调压绕组在邻近高压绕组和油箱的耦合电容 C1 和 C2 作用下，在极性开关断口间（K 端子对"-"或"+"端子）产生一个很高的恢复电压，如果该恢复电压超过极性开关触头允许值，则可能引起极性选择器触头间产生火花放电，引起变压器油中出现乙炔气体。触头间放电除了损伤触头外，由于电容放电所产生的密集气泡还会削弱极性选择器内部间隙绝缘强度而发生绝缘击穿事故，严重时还会造成调压绕组短路烧毁。

　　为此，有载分接开关应按图 3-2（b）所示方法接入电位电阻，也称束缚电阻。束缚电阻被连接在调压线圈的中间抽头和切换开关中性点之间。束缚电阻通常独立于有载分接开关而安装，也可安装在分接选择器的下方，电位电阻在常接方式下理论上最高承受半个调压范围的电压。

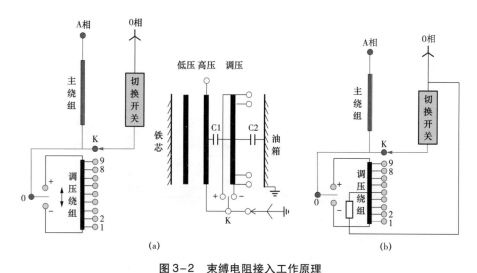

图 3-2　束缚电阻接入工作原理
（a）极性选择器操作期间悬浮状态；（b）束缚电阻接入方式

对接线方式为 10193W 的有载分接开关而言，电位电阻接在 5 分接和中性点输出端之间，当开关在 1 分接或 9 分接时，电位电阻两端承受 4 个级电压，电位电阻会发热并增加变压器空载损耗。另一种方案则是在电位电阻回路串一个电位开关，在其他档位时，电位开关是断开的，电位电阻未接入，只有在极性开关动作前瞬间接入电位电阻，动作完成后断开电位电阻，这样的好处是电位电阻不发热，坏处是电位开关要开断电位电阻的电流，同样在主变压器内产生乙炔。电位开关的方案一般用在高压换流变压器上（级电压高，调压档位多，电阻发热严重），而在电力变压器上一般束缚电阻采用常接方式。

3.2.4　新品变压器以及有载分接开关改造后应检查转换选择器拐臂转动区域，不能存在分接引线及木支架等阻挡物，防止有载分接开关损坏。

【标准依据】DL/T 574《变压器分接开关运行维修导则》7.6.3.1 对带正反调压的分接选择器，检查连接"K"端子分接引线与"＋""－"位置上与转换选择器动触头支架（绝缘杆）的间隙不小于 10mm。

要点解析：变压器调压绕组分接引线连接有载开关分接选择器和转换选择器（主要指极性选择器或粗调选择器），分接选择器根据级进原理交替进行触头"选分－选合"变换，其触头转动部位在内部通常不会遇到阻挡或卡涩问题（除非内部存在异物阻挡），而转换选择器拐臂转动区域在选择器外侧圆周上，当其转动时势必应考虑布置在其周围的分接引线，如图 3－3 所示。

当转换选择器转动区域存在分接引线或支架等阻挡物时，转换选择器将被阻止转动造成触头不到位，而切换开关仍在电动机构的调节下转动齿轮，一方面会导致切换开关转轴头部断裂，如图 3－4 所示，此薄弱环节的设计可以防止有载开关继续转动时，避免切换开关、转换选择器及其分接引线等部位进一步损坏。另一方面，转换选择器动触头与"＋""－"断口间距小被恢复电压击穿，造成调压线圈首末端短路而损坏变压器。

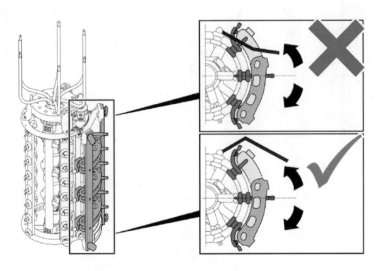

图 3-3　转换选择器转动空间分接引线

图 3-4　绝缘转轴头部薄弱环节

【案例分析】某站 2 号变压器整体更换有载分接开关后发生切换开关绝缘转轴断裂。

（1）缺陷情况。2017 年 8 月某站进行 2 号有载分接开关整体更换工作，涉及调压机构、切换开关、带极性选择器的分接选择器，更换工作结束后进行手动联结校验，在调试传动至分接 9b 位置过程中发生电机堵转，之后检查发现切换开关绝缘转轴断裂，如图 3-5 所示。

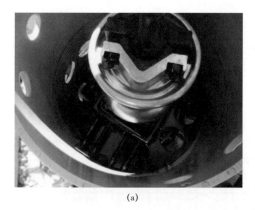

(a) (b)

图3-5 绝缘转轴头部薄弱处断裂

（a）切换开关绝缘转轴；（b）绝缘转轴薄弱处断裂

（2）原因分析。撤油钻桶检查发现分接选择器固定木支架与转换选择器过近存在阻挡问题，初步判断由于木支架阻挡转换选择器拐臂转动导致，后续加大木支架与极性选择器间距后，传动转换选择器无问题，如图3-6所示。

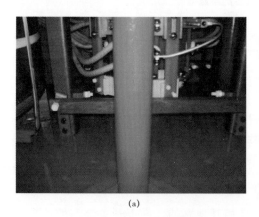

(a) (b)

图3-6 有载分接开关固定木支架与极性选择器转动部位距离

（a）有载分接开关固定木支架；（b）木支架阻挡极性选择器

（3）分析总结。①加强新品变压器在钻桶及吊罩过程中对转换选择器转动区域的检查工作，对存在影响其转动区域的分接引线及支架进行及时处理；②有载开关改造更换后应检查转换选择器的转动区域是否存在阻挡物；③调压绕组分接引线应固定牢固，防止振动因素导致分接引线移位阻挡转换选择器的转动；④有载开关检修及改造后应经联轴调试传动，全分接直流电阻试验合格后方可运行。

3.2.5 分接选择器与分接引线连接螺栓处应按开关厂家要求配置屏蔽帽。

【标准依据】无。

要点解析：分接选择器与分接引线连接螺栓处宜加装屏蔽帽，这主要是防止接线端子尖端发生放电，它是根据分接开关绝缘等级来设计的，例如对于 M 型有载分接开关，针对 B 和 C 分接选择器等级根据订货要求可提供屏蔽帽安装，而将屏蔽帽用作 D 和 DE 分接选择器等级的标准必须予以安装，每个屏蔽帽下都必须放置锁垫，如图 3 – 7 所示。

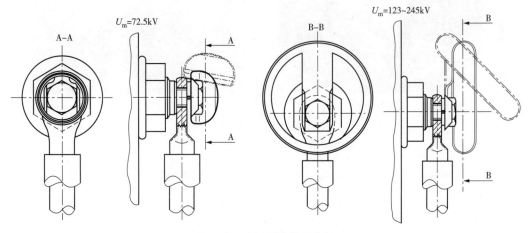

图 3-7　连接螺栓的屏蔽帽

3.2.6　有载分接开关油室与变压器油箱对接密封后，应通过本体储油柜加压检查开关油室密封情况，防止开关油室内渗。

【标准依据】DL/T 574《变压器分接开关运行维修导则》5.1.2.9 油室密封检查。在变压器本体及其储油柜注油的情况下，将油室中的绝缘油抽尽，检查油室内是否有渗漏油现象，最后进行整体密封检查，包括附件和所有管道，均应无渗漏油现象。7.1.3.4 当怀疑油室因密封缺陷而渗漏致使油室油位异常升高、降低或变压器本体绝缘油油色谱气体含量异常超标时，可停止有载开关的分接变换操作，调整油位，进行跟踪分析。

要点解析：变压器油箱与开关油室的油是相互独立的，由于开关油室的油在切换开关频繁切换过程中会产生乙炔等放电特征气体，两者密封不严时将导致串油现象，本体油将受到污染，影响本体油色谱化验诊断分析。为此，有载分接开关油室与变压器油箱对接密封紧固后，应在变压器本体储油柜处加压检查开关油室密封情况，防止开关油室发生内渗（内部渗漏）。

开关油室存在内渗的部位主要涉及三个部位：①切换开关油室底部放油阀；②切换开关油室桶壁静触头；③开关支撑法兰与本体油箱密封处，如图 3 – 8 所示。

当变压器运行中发现本体油色谱乙炔含量单独超标时，多判断为开关油室内渗，可通过观察有载储油柜油位是否异常间接判断，例如：将本体储油柜注油高于有载储油柜油位时，若干天后本体油位与有载油位持平，或者对于有载储油柜最高油位高度设计低于本体储油柜时，在本体油位较高的情况下，可能伴随有载呼吸器喷油现象。

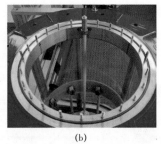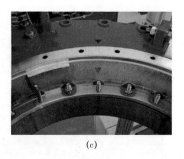

图3-8 开关油室存在内渗的部位

(a) 底部放油阀及筒壁静触头；(b) 支撑法兰密封；(c) 头盖法兰与支撑法兰密封

3.2.7 有载开关检修前宜先将分接位置从 N 至 1 方向调至整定工作位置，以便通过组件红色"▲"验证复装的正确性。

【标准依据】 DL/T 574《变压器分接开关运行维修导则》7.1.3.6 切换开关芯体吊出，一般宜在整定工作位置进行。7.1.3.7 分接开关操作机构垂直转轴拆动前，要求预先设置在整定工作位置，复装连接仍应在整定工作位置进行。

要点解析： 有载开关的整定工作位置是指分接电压为额定电压的分接位置，且分接位置应从 N 至 1 方向调整到达的整定位置，例如带转换选择器的分接开关整定位置：10191W/G 型整定位置为 10，14271W/G 型整定位置为 14，10193W/G 型整定位置为 9a 或 9b 或 9c，通常厂家设计为 9b 位置；不带转换选择器的分接开关整定位置为中间档位，10090 型整定位置为 5。

有载开关厂家行业习惯将降档（N→1）的中间位置定义为整定工作位置，并在此位置将开关的相关部位通过红色"▲"标示的尖端一一对应，这有利于核对切换开关或选择开关吊检及复装的正确性，提高检修可靠性。在其他分接位置是允许吊装的，只是各组件上的红色"▲"标示的尖端并不能对应，为此在吊检及复装过程中应记录吊检时的分接位置，切换开关合闸位置在单数侧还是双数侧。

以接线方式 10193W 的 M 型 OLTC 为例，其整定工作位置通常为 9b 位置（也有设定为 9a 或者 9c），在有载分接开关电动机构处，将切换开关由 N→1 方向调到整定工作位置，检查开关头盖顶部的分接位置指示与电动机构处的分接位置指示一致。此时，开关芯子支撑板上的红色"▲"标记与法兰上的红色"▲"标记呈三点一线，油室底部齿轮与分接位置指示盘齿轮轴的红色"▲"标记对应，如图 3-9 所示，在复装前可通过此标记来验证正确性。

3.2.8 有载开关吊检时应避免磕碰分接位置转动轴，防止转动轴变形导致分接位置指示盘指示不准。

【标准依据】 DL/T 574《变压器分接开关运行维修导则》A.4.1 使用起重吊攀垂直缓慢的吊起切换开关芯体，注意不要碰坏吸油管和位置指示传动轴。

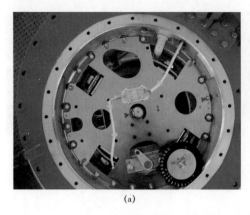

(a)
(b)

图 3-9 切换开关内部各组件红色"▲"标记

(a) 支撑板上红色"▲"标记；(b) 油室底部齿轮红色"▲"标记

要点解析：有载开关吊检时，应避免磕碰分接位置转动轴（见图 3 - 10）：①防止转动轴变形导致分接位置指示盘指示不准，此时在开关头盖上观察看到的分接位置指示有可能无法看见，或者分接位置数值发生偏移为其他数值，这样就会误导我们电动机构分接位置指示存在错误，错误的调整了调压机构的分接位置；②防止磕碰导致切换开关或选择开关弧形板某些部位损伤，例如弧形板铜导线、静触头等。

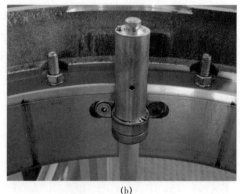

(a)
(b)

图 3-10 M 型切换开关分接位置转动轴

(a) 侧视图；(b) 正视图

3.2.9 复合型有载开关吊检时，应将转换选择器动触头脱离油室壁静触头后方可吊出，防止触头受力损坏。

【标准依据】DL/T 574《变压器分接开关运行维修导则》B.4.3 使用装卸扳手和 3 只 M10 螺栓连接主轴的轴承座，并按顺时针方向转动，使转换选择器的动触头脱离静触头。

要点解析：对于带有转换选择器的复合型有载开关，在拆除开关快速机构后，应使用专用起吊工具旋转角度使转换选择器的动触头脱离油室壁的静触头，防止触头损坏，如图 3-11 所示。对于不带转换选择器的复合型有载开关，建议开关芯子从绝缘筒内吊出时分两步进行，即先吊出 60mm 高后，转一个角度，向上提出芯子，这样做是为了开关芯子上的触头与绝缘筒的触头互相错开，避免撞击和磨损触头。当芯子复位时，步骤相反。

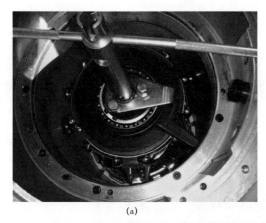 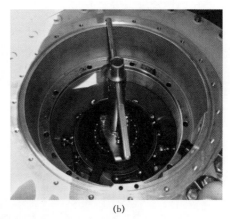

(a)   (b)

图 3-11　吊芯时动触头位置
(a) 未旋转动静触头；(b) 旋转开关芯体使动静触头分离

3.2.10　对有载开关吊检时，发现弧形板及绝缘支架裂纹、触头松动脱落、铜导线碳化断股或移位、紧固件"样冲或止退片"松动或移位等现象，应处理后方可复装。

【标准依据】 DL/T 574《变压器分接开关运行维修导则》5.1.2.1 检查分接开关各部件有无损伤或变形。5.1.2.2 检查分接开关各绝缘件，应无开裂、爬电或受潮现象。5.1.2.3 检查分接开关各部位紧固件应良好紧固。5.1.2.4 检查分接开关的触头及其连线应完整无损、接触良好、连接正确牢固、铜编织线应无断股现象。5.1.2.5 检查有载开关的过渡电阻有无断裂、松脱现象。7.6.2.2c) 切换开关或选择开关芯体的检查与维修：检查所有紧固件是否松动；检查快速机构的主弹簧、复位弹簧、爪卡是否变形或断裂；检查各触头编制软线有无断股、起毛；检查切换开关或选择开关动静触头的烧损程度；检查载流触头应无过热及电弧烧伤痕迹、主通断触头、过渡触头烧损情况符合制造厂要求；检查过渡电阻是否有断裂，同时测量直流电阻，其阻值与产品铭牌数据相比，其偏差值不大于 ±10%；有条件时测量切换芯体每相单、双数触头与中性引出点的回路电阻，其阻值符合厂家要求；检查选择开关槽轮传动机构是否完好。

要点解析： 对有载开关（切换开关或选择开关）吊检时，应重点做好结构组部件的外观检查工作；①此类异常并不能通过相关试验进行鉴别，例如绕组直流电阻试验、开关的接触电阻、过渡电阻、切换波形等试验；②运行经验表明，开关本身结构部件的异常相比试验发现的问题占比较大，而且此类异常往往能导致开关产生爆炸性故障。切换开关或选择开关芯体检查发现的异常主要有：

（1）弧形板及绝缘支架存在裂纹。此类异常多发生于运行年限较长的开关，绝缘支架老化机械强度不够，在开关频繁切换时发生断裂损坏。

（2）触头松动脱落。此类异常多发生于未设计"防松止退片"或"未打样冲"的触头，在开关频繁切换时，由于振动力较大逐步发生松动脱落。止退片及样冲示例如图 3-12 所示。

（3）触头铜导软线断股碳化或移位，此类异常多发生于运行年限较长的开关，或在吊检复装过程中磕碰所致。

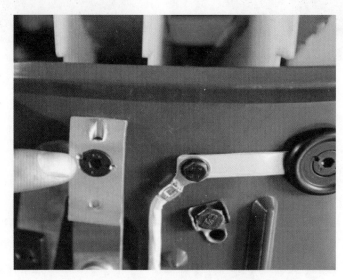

图 3-12　触头"防松止退片"或"未打样冲"设计

为此，有载开关（切换开关或选择开关）吊检时应观测各个组部件、检查紧固螺栓是否发生松动移位等，发现问题时及时处理，避免开关带隐患运行。

【案例分析1】对某站3号变压器有载开关检修时，发现切换开关弧形板铜编织线破损及接线端子开裂。

（1）缺陷情况。2014年5月，检修人员安排对3号变压器进行首次有载开关吊检工作，检查发现切换开关C相单数侧过渡触头与过渡电阻端子的铜导线有受损现象，轻轻触摸导线便与端子断开，切换开关C相单数侧过渡电阻硬导电连接片存在与绝缘件磕碰移位现象，如图 3-13 所示。

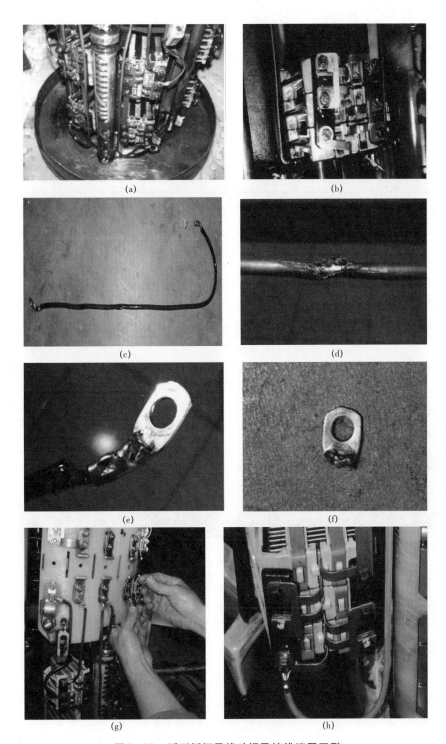

图 3-13 弧形板铜导线破损及接线端子开裂

（a）铜导线布置外观图；（b）过渡电阻硬连接移位；（c）铜导线破损整体图；（d）铜导线局部破损；
（e）铜导线接线鼻子压接不良；（f）铜导线接线鼻子断裂；（g）更换铜导线及接线端子；（h）做好铜导线布置

（2）原因分析。经现场检查分析，初步判断切换开关在复装油室过程中，由于铜编织线过长（存在翘起现象）与油室内壁静触头磕碰导致破损，导线载流面积变小进而出现过热及烧损现象。

（3）分析总结。①强化有载开关吊检的工艺检查内容，对发现的弧形板及绝缘支架裂纹、触头松动脱落、触头铜导线碳化断股或移位、紧固件松动等异常应立即处理；②检查铜编织线是否存在翘曲，布置固定措施不合理现象，发现问题及时处理；③有载开关吊检及回装时应对位准确，缓慢降落，防止速度过快导致磕碰现象，尤其是使用吊车进行开关吊检复装时。

【案例分析2】对某站2号变压器有载开关检修时，发现切换开关过渡触头掉落。

（1）缺陷情况。2012年12月，对2号变压器有载开关检修发现M500A型切换开关A相单数侧下端过渡静触头发生脱落（此触头同时通过软导线连接过渡电阻），相当于过渡支路断开，如图3-14所示。后经对切换开关解体，找全散落部件，重新进行安装、锁紧，并对其他触头逐个进行锁紧、最终对切换开关完成全部检查确认无问题后复装。

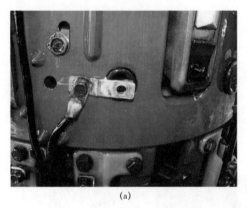 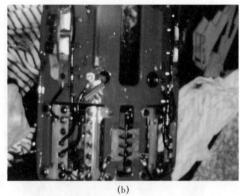

（a）　　　　　　　　　　　　　　　（b）

图3-14　切换开关过渡触头脱落

（a）过渡触头脱落丢失；（b）拆卸弧形板检查内部

（2）原因分析。螺栓脱落的根本原因是由于有载开关制造时螺栓防退处理不良，"样冲"较浅，未完全起到螺栓防退作用，在长期调压切换机械振动的作用下导致螺栓退扣触头脱落，且直接掉到筒底，没有造成卡住。A相单数侧下端过渡静触头与过渡电阻分离并未造成开关烧损，这是因为M型切换开关采用并联双断口结构，如图3-15（b）所示，在分接变换时A相单数侧上端过渡触头承担了全部循环电流，并未发生桥接断路现象。

（3）分析总结。①缩短该批次老旧有载开关检修周期；②对该批次老旧有载开关进行梳理并申请停电进行改造更换；③考虑停用有载调压操作，防止操作过程中发生

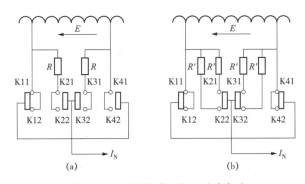

图 3-15 M 型并联双断口过渡电路

（a）无分流 $I_N < 300A$；（b）电阻分流 $300 \leq I_N \leq 600A$

机械故障。

【案例分析 3】对某站 3 号变压器新品有载切换开关吊检时，发现触头变形损坏。

（1）缺陷情况。2014 年 6 月，对某站 3 号变压器新品有载切换开关检修时发现 C 相引出触头变形损坏，如图 3-16 所示，有载切换开关相关试验合格。经追溯历史安装记录，造成此次的触头变形的原因是厂家使用天车吊检复装时操作不当，造成触头卡住出现触头变形。

图 3-16 有载开关吊检发现切换开关触头变形损坏

（a）弧形面板外观；（b）触头发生变形损坏

（2）原因分析。有载开关吊检复装过程中，触头与头盖法兰发生磕碰，或者开关复装时，需要不断晃动方能落位，有时需要上提一下造成磕碰，最终导致开关弧形板触头磕碰变形。

（3）分析总结。①有载开关吊检复装时必须严格落实安装工艺要求，防止因某环节漏项、跳项等导致开关损坏，或带隐患复装投运；②在吊检过程中发现机械性故障，应处理完好后方可复装，复装过程中发生卡涩、磕碰等现象时应重新吊检确认。

3.2.11　有载开关吊检时，应检查切换开关每对触头接触损耗，不应大于100W，超标严重时应整体更换触头组。

【标准依据】GB/T 10230.2《分接开关　第2部分：应用导则》9.2.2 接触电阻的允许值取决于分接开关的设计和电流额定值。若接触电阻明显增加，就可能引起过热，只作为指导性判断，如果接触损耗（接触电阻与电流平方的乘积）大于100W（或当电流额定值很高时，此值可能小些），则可能出现过热。

要点解析：切换开关触头的接触电阻主要指长期载流的主触头（或主通断触头）与中性点引出触头间的回路电阻，即触头间的接触电阻。接触电阻测量可作为诊断性检查或作为检修制度的一部分，以识别或防止因触头弹簧老化和触头过热引起的问题。触头接触电阻过大的原因为：①载流触头的异常磨损、连接件松动和弹簧疲劳变形等因素引起接触压力变小，出现触头接触不良；②油中水分通过与触头发生化学反应形成暗色绝缘薄膜，造成接触电阻增大，引起接触不良；③小容量变压器载流触头设计不合理，从制造成本考虑取消了主触头结构，用纯电工铜制作的电弧触头代替载流主触头，纯铜电弧触头烧损较为严重，触头压力迅速减小，造成接触不稳定或不良；④触头长期承载严重的负荷电流，甚至长时间的过载电流；⑤油质劣化黏稠，油的散热流动性不佳，易导致触头温升进一步升高。

接触电阻的允许值取决于分接开关的设计和电流额定值。根据触头接触电阻发热功耗 $P = I^2 R$ 可得，触头通过电流越大发热量也越多。根据GB/T 10230.2《分接开关　第2部分：应用导则》9.2.2 相关规定，如果接触损耗（接触电阻 R 与电流 I 平方的乘积）大于100W，则可能出现局部过热，这里的电流指分接开关的额定通过电流。当有疑问时，可将此电阻值与新触头的测量值进行比较，也可以与制造单位的推荐值或类似触头的测量值进行比较。根据DL/T 1538《电力变压器用真空有载分接开关使用导则》B2.2 导电回路接触电阻测量相关规定，有载分接开关切换完成并到位后，用直流100A测量分接开关接通的导电支路的接触电阻，有条件时各支路应分别测量，否则应测量每对闭合触头的接触电阻。每对闭合触头的接触电阻与该分接开关的额定通过电流平方的乘积应小于100W，此后还应测量支路或回路中的连接线电阻，若连接线电阻超过与其连接的闭合触头的接触电阻时，应在切换试验中测量该连接线的温升，不得超过与其连接闭合触头的温升限值。这里需要指出，变压器运行时通过分级开关的分接电流往往较小，实际损耗可能并不超过100W，但是我们判断分接开关接触电阻是否合格并不是以实际分接电流为标准的。

切换开关每对触头接触损耗不应大于100W，超标严重时应整体更换触头组，这是因为接触电阻过大会产生局部过热，破坏开关绝缘结构，严重时可使触头变形，连接线熔断等现象；触头烧损程度较大导致恢复电压超标不易熄弧，开关切换时易发生燃弧放电故障；还会导致有载开关室油劣化速度加快，碳化物形成导致黏稠度增加，不利于开关切换。

更换切换开关触头组时应整体三相更换，严禁只更换某相或接触电阻过大的触头组，这是因为，仅仅更换一组触头有可能造成其他触头组的接触压力改变，有载分接开关运行一段时间后，触头组的接触电阻又会出现超标。另外，调压次数达到 20 万次以上时，宜进行触头烧损量检测，当烧伤量达到或超过 4mm 时也应整体更换触头组。

3.2.12　对有载开关吊检时应检查过渡电阻外观良好无断裂，过渡电阻与产品铭牌数据相比偏差值不大于 ±10%。

【标准依据】DL/T 574《变压器分接开关运行维修导则》5.1.2.5 检查有载开关的过渡电阻有无断裂、松脱现象，并测量过渡电阻值，其阻值应符合要求。7.6.2.2c）检查过渡电阻是否有断裂，同时测量直流电阻，其阻值与产品铭牌数据相比，其偏差值不大于 ±10%。DL/T 1538《电力变压器用真空有载分接开关使用导则》B.2.3 使用欧姆表测量每个过渡电阻的阻值，允许偏差在铭牌值的 ±10% 以内。

要点解析：有载开关配置的过渡电阻指由一个或几个元件组成的电阻器，用以把使用中的分接头和将要使用的分接头桥接起来，使负载从一个分接转移到另一个分接而不中断负载电流或不使负载电流有明显的变化。有载分接开关实际应具备的开断能力与开断电流及开断时存在的恢复电压有关，在正弦波电流波形过零时，分接电流虽被开断，电弧已熄灭，但如果开断触头间恢复电压太高，电弧会重燃，使电流继续导通。其中恢复电压是指触头熄弧开断后，两开断触头间的瞬间电压值，它与所选的过渡电阻有关。实际开断容量指开断电流与开断时恢复电压的乘积。

过渡电阻阻值的合理选取首先要保证主触头（或主通断触头）处电弧能被开断、熄弧及不重燃；其次应确保过渡触头切换时电弧也能被开断、熄弧及不重燃。为降低主触头实际所需开断容量，与切换开关匹配的过渡电阻应小一些，但为降低过渡触头实际所需开断容量，与切换开关匹配的过渡电阻应大一些，这样才能使切换过程中的循环电流降低。为此，有载分接开关的过渡电阻阻值选取是有要求的，不能太大也不能太小，应确保有载开关实际开断容量应小于其额定开断容量。在实际有载开关吊检过程中，我们通常以过渡电阻与产品铭牌数据相比偏差值不大于 ±10% 作为判据。以 M 型有载开关双电阻切换过程为例，分析过渡电阻阻值大小对切换的影响，如图 3-17 所示。

图 3-17（c）将切换开关主通断触头通过的电流 I 切断，电流经过渡触头通过，I 指运行分接电流。开断电流瞬间主通断触头处有电弧，主通断触头上的恢复电压与过

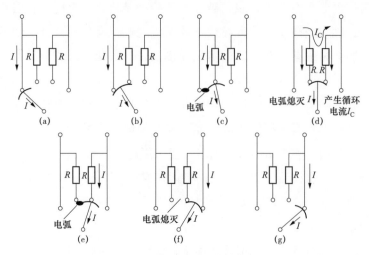

图 3-17 双电阻切换过程顺序图

(a) 左主通断触头带电；(b) 左主通断触头和左过渡触头带电；(c) 主通断触头断电；
(d) 左右过渡触头带电；(e) 左过渡触头断电；(f) 右主通断触头和右过渡触头带电；(g) 右主通断触头带电

渡电阻 R 有关，即分接电流流经过渡电阻的压降 IR，那么所需开断容量为 I^2R。

图 3-17 (d) 主触头已可靠开断，电弧熄灭，过渡电阻的循环电流 I_C 为 $U_S/2R$，其中 U_S 为级电压，若主触头间恢复电压过大导致电弧重燃时，主通断触头会被电弧烧损，过渡电阻将被短接，流经过渡触头的电流为 U_s/R，循环电流增大 1 倍，后续将考验过渡触头的开断能力。

图 3-17 (e) 将过渡触头通过电流切断，开断电流瞬间过渡触头处有电弧，过渡触头的开断电流 I_2 应考虑分接电流 I 和循环电流 I_C，即开断电流 $I_2 = I/2 \pm I_C$，过渡触头的恢复电压 U_2 与级电压和过渡电阻有关，即 $U_2 = U_S \pm IR$，则此时开断所需容量为 $U_2 I_2$。

通常情况下，M 型有载开关双电阻切换模式过渡电阻一般为 $R \leqslant U_S/I$，R 型有载开关电阻匹配值通常选择 $R_1 = 0.4 U_S/I$ 和 $R_2 = 0.6 U_S/I$，过去曾经使用 $R_1 = R_2 = U_S/I$ 或者 $R_1 = 0.43U_S/I$ 和 $R_1 = 1.38U_S/I$。

由此可见有载开关过渡电阻的重要性，当发现过渡电阻变形、松动、断裂，或者过渡电阻实测值与产品铭牌数据相比偏差值大于 ±10% 时，应考虑过渡电阻的更换，防止因过渡电阻不合格导致开关切换时发生故障。

3.2.13　有载开关更换伞齿轮盒或上齿轮盒时，齿轮输出比和旋转方向应与切换开关和电动机构相匹配。

【标准依据】 DL/T 574《变压器分接开关运行维修导则》7.1.3.7 凡是电动机构和分接开关分离复装后，均应做联结校验。

要点解析： 有载分接开关传动轴外置齿轮结构主要涉及两处：①伞齿轮盒，它是将调压机构转轴垂直输出（连接垂直方管）通过伞齿轮盒齿轮咬合机械转动变换为水平输出（连接水平方管），伞齿轮盒可单独拆装；②上齿轮盒，安装在开关头盖上，它是将水平方管的转动通过上齿轮盒变换为切换开关的绝缘转轴动作，上齿轮盒需连同开关头盖一同拆装。

伞齿轮盒或上齿轮盒的主要技术参数为"齿轮输出比"和"齿轮旋转方向"，伞齿轮输出比主要有 1∶1、2∶1 等，上齿轮输出比则差异较大，齿轮旋转方向为顺时针和逆时针，常用组合式有载开关齿轮配置情况如表 3－1 所示。

表 3－1　　　　　　　　　　常用组合式有载开关齿轮配置情况

序号	开关厂家	开关型号	匹配电动机构	每操作一分接手摇把圈数	每操作一分接垂直轴（竖轴）转动圈数	每操作一分接水平轴（横轴）转动圈数	伞齿轮输出比	上齿轮（开关头盖齿轮）输出比	连轴后确保正反圈数差值
1	ABB	UCGRN380/400/C	BUL	15	5	5	1∶1	1∶1	＜2
2	ABB	UCGRN650/600/C	BUL	15	5	5	1∶1	1∶1	＜2
3	华明	CM	CMA7 或 SHM－D	33	33	16.5	2∶1	16.5∶0.5	＜1
4	长征	ZY1A	DCJ－10 或 SHM－D	33	33	16.5	2∶1	16.5∶0.5	＜1
5	MR	M	MA7	33	33	16.5	2∶1	16.5∶0.5	＜1
6	MR	M	ED	33	16.5	8.25	2∶1	8.25∶0.5	＜1

注　上齿轮（开关头盖齿轮）输出比16.5∶0.5含义为水平转动轴转16.5圈，开关绝缘轴转180°，开关切换1档。

为此，在更换有载分接开关伞齿轮盒及上齿轮盒（含更换开关头盖）时，应确保其选型与原使用件参数一致，更换完成后手动联结校验合格方可投运。

3.2.14　UC型有载开关复装后应手动朝同一方向进行 3 个分接变换，确保切换开关传动销进入联轴器盘凹槽。

【标准依据】DL／T 574《变压器分接开关运行维修导则》E4.4 为了保证切换开关和分接选择器连接正确，需在同一方向操作分接开关三个档位。

要点解析：在进行 UC 型切换开关回装时，先旋转切换开关使得月牙形导向槽与排油管对齐（否则切换开关无法下落），缓慢下降切换开关并目视检查插入式触头是否与绝缘筒壁内的触头对齐，切换开关底部三个定位销应与油室上的定位销孔对齐，切换开关传动销应与联轴器盘的凹槽对齐，如图 3－18 所示。

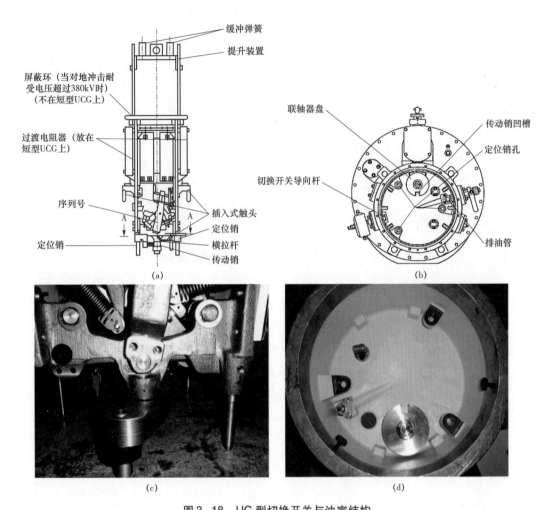

图 3－18　UC 型切换开关与油室结构

(a) UC 型切换开关外观结构图；(b) UC 型切换开关油室俯视图；(c) UC 型切换开关传动销；(d) 联轴器盘传动销凹槽

切换开关落入油室后，因每变换一次分接联轴器盘转半圈，为确保切换开关底部的传动销进入联轴器盘凹槽，应朝同一方向至少进行 3 个分接变换操作，当切换开关安装到位时，将听到清晰的响声。如果没有听到响声，可能是在回装时传动销恰巧直接固定到槽内。切换开关底部的传动销未进入联轴器盘传动销凹槽时，头盖被切换开关缓冲弹簧顶起并与安装法兰面有一定距离，当切换开关底部的传动销进入联轴器盘凹槽时，提升装置的顶部应位于盖子油室上部水平面以下，仅缓冲弹簧高出法兰水平面约 10mm，如图 3－19 所示。

切换开关底部的传动销未进入联轴器盘凹槽导致的后果有：①切换开关插入式触

(a)　　　　　　　　　　　　　　　(b)

图 3-19　UC 型有载切换开关复装

（a）切换开关复装头盖被弹簧弹起；（b）手柄操作 3 个分接位置后头盖落下

头与绝缘筒壁内的触头无法可靠接触，切换开关插入式中性点触头与桶底中性点触头无法可靠接触，此时绕组回路断路，变压器带电即可能产生故障；②电动机构转动时分接选择器并未可靠连轴，分接选择器拒动，待电动机构进行 2～3 个分接变换后才实现与分接选择器的连轴，最终导致电动机构分接位置指示与头盖分接位置指示不一致，在极限分接位置时将造成开关故障。

3.2.15　有载开关分接变换时传动轴不应出现晃动，方形联管与联轴节（含销子）装配尺寸应符合要求，防止联轴节销子脱落。

【标准依据】DL/T 574《变压器分接开关运行维修导则》A.4.7 分接开关与电动机构的位置应一致，螺栓紧固可靠，锁定正确，轴向间隙为 2mm～3mm。

要点解析：有载开关传动轴由方管组成，在其两端用两个联轴卡子和一只联轴销子与要连接的设备的驱动机构/传动轴端相耦合。为了使传动轴可靠转动，防止联轴节销子脱落导致有载开关拒动，要做到：①分接变换时传动轴不应出现晃动；②方形联管与联轴节（含销子）装配尺寸应符合要求。

有载调压机构输出轴与伞齿轮盒转轴轴头应保持一条垂线对齐（允许最大的轴向偏差为 2°），轴向偏差角度不满足要求时，可使用万向轴节，对于带有万向轴节的联轴，应确保两个万向轴节的十字接头的位置一致。伞齿轮转轴与开关头盖上齿轮盒轴头应保持水平对齐。如果各转轴未对齐时，在调压操作时能明显看出方管和伞齿轮盒的晃动，长时间频繁晃动将导致伞齿轮内部钢球破裂、齿轮卡涩或联管松动脱落。

用于固定方形联管的联轴节及销子装配尺寸应符合要求，对于垂直传动轴连接，当方形管的一端顶向调压机构转轴轴头一侧时，伞齿轮盒垂直轴头与联轴节（销子）不应存在脱落；对于水平传动轴连接，当方形管的一端顶向头盖上齿轮盒转轴时，伞齿轮盒水平轴头与联轴节（销子）不应存在脱落。否则，电动机构分接变换过程后，有载分接开关并未动作，即调压线圈匝数并未改变，因而变压器的二次侧电压不会发生变化，仅仅电动机构分接位置发生改变（与开关头盖分接位置指示不一致）。

以 M 型有载开关传动轴方管制作为例，计算上齿轮盒的轴端与伞齿轮盒的轴端之间的尺寸 A，并将方管的长度缩短至 $A-9\text{mm}$。分别将拧得较松的两个联轴节滑动到方管两端，直至停止，再通过联轴节及销子进行安装，一侧销子与联轴节根部近似零距离，另一侧销子与联轴节根部距离不大于 3mm，如图 3-20 所示。

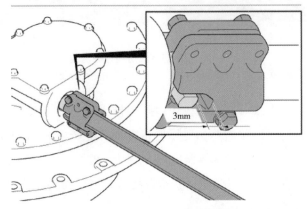

图 3-20　方形联管与联轴节及销子装配尺寸

【案例分析】某变电站 2 号变压器因有载分接开关传动轴联轴销子脱落导致调压无变化。

（1）缺陷情况。2012 年 3 月，远方 AVC 调压操作时二次侧电压无变化，致使 AVC 继续下发分接变换指令，2 号主变压器分接头由 5 分接调至 12 分接，在此期间 110kV 5 号母线和 10kV 5 号母线电压基本无变化，随后运维及检修人员到站查找原因。经现场检查发现 2 号主变压器有载开关头盖上齿轮盒与水平传动轴联轴节销子脱落，导致调压失灵，如图 3-21 所示。

（2）原因分析。现场检查发现联轴节销子已脱离上齿轮盒轴销孔，拆除水平方管两侧联轴节，发现方管制作长度比标准长度短了约 30mm，方管并未顶到联轴节最内侧，经进一步检查发现，2 号变压器伞齿轮盒支架有重新割开加长调整焊接的痕迹，初步分析变压器厂在有载开关装配调整完成后，伞齿轮盒支架割开进行了加长焊接以确保垂直传动轴与伞齿轮盒轴头保持垂直角度，当尺寸变化后厂家并未对原水平方管进行重新制作，仅采取了将原水平方管从联轴节的安装工艺位置向外调出了 30mm 距离，使联轴节内侧留下了一个 30mm 可移动的空道，在有载开关频繁调压的振动下使水平方管逐渐出现位移，最终导致联轴节销子脱落。

（3）分析总结。①对同批次的变压器进行梳理排查，尤其重点观察伞齿轮盒支架

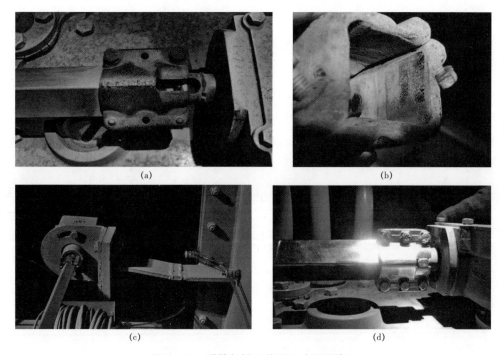

图 3-21　联管与销子装配尺寸匹配情况

（a）联轴销子脱落；（b）联轴节与方管不匹配；（c）齿轮盒支架割焊加长；（d）联管与销子重新制作装配

是否存在加长现象；②结合停电检修工作，开展传动轴联轴节与销子的尺寸匹配检查，对存在问题的现场重新制作传动轴方管。

3.2.16　凡是电动机构和分接开关分离复装后均应做联结校验，联轴前应检查电动机构与开关头盖分接位置应一致，联结校验合格后方可电动操作调试。

【标准依据】DL/T 574《变压器分接开关运行维修导则》5.1.2.13 检查分接开关本体指示的分接位置和操动机构指示的分接位置、远方指示的分接位置，三者应一致。7.1.3.7 凡是电动机构和分接开关分离复装后，均应做联结校验。联结校验前必须先切断电动机构操作电源，手动操作做联结校验，正确后固定转轴，方可投入使用。同时应测量变压器各分接位置的变压比及连同绕组的直流电阻。

要点解析：有载开关吊检时应记录电动机构与开关头盖分接位置，复装时应确保电动机构分接位置、开关头盖分接位置应与吊检时一致，在进行有载分接开关手动联结校验时，宜在不同转动方向上确认分接位置是否一致，防止电动机构与开关头盖分接位置不一致导致调压时开关发生故障。

有载分接开关的手动联结校验一般在整定工作位置进行，要求切换开关动作切换后到电动机构动作完成之间的圈数在两个旋转方向应是相同的，否则会造成电动机构过冲及分接变换连调现象。在任何情况下，只要有载分接开关与电动机构连轴分离过，重新连轴后必须进行手动联结校验。以 M 型有载分接开关与 ED 电动机构为例，其手动联结校验步骤如下：

（1）检查电动机构与开关头盖分接位置应一致，同时记录指针到达分接变换指示器上灰色标记区域的中间位置。

（2）检查控制电源已拉开，将电动机构中的手摇把插入到上护板的轴端上，手动操作升分头（1→N）操作，当摇动手把至切换开关打响时停止摇动，继续（1→N）摇动并记录此时至电动机构分接变换指示轮上绿色区域内的红色中心标志所转动的圈数，记为 m。

（3）反方向手动操作升分头（N→1）操作，按上述同样的方法记录转动的圈数 k。

（4）若两个方向的转动圈数 $|m-k| < Z_d$，说明其有载分接开关动作顺序正确，若 $|m-k| > Z_d$，应将电动机构与切换开关的联结轴脱离后，手动摇动手把向圈数多的方向转动 $|m-k|/2$ 圈，再恢复其联结轴。

（5）查电动机构与切换开关联轴后两个旋转方向的动作圈数之差是否符合设备要求，否则应重复上述操作，直至符合要求，其常见电动机构传动输出转数如表 3-2 所示。

表 3-2 常见电动机构传动输出转数

电动机型号	德国 MR	上海华明/遵义长征		ABB	
	ED100	MA7	MA9	BUE	BUL/F
每级变换手摇把转数	33	33	30	25	15/20
每级变换传动轴转数	16.5	33	2	5	5
校验升/降手摇把圈数差值 Z_d	0.5	0.25	3.75	1.25	0.75/1

注 由于传动轴为方轴，其可调位置为 4 个角度，则可以推导出升/降手摇把圈数差值标准为：手摇把转数/传动轴转数/4。

3.2.17 有载开关检修后应测量全分接的直流电阻和变比，在调节分接头位置过程中应观察直流电阻仪电流显示值，不应出现跳变或归零等现象。

【标准依据】《国家电网有限公司十八项电网重大反事故措施（2018 年修订版）》9.4.3 无励磁分接开关在改变分接位置后，应测量使用分接的直流电阻和变比；有载分接开关检修后，应测量全分接的直流电阻和变比，合格后方可投运。

要点解析：变压器进行直流电阻试验的目的是检查绕组回路是否有短路、开路或接错线，检查绕组导线焊接点、引线套管及分接开关有无接触不良。另外，还可核对绕组所用导线的规格是否符合设计要求。

有载分接开关连接变压器的分接绕组引线，通过直流电阻试验可以检查有载分接开关各触头的连接是否良好，例如：切换开关或选择开关与油室静触头的接触情况、开关主触头的接触情况等。而对于新品变压器或有载分接开关改造更换后，通过直流电阻试验往往能发现分接引线头接线不牢固或错误的情况，当分接绕组引线与分接选择器位置接错时，变压器分接变换时确保直流电阻仪不断电测量，此时仪器显示的直流电流数值将出现跳变或归零等现象。为此，有载开关检修后应测量全分接的直流电阻和变比，并观察直流电阻仪显示电流值不应出现跳变或归零等现象。

3.2.18 有载调压变压器抽真空注油时，应接通变压器本体与开关油室旁通管，保持开关油室与变压器本体压力相同。真空注油后应及时拆除旁通管或关闭旁通管阀门，保证正常运行时变压器本体与开关油室不导通。

【标准依据】《国家电网有限公司十八项电网重大反事故措施（2018 年修订版）》9.4.2 有载调压变压器抽真空注油时，应接通变压器本体与开关油室旁通管，保持开关油室与变压器本体压力相同。真空注油后应及时拆除旁通管或关闭旁通管阀门，保证正常运行时变压器本体与开关油室不导通。

要点解析：根据 GB/T 10230.1《分接开关 第 1 部分：性能要求和试验要求》5.3.5 规定，所有充有液体或气体的油（气）室应按制造方规定的压力值进行压力及真空试验，其中真空度由制造单位公布此数值。

考虑变压器本体抽真空时，油室侧将承受 0.1MPa 压力值，而且能否承受的真空度标准又未进行规定，为此，在进行有载调压变压器抽真空注油时，应接通变压器本体与开关油室旁通管，保持开关油室与变压器本体压力相同。

真空注油后应及时拆除旁通管或关闭旁通管阀门，如果旁通管无法拆除，应保证阀门断开并将操作把手拆除，保证正常运行时变压器本体与开关油室不导通，这样可以防止有载开关油室的油污染本体油，还可防止本体油流向有载侧，随着主变压器本体油温上升导致油位升高，本体油位高于有载分接开关油位，油从有载分接开关吸湿器流出，并形成虹吸现象，造成变压器本体油不断地从有载分接开关呼吸器处流出。

3.2.19 对油浸真空灭弧开关应定期开展开关油室乙炔含量分析，发现乙炔含量异常突变应开展开关真空管真空度检测，并检查机械转换触头是否存在放电烧损。

【标准依据】DL/T 574《变压器分接开关运行维修导则》7.1.2.4 油浸式真空有载开关开关油室内的绝缘油还可增加色谱分析，可以发现潜伏性故障。《国家电网有限公司十八项电网重大反事故措施（2018 年修订版）》9.4.4 油浸式真空有载分接开关绝缘油检测的周期和项目应与变压器本体保持一致。9.4.5 油浸式真空有载分接开关轻瓦斯报警后应暂停调压操作，并对气体和绝缘油进行色谱分析，根据分析结果确定恢复调压操作或进行检修。

要点解析：油浸式真空灭弧有载开关与油浸式灭弧有载开关相比，最大的不同是采用真空管替代铜钨电弧触头，如图 3-22 所示，电弧在密封真空管中熄弧，电弧和炽热气体不外露，油室内的油不会碳化和污染，正常运行时，油浸式真空灭弧切换开关油室内油中溶解气体分析（DGA）油中乙炔含量不会出现突变现象。

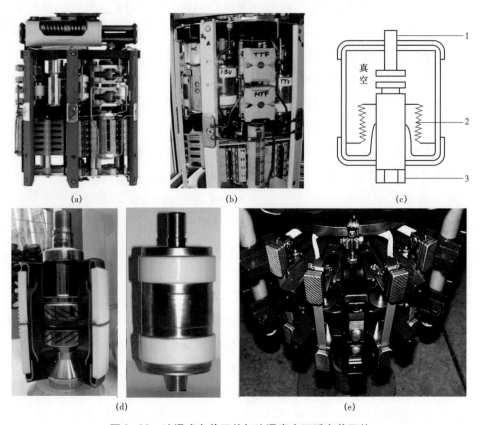

图 3-22　油浸式有载开关与油浸真空灭弧有载开关
（a）油浸真空灭弧开关外观图；（b）油浸真空灭弧开关局部图；（c）真空开关管结构示意图；
（d）真空开关管外观及内部结构图；（e）油浸切换开关触头组浸没在油中
1—静触头；2—金属波纹管（外部为真空，防止空气或介质进入真空，使动触头可改变距离）；
3—动触头（由快速机构使触头分合）

　　而油浸式真空灭弧有载开关与油浸式灭弧有载开关的过渡电阻器结构与布置方式一致，都外露浸没在开关油室内，因此，在进行开关切换时，过渡电阻将流过负载电流及分接间的循环电流，过渡电阻接入电路时间不足 50ms，此时过渡电阻将迅速发热，发热温度较高时将发生油热裂解，主要产生甲烷（CH_4）和乙烯（C_2H_4）等气体，严重过热也会有少量乙炔（C_2H_2）气体。正常工作时的载流触头如接触不良导致接触电阻过大时，同样会存在发热问题，如果切换频次较大，那么过热性故障气体含量自然较大，因此，开展油浸真空有载分接开关油中过热性故障意义并不大，但对于采样频率较大的情况下，分析其气体含量发展趋势、产气速率等对开关运行状态分析有一定的参考意义。

目前，油浸真空有载分接开关应用逐步扩大化，在没有可靠技术方法对真空管开展检测的前提下，应定期做好开关油室油中乙炔含量色谱分析工作，发现乙炔含量突变时应立即吊检，检查开关本体、机械转换触头及真空管等部件外观颜色是否变化、是否存在色斑、是否存在燃弧等放电痕迹，并对真空管真空度是否合格进行断口耐压试验，在未处理前严禁将开关投入运行。这里所谓的定期含义为，可以与变压器的停电检修周期一同开展，也可以采取不停电方式开展开关油室油中乙炔含量色谱分析。

3.2.20 有载开关检修超周期或周期内调压次数超5000次宜对开关油室的油进行击穿电压和含水量检测，击穿电压小于30kV或含水量大于40μL/L时应禁止有载调压操作。

【标准依据】 DL/T 574《变压器分接开关运行维修导则》7.1.2.4 有载开关运行中油室内的绝缘油，每6个月至1年或分接变换2000次－4000次至少采样1次进行微水和击穿电压试验。7.1.2.5 运行中的有载开关，油击穿电压和含水量不符合表3－3的规定时，应开盖清洗换油或滤油一次。

表3－3 有载开关运行中油质要求

序号	项目	1类开关 （用于中性点调压）	2类开关 （用于线端或中部）	备注
1	击穿电压（kV）	≥30	≥40	允许分接变换操作
2		<30	<40	停止自动电压控制器的使用
3		<25	<30	停止分接变换操作并及时处理
4	含水量（μL/L）	≤40	≤30	若大于应及时处理

要点解析： 由于切换开关或选择开关在主通断触头或过渡触头在转换负载电流时会产生电弧并产生碳颗粒与少量气体，同时过渡电阻发热会引起油热老化，因而油室内的油是污染或劣化的，并且随着带负载调压次数越多，其污染或劣化程度越大。另外，有载开关配置的储油柜无胶囊密封，油室内的油存在受潮现象，也会导致油室油的劣化。

开关油室中油的性能参数中最重要指标为油的击穿电压，它体现了油的绝缘强度，油被击穿的临界电压称为击穿电压。油的击穿电压太低，对切换开关或选择开关不能确保主通断触头和过渡触头在分接变换中可靠熄弧，电弧重燃不熄导致级间短路，即损坏变压器级间绝缘，又有可能造成开关烧毁或油室爆炸的重大事故。若油的击穿电压低于绝缘耐受电压时，就会出现主绝缘和内部绝缘的闪络，并发展严重的短路故障。

影响开关油室油击穿电压降低的主要因素是油中水分和颗粒杂质。试验证明，油中水分含量对其影响最大，当油中含水量大于15μL/L时，油击穿电压随含水量的增大而减小，当达到 40μL/L 会降至 25kV。油中碳素等颗粒度一般沉底在油室底部，碳颗粒的产生量与切换次数呈线性关系，且随着电流的增大而增大，它对开关的安全运行不会构成威胁，但是会降低油的击穿电压，降幅程度无含水量的影响那么大。

综上所述，根据运行检修经验，有载分接开关检修出现超周期且周期内调压次数超 5000 次，变压器近期又无法停电时，应开展开关油室内油的击穿电压和含水量检测，击穿电压小于 30kV 或含水量大于 40μL/L 时应禁止有载调压操作，并尽快安装吊检和更换油室变压器油，防止内部绝缘强度继续下降而导致绝缘放电类故障。

3.2.21　变压器有载开关保护装置动作跳闸时，应核实有载开关动作情况，必要时进行有载开关吊芯检查，未查明原因前禁止送电。

【标准依据】DL/T 574《变压器分接开关运行维修导则》6.3.2 运行中分接开关的油流控制继电器或气体继电器应有校验合格有效的测试报告。若使用气体继电器替代油流控制继电器，运行中多次分接变换后信号接点动作发信，应及时放气。若分接变换不频繁而发信频繁，应作好记录，及时汇报并暂停分接变换，查明原因。若油流控制继电器或气体继电器动作跳闸，必须查明原因。按 DL/T 572 的有关规定办理。在未查明原因消除故障前，不得将变压器及其分接开关投入运行。

要点解析：变压器有载开关保护装置动作跳闸时，应首先核实有载开关动作情况，在变压器跳闸时刻是否存在有载开关调压操作，具体为：①当地是否存在开关调压操作；②远方 AVC 或 VQC 是否进行开关调压操作，通过掌握以上信息能第一时间辨别切换开关或选择开关是存在故障，进而指导后续的故障诊断分析，当存在开关调压操作时基本可确定开关存在故障，必须安排有载开关吊芯检查。

以油浸式有载分接开关为例，其配置的主保护装置为油流速动继电器，油流速动继电器动作跳闸主要有三方面因素：①选择开关或切换开关发生故障；②油流速动继电器发生故障，例如跳闸接点进水受潮等；③外部因素影响导致跳闸，例如外部穿越性短路电流流经变压器产生振动力、系统过电压等。

切换开关或选择开关本身故障导致油流速动继电器动作跳闸的因素主要有：①开关运行机构的机械卡涩；②触头变换程序混乱、过渡电路与过渡电阻存在缺陷导致切换过程断开、切换时间延长；③切换过电流失败，触头间强电弧不熄造成严重的烧损故障；④油质击穿电压或含水量严重超标导致开关内部放电；⑤触头脱落、紧固件松脱缺陷或软连接引线断裂；⑥零部件变形等机械故障；⑦触头过热性故障引发热击穿。

在未查明原因时，应安排有载开关吊芯检查工作，如未发现明显的机械性故障，应检查放电间隙是否存在击穿，过渡电阻是否良好，油质分析是否正常，例如油的击穿耐压强度和含水量，因为当油质量严重下降时，不仅会导致触头热性故障发展为放电性故障，而且在切换时触头间强电弧不熄造成严重的烧损故障。

3.3 调压机构管控关键技术要点解析

3.3.1 同一变电站内有载开关电动机构档位数及中间位置数设计应一致，确保不同分接档位对应不同分接电压。

【标准依据】无。

要点解析：同一变电站内有载开关电动机构档位数及中间位置表示法应一致，确保一个分接档位对应一个电压。例如：对于调压范围 $U_N \pm 8 \times 1.25\%$ 的有载分接开关，基本接线为 10193W 形式，电动机构分接位置指示可选方式一（1、2…8、9a、9b、9c、10…17）或方式二（1、2…8、9、10、11…18、19）。方式一中 9a、9b 和 9c 分接位置的分接电压一致，远方分接位置显示均为 9，方式二中 9、10 和 11 分接位置分接电压一致，远方分接位置显示分别为 9、10、11，这样即可确保远方与当地机构箱的分接位置指示一致。但是不同变压器之间就存在分接位置一致而分接电压不一致的问题，这主要体现在整定工作位置之后的各分接：

（1）远方无法确定各变压器分接电压是否一致，例如：一台变压器有载调压分接头显示 9（采用方式一），另一台显示 12（采用方式二），实际两台变压器只差 1 个分接电压值，而远方误以为差 3 个分接电压值。

（2）AVC 或 VQC 远方进行变压器分接位置调控时，对于方式二而言，当电动机构分接位置指示在 10，当远方控制升分头时，分接头显示由 10 变为 12（分接位置 11 不会停留，直至分接 12 停止），AVC 或 VQC 系统误以为出现滑档操作，进而闭锁调压并远跳空开。

为此，对于带有转换选择器的有载分接开关，其中间位置（额定电压一致）应选用同一数字并用字母 a、b、c 进行区分，这样既可确保同一变电站内，各变压器的分接位置与分接电压一致性，变压器并列操作时通过检查分接位置一致既可，不需再核对分接电压是否一致。

3.3.2 有载分接开关电动机构应具备电气和机械限位功能，电动机构与有载开关的分接变换范围及位置指示应一致。

【标准依据】DL/T 574《变压器分接开关运行维修导则》6.1.6 整个电动机构应装有电气的和机械的限位装置。电气限位装置的接点应接入控制线路和电动机的线路中。6.2.2 一旦电气限位开关出现故障，机械端位止动装置应能避免电动分接变换出现超越端位的操作，且电动机构不存在电气的或机械的损坏。

要点解析：有载开关电动机构应具备电气和机械限位功能，这主要是为了防止有载分接开关发生超越终端位置而设计的。当电动机构在终端位置（分接位置 1 或者 N）

时，在进行 $N{\rightarrow}1$ 或者 $1{\rightarrow}N$ 分接变换操作时，由于电气限位装置的接点接入电动升降分接头控制回路和电动机回路中，此时电动将无法进行分接变换操作，如果手动调节时，机械限位装置则起到作用，防止齿轮机构再转动。

有载分接开关电动机构发生越终端位置异常操作的情况主要有：

（1）电气限位开关接点发生故障（比如限位开关接点损坏或松动移位），且调压操作时发生了连调现象（比如继电器剩磁较大时），此时如无机械限位功能，则调压机构会一直进行调压操作，当超越终端位置后将发生开关薄弱环节断裂或分接选择器槽轮机构损坏。

（2）电源相序接反（比如站用变低压交流二次大修更换），当进行 $1{\rightarrow}N$ 分接变换操作时发生反方向转动，若无电气限位闭锁或机械限位功能，同样导致上述故障。

（3）电动机构与有载分接开关联轴错误，例如有载分接头盖指示位置为 1，而调压机构分接位置指示为 2，则当进行降分头操作时发生超越终端位置，可能导致分接选择器选合在无分接引线的档位，相当于开断全电路，分接选择器上会引起级间、相间短路的严重事故。

（4）有载分接开关更换一个新调压机构（与原机构箱相比，分接位置指示范围较大），新调压机构调压范围与有载分接开关调压范围不匹配，例如原机构箱分接位置范围 $1\sim7$，新机构箱分接位置范围 $1\sim17$，当分接位置在 7 时，远方 AVC 或 VQC 发出升分头指令时，有载分接开关将超终端位置运行，进而导致开关故障。

（5）更换了有载分接开关的伞齿轮盒，其输出比与原型号不匹配，也未进行手动联结校验，当有载分接开关调整到某一分接时发生超越终端位置，进而导致开关故障。

可以看出，对于第一种情况，电气和机械限位功能能起到保护有载分接开关的作用，而第三种至第五种并不能保证，这就提出了避免有载分接开关发生超越终端现象的几点要求：①有载分接开关调压电动机构必须同时具备电气和机械限位功能，其中电气和机械限位功能是根据调压电动机构的分接位置范围的两个终端进行设计；②有载分接开关和调压机构分离复装后必须进行手动联结校验，且应重点检查电动机构的分接位置指示与头盖位置指示必须一致；③电动机构与有载开关分接变换范围及位置指示应一致。

3.3.3　有载调压机构箱不停电检修时应申请将机构箱内调压电源空开拉开、AVC 调控变压器分接头功能退出，远方/就地手把由"远方"改投"就地"。

【标准依据】无。

要点解析：有载调压机构箱不停电检修时应申请将调压电源空开拉开、AVC 调控变压器分接头功能退出，远方/当地手把由"远方"改投"当地"的作用是：①防止在进行机构箱内部检修时，电动机构突然带动齿轮运转导致人员受伤，例如更换升降分接头限位开关、分接位置指示装置等会触碰到齿轮转动部位；②防止处理二次接线时发生触电事故，例如更换接触器、时间继电器、空开等。

在需要调压机构带电传动时，应检查机构内部无遗留工器具等，并由运行人员将调压电源合上进行传动，传动校验宜在原分接位置上仅上/下调各1个分接位置，在此期间不允许再进行机构箱内部检修工作。经验收无问题后，再将远方/当地手把由"当地"改投"远方"，并投入 AVC 调控变压器分接头功能。

3.3.4 有载调压机构箱整体更换前应核实分接变换范围、电动机转轴输出比及旋转方向与原机构箱一致。

【标准依据】无。

要点解析：有载调压机构箱更换时主要考虑两点：①分接变换范围应一致，即分接档位数，以确保电动机构与开关头盖分接位置及范围一致；②电动机轴输出比及旋转方向应一致。电动机转轴输出比主要指手柄调整一个分接位置，手柄摇动圈数与电动机输出转轴转动圈数之比，在更换前后应确保电动机转轴输出比及旋转方向未变化。如上述两点未满足要求时将会可能导致有载开关故障。例如，当新有载调压机构箱分接位置范围较大时，此时在进行 $1 \rightarrow N$ 分接变换时，在未达到电气闭锁/机械闭锁时，分接变换依旧进行，这样将导致分接选择器继续运转，进而导致分接绕组发生断路故障，这是严禁发生的。

在有载调压机构箱更换时还应考虑以下几点，但这些并不会导致开关运行期间出现故障。例如：分接位置输出模式，电动机额定参数是否满足现场要求等。

4

变压器套管出线装置运维检修管控关键技术要点解析

电力变压器运维检修管控关键技术
要点解析

4.1 通用管控关键技术要点解析

4.1.1 变压器 10kV 和 35kV 侧出线套管额定电压（最高电压）宜选用 24kV 和 40.5kV。

【标准依据】GB/T 4109《交流电压高于 1000V 的绝缘套管》5.1 系统的最大相电压可能会超过 $U_m/\sqrt{3}$，在任意 24h 内累计不超过 8h 及年累计不超过 125h 时，套管应能在如下相电压值下运行，U_m，对于 $U_m \leqslant 170kV$ 的套管；$0.8U_m$，对于 $U_m > 170kV$ 的套管。

要点解析：变压器套管的额定电压指套管最高电压（U_m），其值应从 I 系列或 II 系列规定的设备最高电压的标准值中选取，其值如下。I 系列：11.5、17.5、23、40.5、72.5、126、252、363、550、800、1100kV；II 系列：12、17.5、24、36、52、72.5、100、123、145、170、245、300、362、420、550、800kV，其中 II 系列为 IEC 电压系列。

套管最高电压是设备设计时的最大线电压方均根值，用于确定套管的绝缘以及与此电压相关的其他特性。根据系统标称电压合理选择套管最高电压值，其中对于变压器低压 10kV 侧出线套管可选择 I 系列的 11.5、17.5、23 或 II 系列的 12、17.5、24，低压 35kV 侧出线套管可选择 I 系列的 40.5kV 或 II 系列的 36kV。但运行经验表明，变压器 10kV 和 35kV 侧出线套管额定电压（最高电压）宜选用 24kV 和 40.5kV，因为：①提高套管额定电压即提高了套管的绝缘运行可靠性，且此类套管应用数量占比较大；②低电压等级套管外绝缘爬距和干弧距离均较小，相间安装距离较近，提高套管最高电压可避免污闪或异物搭接短路；③可提高 35kV 和 10kV 侧出线套管暂态过电压的裕度；④避免因套管导电杆较粗并在较大架空引线拉力下发生套管瓷套破裂。

对于不同系列的 23kV 或 24kV 而言，虽然套管的额定电压值不一样，但考核这两者套管绝缘水平的工频耐受电压（AC）和雷电冲击耐受电压（BIL）是一样的，从这点分析，它们的区别并不是很大，综上所述，变压器各电压系统侧出线套管额定电压（最高电压）推荐使用值如表 4-1 所示。

表 4-1　　　　　　　　套管额定电压参数选取参考值

系统标称电压 U_n（kV）	10	35	66	110	220	330	550
系统最高工作电压（kV）	12	40.5	72.5	126	252	363	550
套管额定电压 U_r（kV）	23（24）	40.5	72.5	126（123）	252（245）	363	550

注　括号内电压为 IEC 电压系列。

4.1.2 变压器出线套管额定电流应满足不低于 1.2 倍相应绕组线端额定电流，中性点套管不低于相应绕组额定电流。自耦变压器中压中性点套管不低于 1.2 倍相应绕组线端额定电流。

【标准依据】GB/T 4109《交流电压高于 1000V 的绝缘套管》4.2 不低于变压器额定电流 120% 的变压器套管可以耐受住 GB/T 1094.7 规定的过载条件，不必进一步说明或试验。

要点解析：套管额定电流指在规定运行条件下，套管能连续传导而不会超出国际规定的温升限值的最大电流方均根值。变压器套管额定电流选取应考虑 GB/T 1094.7 规定的变压器过载要求，根据 GB/T 4109《交流电压高于 1000V 的绝缘套管》4.2 规定，当不低于变压器额定电流 120% 的变压器套管可以耐受住 GB/T 1094.7 规定的过载条件，不必进一步说明或试验。那么，我们可以先通过计算变压器绕组通过的额定电流，然后选取不低于 1.2 倍相应绕组线端额定电流的套管即可，套管额定电流标准值的选取应从下列数值选取：100、250、315、400、500、630、800、1000、1250、1600、2000、2500、3150、4000、5000、6300、8000、10000、12500、20000、25000、31500、40000A。

变压器出线套管额定电流应以相应绕组的线端额定电流为基准，它是根据绕组联结方式，以及其额定容量和额定电压计算的数值。三相三绕组变压器中性点套管以相应绕组额定电流为基准，而自耦变压器中压中性点套管是以公共绕组额定电流为基准。自耦变压器二次侧相电流有效值 I_2 等于串联绕组 I_1 和公共绕组 I 相电流有效值之和，即 $I_2 = I_1 + I$。可以看出，自耦变压器公共绕组的出线套管应不低于 1.2 倍相应绕组线端额定电流。下面以两种型式变压器为例分析套管额定电流的选择：

【示例1】三相三绕组变压器，高、中压侧为 Y 接线，低压绕组为 D 接线，额定容量比 180/180/90，电压比 220±8×1.25%/115/10.5，根据额定容量公式 $S_N = \sqrt{3} U_{1N} I_{1N}$ 计算，其额定电流比为 472/904/4949。

高压和中压侧出线套管额定电流按照大于 1.2 倍相应绕组线端额定电流宜选择 630A 和 1250A。考虑高压侧为分接电压设计，最大分接（分接电压最大值）的电流为 525A，则高压侧套管额定电流应选择 800A。高压和中压侧中性点套管额定电流按照大于相应绕组额定电流计算宜选择 315A 和 630A。低压绕组额定电流计算应考虑是通过套管引出线实现 D 接线（6 支套管），还是内部绕组 D 接线后再通过套管引出（3 支套管），对于前者，通过套管的绕组引线额定电流为相电流，则低压侧套管额定电流宜选择 4000A，而对于后者，通过套管的绕组引线额定电流为线电流，则低压侧套管额定电流宜选择 6300A。

【示例2】单相自耦变压器组成三相变压器，高、中压侧为 Y 接线，低压绕组为 D 接线，额定容量比 400/400/120，额定电压比 $515/\sqrt{3}/230/\sqrt{3}/66$，高压侧绕组额定电流

I_{1N} 为 $I_{1N}=S_{1N}/U_{1N}=1345A$，中压侧绕组额定电流 I_{2N} 为 $I_{2N}=S_{2N}/U_{2N}=3012A$，中性点绕组（公共绕组）额定电流为 $I=I_{2N}-I_{1N}=1667A$。

高压、中压侧出线套管和中压中性点套管额定电流按照大于 1.2 倍相应绕组线端额定电流选择 2000A、4000A 和 2500A。中压中性点套管额定电流按大于公共绕组额定电流宜选择 2000A。对于单相自耦变压器而言，每台变压器低压侧均由 2 只套管引出，通过套管中绕组的额定电流应为相电流，即 $I_{3N}=S_{3N}/U_{3N}=1818A$，低压套管额定电流按照大于 1.2 倍相应绕组线端额定电流宜选择 2500A。

4.1.3　变压器套管爬电比距应采用 31mm/kV 并经套管直径系数 K_d 修正，爬电比距/干弧距离≤4，伞裙为交替伞结构。

【标准依据】DL/T 1539《电力变压器（电抗器）用高压套管选用导则》6.3.1 常用的套管最小爬电比距为 25mm/kV 和 31mm/kV 两种。根据 GB/T 13026《交流电容式套管型式与尺寸》4.1.1 一般情况下，现场污秽等级 D 级以上采用交替伞结构，C 级及以下采用等径伞结构。GB/T 26218.2《污秽条件下使用的高压绝缘子的选择和尺寸确定　第 2 部分　交流系统用瓷和玻璃绝缘子》9.7 爬电因数是爬电距离的总的密度的一个整体的校核。如果满足 9.3、9.4 和 9.5 的要求，通常会自动地满足爬电因数的要求。

要点解析：为了防止套管外绝缘因脏污发生污闪，因雾、露、毛毛雨等潮湿天气发生雨闪或因系统过电压发生过电压闪络，要做好套管爬电比距或统一爬电比距参数的选择，以及套管外形型式的选择。

爬电比距指爬电距离（在绝缘子的导电部件之间沿其表面的最短距离或最短距离的和）与系统最高工作电压之比；统一爬电比距是指绝缘子的爬电距离与该绝缘子上承载的最高运行电压的方均根值之比，可见，统一爬电比距数值是爬电比距数值的 $\sqrt{3}$ 倍。套管爬电距离应根据套管直径系数（K_d）进行修正，即爬电距离乘以 K_d 值，套管直径系数计算如下：

（1）当套管直径 $D_m<300mm$ 时，$K_d=1$；

（2）当套管直径 $D_m\geq300mm$ 时，$K_d=0.0005Dm+0.85$，其中 $D_m=(D_1+D_2+2_D)/4$，如图 4-1 所示。

套管的最小爬电比距为 25mm/kV（Ⅲ级）和 31mm/kV（Ⅳ级）两种，考虑提高套管外绝缘污秽等级一个裕度，套管爬电比距应选用 31mm/kV，其原因为：①不受污秽等级分布图的变化影响；②室内套管外绝缘的污秽程度往往高于室外，室内套管的自洁性能差，爬电比距采用 31mm/kV 是合理的；③可以提高套管备品储存规格及尺寸的统一简单化。

套管外形型式应采用交替伞结构，其伞伸出之差应满足 $p_1-p_2\geq15mm$，这是因为相比于其他外形型式，其自洁性能较好，绝缘子积污较少，在结冰、下雪和大雨条件

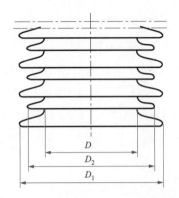

图4-1 套管平均直径 D_m 计算图例

下是有利的。

为避免电弧桥接爬电距离的风险，要求爬电距离与干弧距离之比（爬电因数）应不大于4（污秽Ⅳ级），该参数更侧重于检查局部伞的参数，其中干弧距离指绝缘子在正常带有运行电压的两个金属部件之间外部空间的最短距离。GB/T 26218.2《污秽条件下使用的高压绝缘子的选择和尺寸确定 第2部分 交流系统用瓷和玻璃绝缘子》9.7规定，如果满足伞间最小距离、伞间距与伞伸出比和爬电距离与间距之比的要求，通常会自动地满足爬电因数的要求，如图4-2所示。

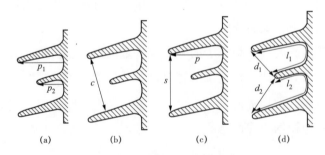

图4-2 套管交替伞外形参数
（a）交替伞伸出差；（b）伞间距；（c）伞间距与伞伸出比；（d）爬电距离与间距之比

（1）伞间最小距离（c）。指相同直径的两相邻间的最小距离，是从上伞边缘最下点到相同直径的下一个伞的垂线距离，对于小的伞间距，伞间电弧可以使得靠增加爬电距离来改善性能的任何努力变成无效，其中瓷绝缘子 $c \geq 30mm$，复合绝缘子 $c \geq 50mm$。

（2）伞间距与伞伸出比（s/p）。指具有相同直径两个连续伞的两个相同点间的垂直距离（伞间距）和最大伞伸出的比值，对避免伞间电弧的桥接而短路爬电距离是重要的，其中瓷绝缘子 $s/p \geq 0.8$，复合绝缘子 $s/p \geq 0.9$。

（3）爬电距离与间距之比（L/d）。d 是绝缘件上两点间的或是绝缘件一点和金属部件上一点间的直线空间距离，L 是两点间测得的爬电距离。在出现干带或不均匀憎水性时，对避免伞间电弧的桥接而短路爬电距离是重要的，其中瓷绝缘子 $L/d \leqslant 5$，复合绝缘子 $L/d \leqslant 4$。

（4）爬电因数（CF）。$CF = L/s$，其中 L 是绝缘子的总爬电距离，s 是绝缘子的电弧距离，是爬电距离总的密度的一个整体考核，如果同时满足上述三个指标，通常会自动满足爬电因数的要求，其中瓷绝缘子 $CF \leqslant 4$，复合绝缘子 $CF \leqslant 4$。

4.1.4　套管伞裙间距低于规定标准可采取加硅橡胶伞裙套等措施，但应进行套管放电量测试。在严重污秽地区运行的变压器，可考虑在瓷套处涂防污闪涂料等措施。

【标准依据】《国家电网有限公司十八项电网重大反事故措施（2018 年修订版）》9.5.6 如套管的伞裙间距低于规定标准，可采取加硅橡胶伞裙套等措施，但应进行套管放电量测试。在严重污秽地区运行的变压器，可考虑在瓷套处涂防污闪涂料等措施。

要点解析：变压器套管不应在高度不变的条件下过于要求大的爬电距离，使得伞型设计不合理，伞间距太小，造成爬电距离的有效利用系数下降，耐污闪性能降低。针对套管伞裙间距低于规定标准的可采取加硅橡胶伞裙套等措施，加装增爬裙时应注意固体绝缘界面的黏结质量，同时应进行套管放电量测试以佐证安装效果。

在严重污秽地区运行的变压器，对于自洁能力差（年平均降雨量小于 800mm）、冬春季易发生污闪的地区，若采用足够爬电距离的瓷绝缘子仍无法满足安全运行需要时，可考虑在瓷套处涂防污闪涂料，目前多采用喷涂 RTV 或 PRTV 提高瓷绝缘子表面的憎水性，由于 RTV 涂料的有效期一般为 5~8 年，当超过年限后应使用专用清洁剂清洁并重新喷涂，增加检修维护工作量，而采用 PRTV 涂料的有效期一般为 20 年以上，可有效减少检修维护工作量。由于变压器油箱顶部集中了变压器的热量且超过环境温度，外绝缘受潮概率较低，对于套管喷涂防污闪材料意义并不大，另外，长期的高温影响势必降低防污闪材料的使用寿命，使防污闪材料起褶皱失效，因而，在非必要情况下变压器套管不建议涂防污闪涂料。

4.1.5　在大雾、毛毛雨、覆冰（雪）等恶劣天气过程中宜加强特殊巡视，可采用紫外成像等手段判定设备外绝缘运行状态。

【标准依据】《国家电网有限公司十八项电网重大反事故措施（2018 年修订版）》7.2.7 在大雾、毛毛雨、覆冰（雪）等恶劣天气过程中，宜加强特殊巡视，可采用红外热成像、紫外成像等手段判定设备外绝缘运行状态。

要点解析：在大雾、毛毛雨、覆冰（雪）等恶劣天气过程中，因变压器套管外绝缘表明的污秽物无法尽快从伞裙冲刷干净，瓷套亲水表面形成一层导电电解液膜，当泄漏电流过大且爬电距离较短时易发生对地闪络，即使复合硅橡胶绝缘呈现憎水性，脏污较严重的复合硅橡胶在潮湿浸润并未形成水滴时，套管也存在一定污闪概率。

套管外绝缘放电时，根据电场强度的不同会产生电晕、闪络或电弧。在放电过程中，空气中的电子不断获得和释放能量，而当电子释放能量时便会放出紫外线，通过紫外成像仪即可捕捉到。为此，在大雾、毛毛雨、覆冰（雪）等恶劣天气过程中，宜加强特殊巡视，可采用紫外成像等手段判定设备外绝缘运行状态。

4.1.6 变压器停电应开展套管瓷绝缘子清扫和复合绝缘子水冲洗，防止导电离子灰尘、柳絮或毛絮形成放电通道。

【标准依据】《国家电网有限公司十八项电网重大反事故措施（2018年修订版）》7.2.4 清扫作为辅助性防污闪措施，可用于暂不满足防污闪配置要求的输变电设备及污染特殊严重区域的输变电设备。7.2.5 出现快速积污、长期干旱或外绝缘配置暂不满足运行要求，且可能发生污闪的情况时，可紧急采取带电水冲洗、带电清扫、直流线路降压运行等措施。

要点解析： 变压器停电开展套管瓷绝缘子清扫和复合绝缘子水冲洗是套管防污闪的辅助性措施，它可以清洁套管表面的导电离子灰尘、柳絮或毛絮等，防止表面受潮后形成导电通道，对于复合绝缘子宜采取水冲洗方式，不宜清扫，这主要是考虑清扫时易造成复合绝缘子刮伤并破坏其外绝缘。巡视检查发现套管表面存在积污厚度、柳絮或毛絮较多且长时间环境湿度较大时应尽快安排变压器停电处理，不具备停电条件时可采取带电绝缘剂冲洗措施。

4.1.7 套管头部均压环应采用单独的紧固螺栓，禁止紧固螺栓与密封螺栓共用，禁止密封螺栓上、下两道密封共用。

【标准依据】《国家电网有限公司十八项电网重大反事故措施（2018年修订版）》9.5.4 套管均压环应采用单独的紧固螺栓，禁止紧固螺栓与密封螺栓共用，禁止密封螺栓上、下两道密封共用。

要点解析： 额定电压252kV以上的套管头部应设计均压环，它的作用是：①将套管头部（金具边缘和导杆）周围场强均匀，使径向和轴向的电位分布均匀，防止超过空气的起晕场强，提高沿面闪络电压的目的；②套管头部均压环电气性能的好坏直接影响局放测量的准确性，为不给局放测量引入干扰，应严格控制均压环表明场强，使其最高场强低于起晕场强，考虑到均压环表面一定会有凹凸和毛刺，试验时空气气压、湿度等也不可能处于理想状态，因此，对均压环表面场强的设计值应留有较大的欲度。

套管头部均压环安装不应与套管顶部密封使用同一紧固螺栓（见图4-3），因为：①均压环较重，在倾斜安装、风力及变压器振动、超机械承受载荷等影响下宜导致套管头部密封不良，雨水天气易通过套管头部密封处进入器身并发生绕组放电性故障；②拆装均压环时将破坏套管头部密封，需重新更换头部密封垫。

另外，考虑套管头部密封的可靠性，套管头部密封宜采取两道密封，各密封紧固方式应独立，禁止密封螺栓上、下两道密封共用。

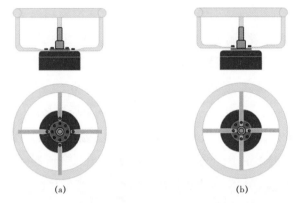

图 4-3　套管头部均压环紧固安装固定方式
（a）正确安装紧固方式；（b）错误安装紧固方式

4.1.8　变压器套管接线端子（抱箍线夹）应采用含铜量不低于 80% 材质热挤压成型产品，接线端子接触面应镀锡或镀银。

【标准依据】《国家电网有限公司十八项电网重大反事故措施（2018 年修订版）》9.5.3 110（66）kV 及以上电压等级变压器套管接线端子（抱箍线夹）应采用 T2 纯铜材质热挤压成型。禁止采用黄铜材质或铸造成型的抱箍线夹。

要点解析：根据 GB/T 5273《高压电器端子尺寸标准化》4.2 和 4.3 规定，高压电气接线端子的主要技术要求为：①电性能，端子的结构应保证良好的电接触和预期的通流能力，接触表面应清洁，不得有裂纹、明显伤痕、毛刺、腐蚀斑痕、凹凸缺陷及其他影响电接触和通流能力的缺陷，端子的边及连接孔应有倒角；②机械性能，端子应有足够的机械强度，以满足相应设备的技术要求，铸造成型的端子，其接触面及连接孔内不得有气孔、砂眼、夹渣以及其他影响机械强度的缺陷。

目前，变压器套管接线端子（抱箍线夹）多采用 ZHPb59-1 黄铜材质，呈淡金黄色，其中铜（Gu）含量为 58%~63%，锌（Zn）含量为 40%，铅（Pb）含量为 0.5~2.5%，具有一定强度、硬度和良好的铸造性能，其性能与铸造工艺，如配料、搅拌、退火等密切相关，具有一定的应力腐蚀（SCC）倾向，易产生断裂等问题。其应力腐蚀敏感性随着锌（Zn）含量的增加而增大，当锌（Zn）含量大于 20% 时，将产生应力腐蚀敏感倾向。经分析，铸造成型和黄铜材质是套管接线端子断裂的主要原因。套管接线端子断裂将引起断裂处发热并烧损套管导电头，甚至可能出现接线端子与套管导电头脱离的现象，这是严禁发生的。

T2 纯铜含铜量可达到 99.9% 左右，不存在应力腐蚀问题，它外观呈玫瑰红色，易氧化呈紫色，导电性能和导热性能较高，塑性极好，易于热挤压成型，而热挤压成型工艺可有效避免因铸造工艺引起的气孔、砂眼、夹渣等缺陷。在机械强度方面，T2 纯铜不如黄铜，黄铜抗拉强度一般为 245~412MPa，而 T2 纯铜抗拉强度一般为 230~

240MPa。从变压器套管接线端子受力分析可知，存在抱箍螺栓紧固应力和引流线（含金具）拉应力。当套管接线端子弯曲负荷耐受值无法满足引流线（含金具）对套管接线端子的作用力，尤其再加上风载荷作用力时，T2 纯铜套管接线端子将优先发生弯曲变形，而且在已运行的特高压变压器上曾出现过接线端子变形弯曲的案例，为此，套管接线端子（抱箍线夹）不能强制规定使用 T2 纯铜材质热挤压成型，但为了有效避免铸造黄铜接线端子断裂问题，根据 GB/T 2314《电力金具通用技术条件》5.5 以铜合金材料制造的金具，其铜含量不应低于80%，笔者提出，变压器套管接线端子（抱箍线夹）应采用含铜量不低于80%材质热挤压成型产品，考虑接线端子耐受发热温度问题，要求接线端子接触面应镀锡或镀银。

另外需要提及的是，抱箍线夹螺栓紧固后应有一定的缝隙，因为：①确保接线端子（抱箍线夹）与套管接线柱存在紧固余量，即抱箍线夹仍保留一定的机械紧固应力，如果紧固后无缝隙，说明抱箍线夹已失紧固量，需对其更换，或者接线端子抱箍直径与绕组引出线导电杆（或将军帽接线柱）外径尺寸相差较大，如图 4-4 所示；②紧固抱箍线夹过量易导致超过其机械屈服强度，从而易导致其根部发生开裂；③通过缝隙可以检查其紧固质量，避免未紧固到位导致接触电阻过大而发热。

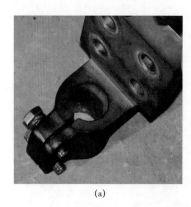 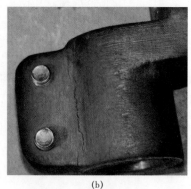

（a） （b）

图 4-4 套管头部抱箍线夹紧固后常见现象
（a）螺栓紧固边缘处无缝隙；（b）紧固后发生裂纹

【案例分析】某站 1 号变压器因套管接线端子材质不良发生纵向开裂。

（1）缺陷情况。2012 年 10 月，某站运维人员巡视发现 1 号变压器 35kV 侧 A 相接线端子板下方发生纵向开裂，C 相接线端子根部发生纵向开裂，如图 4-5 所示。

（2）原因分析。套管接线端子（抱箍线夹）正常受力分析最大位置在接线端子的根部，但从两者裂纹分析，排除架空引线拉拽力过大的影响，初步判断长期在外部腐蚀及拉拽力作用下，由于接线端子材质及制造工艺不良最终导致断裂，进一步检查发现接线端子材质为黄铜且铸造气孔杂质较多。

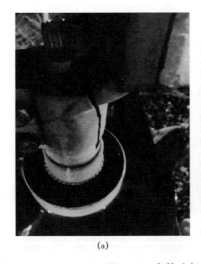

(a)   (b)

图 4-5　套管头部接线端子纵向开裂

（a）接线端子根部纵向开裂；（b）接线端子板下方纵向开裂

（3）分析总结。①开展变压器套管接线端子是否存在开裂的专项排查工作，发现问题及时安排停电更换；②对于新采购的变压器套管接线端子（抱箍线夹）备品，应选用含铜量不低于80%材质热挤压成型产品；③新品变压器应加强套管接线端子（抱箍线夹）金属材质技术监督分析，发现内部存在裂纹、铜含量不满足要求应进行更换。

4.1.9　套管接线端子（抱箍线夹）应具备一定的机械荷载，防止引流线（含金具）对套管接线柱的作用力过大产生弯曲、裂纹或断裂等现象。

【标准依据】《国家电网有限公司十八项电网重大反事故措施（2018年修订版）》9.5.2 新安装的220kV及以上电压等级变压器，应核算引流线（含金具）对套管接线柱的作用力，确保不大于套管及接线端子弯曲负荷耐受值。GB/T 4109《交流电压高于1000V的绝缘套管》4.5 套管应能耐受住表1规定的Ⅰ级或Ⅱ级悬臂负荷。

要点解析：套管头部导电杆及接线端子（抱箍线夹）应具备一定的机械荷载，这主要是防止引流线（含金具）对套管接线柱的作用力过大产生弯曲、裂纹或断裂等现象，其套管接线端子允许荷载最低值如表4-2所示。

表4-2　　　　　　　　　　　　套管接线端子允许荷载最低值

套管电压等级（kV）	水平纵向拉力（N）	水平横向拉力（N）	垂直力（N）
≤40.5	500	500	500
72.5	1000	500	500
123~145	1575	500	500
170~252	2000	700	500
330~550	2000	700	500
≥750	4000	1500	2000

注　表中数值不包括套管自身重量和风压值。

从表 4-1 可以看出，为确保引流线（含金具）对套管接线柱的作用力满足接线端子的要求，要做到：①套管接线端子应选用可以围绕套管接线柱转动的平板式接线端子；②确保引流线对套管的拉力方向应尽量与套管接线端子接触面对应，这样，套管接线端子的主要受力为水平纵向拉力；③确保引流线接线端子在自然状态下可与套管接线端子连接，且引流线端子可根据现场情况采用 45° 设备线夹或 0° 设备线夹，并注意安装方向，防止引流线设备线夹对套管的作用力过大；④考虑引流线（含金具）自身重力及风压对其套管接线端子的综合作用力，当引流线安装角度不当、长度过长导致重力过大时，应考虑更换耐受机械荷载能力大的接线端子，或者采取引流线支撑措施以减小其重量；⑤开展引流线（含金具）对套管接线柱作用力的核算；⑥运行中通过红外测温手段检查其导电发热情况，通过目测检查机械耐受载荷抗弯曲能力。

套管接线端子（抱箍线夹）出现弯曲、裂纹或断裂等现象时，造成的影响有：①易导致套管头部密封失效，在套管顶部负压的作用下，空气及水分通过密封不良处进入器身内部发生放电故障；②易导致载流导体与外部引线连接不可靠，存在发热严重及断线故障。

【案例分析】某站 1 号变压器因套管头部密封失效进水导致变压器器身发生放电故障。

（1）缺陷情况。2015 年 4 月，某站监控系统发出"1#变本体重瓦斯"动作跳闸，本体油色谱分析为放电性故障，检查套管发现头部将军帽接线柱弯曲。

（2）检查情况。现场对套管将军帽检查，发现将军帽接线柱歪斜，与接线柱相连的盖板变形，接线柱歪斜方向与架空引线拉力方向一致。继续拆解套管头部发现，将军帽内部端子头和导流管表带触指处残留有整圈的铜锈，铜锈的主要成分为碱式碳酸铜，由铜与氧气、二氧化碳和水反应生成，如图 4-6 所示。

(a)　　　　　　　　　　　　　　　(b)

图 4-6　套管头部解体检查情况

（a）套管头部内部有较明显的水锈；（b）套管头部接线柱歪斜

（3）原因分析。架空引线与套管顶部接线柱连接存在较大偏移，接线柱长期承受较大的侧拉力并超过了其载荷限值，最终导致接线柱及盖板歪斜变形，盖板密封功能失效，在套管顶部负压的作用下，空气及水分沿盖板缝隙吸入套管导流杆并沿导流杆内部流入变压器内部，进而导致器身绕组放电。

（4）分析总结。①开展变压器套管头部导电杆或将军帽接线柱与架空引线连接是否存在较大偏移量专项排查工作，其中引线 T 接点在套管接线柱正上方或稍偏移是受侧拉力最小的安装方式；②结合变压器停电开展套管头部导电杆或将军帽接线柱变形量的测量，存在倾斜应拆解检查是否存在密封不良进水现象，未查明原因前不得送电；③对于套管头部导电杆或将军帽接线柱变形的应进行整改，通过调整架空引线角度、更换接线端子等方式使其满足接线端子的载荷要求。

4.1.10　导杆式（含拉杆式）套管在安装前宜进行直流电阻测量，防止载流导体与接线端子连接不良导致发热。

【标准依据】无。

要点解析：按照载流方式，套管主要分为穿缆式套管和导杆式套管，其中导杆式在安装方式上又衍生出"拉杆式"套管，但它也属于导杆式，如图 4-7 所示。

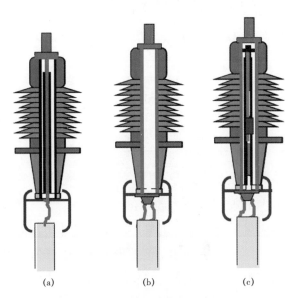

图 4-7　套管按照载流方式分类
（a）穿缆式；（b）导杆式；（c）拉杆式

（1）穿缆式套管不含贯穿套管的载流导体，它是将配置导电杆的绕组引出线穿过套管中心导管，并与套管头部出线结构连接，其内部不存在过渡连接，仅与套管头部将军帽出线结构存在硬连接。

（2）导杆式套管一般通过铜材质中心导管贯穿套管作为载流导体，其载流导体直径较大，其头部和尾部通过中心导管与各接线端子硬连接。

（3）拉杆式套管载流导体为中心导管，拉杆并不载流，仅仅是一种安装方式，现场安装时，人可以不需要进入器身或通过手孔操作，而是在上下拉杆连接好后，在套管顶部对拉杆施加满足要求的拉力，使变压器引线及套管底部端子和套管油侧底部导管可靠连接，当拉杆拉力不满足要求将导致载流导体接触不良而发热，严重时绕组断路并发生套管爆炸。

考虑套管的运行安全性，对导杆式（含拉杆式）套管在安装前宜进行直流电阻测量，发现直阻异常严禁使用。

4.1.11　无镀层套管接线端子及连接处最高温度不宜高于90℃，镀锡或镀银套管接线端子及连接处最高温度不宜高于105℃。

【标准依据】 GB/T 4109《交流电压高于1000V的绝缘套管》4.8温度极限及温升。

要点解析：根据GB/T 4109《交流电压高于1000V的绝缘套管》4.8规定，在温升值基于最大日平均温度为30℃情况下，套管端子及连接处（靠螺栓连接到外部导体上的端子）的温度极限及温升如表4-3所示。

表4-3　　　　　　　　　　套管端子及连接处的温度极限及温升

铜、铝及其合金接线端子及连接处	最高温升（K）	最高温度（℃）	备注
无镀层	60	90	
镀锡的	75	105	如预期有严重氧化，此温升应限为50K
镀银或镍板	75	105	

套管接头温度不应超过限值，因为：①考虑套管头部密封垫耐受温升的能力，防止密封垫过热老化变形导致密封不良，进而在雨雪天气对变压器安全运行带来隐患；②考虑套管接线端子因氧化膜产生熔接现象，进而导致引线头无法拆装，尤其是绕组引线头为螺纹连接结构，如图4-8所示；③考虑配置导电杆的绕组引线发生脱焊，例如：早期套管的绕组引线头多采用锡焊工艺的情形，因锡的熔点为232℃，而铜的熔点约1083℃，若套管接头发热较大时易出现绕组引出线与导电杆（引线头）脱焊现象，为此，后期绕组引出线与导电杆多采用磷铜焊接。

4.1.12　变压器套管本体和末屏红外检测各相温差大于3K应及时停电开展套管检查及试验。

【标准依据】 无。

要点解析：变压器正常运行时，套管各相载流导体通过的电流有效值基本一致，

(a)   (b)

图 4-8　绕组引线头（导电杆）螺纹连接处烧熔
(a) 套管头部将军帽；(b) 绕组引线头

载流导体以及绝缘损耗产生的热量基本保持平衡，而当套管内部出现导电杆连接不良、末屏与零屏存在悬浮放电、芯体受潮介损过大、套管芯体缺油等现象时，往往内部温度出现异常，考虑套管外绝缘瓷套的隔热影响，通过红外测温手段检测的温差是相当小的，通常套管各相温差大于 3K 时，认为套管本体存在异常，此时应及时安排变压器停电并开展变压器绕组直流电阻试验，异常套管的绝缘、介损、电容、油色谱等诊断试验。

电容式套管末屏正常应接地运行，红外测温基本与法兰等部位温度基本一致，如发生接地不良时，此时套管末屏将对接地法兰产生持续放电，持续放电产生热量，考虑末屏罩的隔热作用，电容式套管末屏是否存在异常也按各相温差大于 3K 作为判据。此时需尽快安排变压器停电并开展异常套管末屏检查及相关套管诊断试验。

【案例分析】对某站 1 号变压器红外测温时，发现 10kV 套管 c 相本体与其他两相温差大于 3K。

（1）缺陷情况。2019 年 9 月，某站 1 号变压器红外测温时，发现 10kV 套管 a 相本体 66.5℃，套管 b 相本体 66.9℃，套管 c 相本体 72.2℃，三相温差大于 3K，其中 c 相温度最高，如图 4-9 所示。初步分析导致发热的原因有：①纯瓷充油套管内部积聚空气；②绕组引出线与导电杆连接不良。

（2）处理情况。变压器停电后先通过 10kV 套管放气塞排气，套管内部无气体排出，其内部发热不是因积聚空气所导致，后续安排 10kV 套管解体检修，在拆装套管前后安排 10kV 套管绕组直流电阻试验，数据如表 4-4 所示。处理前直阻试验数据 a-b 最小，可推断套管 c 相导电杆与绕组引出线存在接触不良，与红外测温图谱一致。

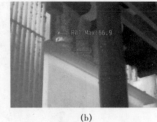
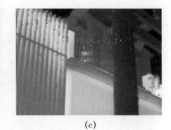

（a）　　　　　　　　　　　（b）　　　　　　　　　　　（c）

图 4-9　10kV 套管处理前红外测温图谱

（a）10kV 套管 a 相；（b）10kV 套管 b 相；（c）10kV 套管 c 相

表 4-4　　　　　　　　　　　10kV 套管直流电阻试验数据

试验目录	油温（℃）	a-b（Ω）	b-c（Ω）	c-a（Ω）
交接试验	32	0.01235	0.01239	0.01233
本次处理前	38	0.01243	0.01251	0.01249
本次处理后	35	0.01232	0.01234	0.01227

　　经拆解套管（压爪可拆卸结构）发现，c 相导电杆与绕组引出接线端子（油中部分）为螺纹旋转紧固结构，如图 4-10 所示，旋转导电杆发现松动现象明显，旋转 2 圈后紧固到位，为确保其他两相连接可靠性，对其他两相也拆解发现基本无松动现象，各相旋转导电杆紧固后复测直流电阻数值与交接试验规律一致，变压器投运后对 10kV 套管红外测温恢复正常，如图 4-11 所示。

（a）　　　　　　　　　　　　　　　　（b）

图 4-10　绕组引出线与套管导电杆螺纹旋转连接结构

（a）拆卸套管瓷套；（b）紧固导电杆

(a)　　　　　　　　　(b)　　　　　　　　　(c)

图 4-11　10kV 套管处理后红外测温图谱

(a) 套管 a 相；(b) 套管 b 相；(c) 套管 c 相

（3）原因分析。套管导电杆与绕组引出接线端子螺纹连接松动导致接触电阻增大，同时 10kV 的负荷电流较大，进而产生较大热量并通过导电杆向上传导，进而瓷套呈现出异常发热温度。

（4）分析总结。①变压器套管本体红外检测各相温差大于 3K 时说明套管内部存在异常，应及时安排停电检查；②变压器直流电阻试验发现数值有增长趋势或与上次试验变化规律不一致时应分析原因并处理。

4.1.13　变压器套管相位漆颜色应与连接电网相位颜色一致，A 相、B 相和 C 相套管头部分别涂黄色、绿色和红色，0 相套管头部涂蓝色。

【标准依据】无。

要点解析：变压器套管相位漆颜色应与连接电网相位颜色一致，A 相、B 相和 C 相套管头部分别涂黄色、绿色和红色，0 相套管头部涂蓝色。这样做便于清晰看出各出线套管所连接电网相位；而且拆接套管连接线不易错误，尤其是由 3 台单相变压器组成的三相变压器组。

对于常规三相三绕组 YNyn0D11 联结组别变压器，其相位一般是面向高压侧，从有载开关侧分别为 0 相、A 相、B 相和 C 相，但对于自耦变压器制造上就需要查看设备铭牌，以单相自耦联结组别 Ia0i0 的变压器组成联结组别为 YNa0D11 三相变压器组为例，对于单台变压器而言，高压与中压绕组自耦联结，低压绕组与高压及中压绕组相位无角度。其高压套管出线分别为 A-X、B-Y、C-Z，中压套管出线为 Am、Bm、Cm，低压套管出线为 a-x、b-y、c-z。当外部套管出线连接为 YNa0D11 的三相变压器组时，低压侧应考虑低压绕组线电压应超前高压（或中压）绕组线电压 30°，即 11 点接线，如图 4-12 所示。

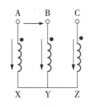
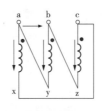

图 4-12　YND11 联结组别

那么，高压套管出线 A、B、C（或中压套管出线 A_m、B_m、C_m）应分别涂黄色、绿色和红色，中压零相通过套管出线 X_m、Y_m、Z_m 在外部连接 N 并直接接地，低压套管出线 a，b，c 分别涂黄色、绿色和红色；低压绕组 a 的另一端 x 应与 c 连接，此时套管出线 x 涂红色；b 的另一端 y 应与 a 连接，此时套管出线 y 涂黄色；绕组 c 的另一端 z 应与 b 连接，此时套管出线 z 涂绿色，如图 4 - 13 所示。

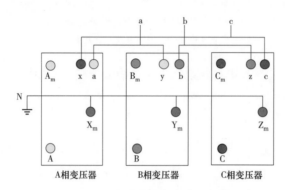

图 4-13　单相自耦变压器套管头部相位漆

为防止相位错误，变压器厂家应在套管安装升高座或油箱处打相位钢印，进行实际套管外部连接时应注意检查相位，并按厂家联结组图示进行外部连接，图 4 - 13 中所标识的套管布局出线字母并不是统一规定，有些厂家用数字进行标识，例如高压 1.1、中压 2.1、中压零相 2、低压 3.1 - 3.2。

4.2　电容式套管管控关键技术要点解析

4.2.1　电容式套管未同时设计末屏抽头和电压抽头时不宜装设套管在线监测装置。

【标准依据】DL/T 1539《电力变压器（电抗器）用高压套管选用导则》5.8 对套管实施在线监测时应选用带电压抽头的套管；6.1.3 U_m 等于或高于 40.5kV 的电容式变压器套管以及 U_m 等于或高于 72.5kV 的其他变压器套管应设有试验抽头。试验抽头的有关数据不超过：对地电容 10000pF，工频下测得的介质损耗因数小于 0.05。

要点解析：电容式套管指在绝缘内部布置导电或半导电层，以获得所要求的电位梯度的套管。电容式套管电容屏引出抽头涉及"末屏抽头"和"电压抽头"，电容式套管均设计末屏抽头，而电压抽头是根据供货需求配置的，常规电容式套管均无电压抽头，双抽头引出结构如图 4 - 14 所示。

（1）末屏抽头（又称测量抽头或 tanδ 抽头）指一个从套管外面接线，与法兰或其他紧固器件绝缘并与电容式套管的最外导电层相连的引线，运行时此抽头应可靠接地。

停电时可将末屏抽头接地点断开，通过末屏抽头测量套管介质损耗因数、电容量及局部放电量。

（2）电压抽头（又称电位抽头或电容抽头）指一个从套管外面接线，与法兰或其他紧固器件绝缘并与电容式套管的非最外导电层相连的引线，用于在套管运行时提供一个用于监测的电压源，通过连接套管在线监测装置实现套管介质损耗因数、电容量及局部放电量的带电测量。未使用电压抽头时可不接地运行，但从套管运行可靠角度考虑建议也接地。

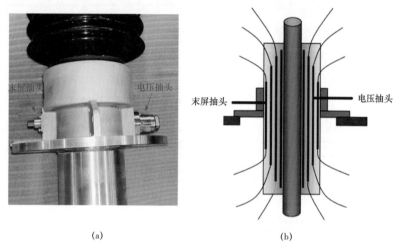

（a）　　　　　　　　　　　　　（b）

图4-14　电容式套管双抽头引出结构
（a）实物图；（b）理论图

电容式套管设计双抽头的优点是：①套管在线监测装置（系统）使用独立的抽头，即使存在接地不良或开路的情况，由于末屏触头仍可靠接地，故可保证套管的安全运行；②套管最外层电容屏设计双接地方式，提高套管最外层电容屏接地的冗余设计。电容式套管如仅设计末屏抽头且安装套管在线监测装置（系统）时，要做到：①末屏抽头通过套管在线监测装置及其引出线应接地可靠；②末屏至接地连接回路二次电缆应做好防误碰措施。运行经验表明：由于人员误碰套管在线监测装置或未正确恢复接地、维护盲区等因素影响，套管发生末屏悬浮放电的隐患较多。综上所述，电容式套管未同时设计电压抽头和试验抽头时不宜安装套管在线监测装置。

4.2.2　电容式套管主绝缘10kV介质损耗因数应不大于0.4%，且电压从10kV到$U_m/\sqrt{3}$的介损增量应不大于0.1%。

【标准依据】DL/T 1539《电力变压器（电抗器）用高压套管选用导则》6.5 油浸式电容型套管在$1.05U_m/\sqrt{3}$电压下套管介质损耗因数$\tan\delta$（20℃）应不大于0.4%；干

式环氧浇注电容型套管在 $1.05Um/\sqrt{3}$ 电压下套管介质损耗因数 $\tan\delta$（20℃）应不大于 0.5%。DL/T 393—2010《输变电设备状态检修试验规程》5.6.1.4 电容量和介质损耗因数，测量前应确认外绝缘表面清洁、干燥。如果测量值异常（测量值偏大或增量偏大），可测量介质损耗因数与测量电压之间的关系曲线，测量电压从 10kV 到 $Um/\sqrt{3}$，介质损耗因数的变化量应在 ±0.0015 之内，且介质损耗因数不超过 0.007（$Um > 550kV$）、0.008（Um 为 363/252kV）、0.01（Um 为 126/72.5kV）。

要点解析：电容式套管 10kV 介质损耗因数测量值应控制在一定范围，这是因为，若绝缘材料存在受潮、老化、气隙等缺陷时介损值将会增大并超过标准值，即有功损耗转化为热量而发热，若介损值异常大且绝缘材料的发热量与散热量失去平衡时，套管可能会发生热击穿损坏或爆炸。电容式套管绝缘结构设计时宜选用较小介质损耗因数的绝缘材料，目前，被广泛应用的油浸纸套管（oil-impregnated paper bushing，OIP）和胶浸纸干式套管（resin-impregnated paper busing，RIP）均能做到优于 DL/T 1539 规程 6.5 规定的介损值，考虑提高套管厂家绝缘材料选型、卷绕、真空浇注及干燥制造工艺，国网变压器物资招标技术参数要求电容式套管介损应不大于 0.4%。

介质损耗因数是绝缘介质绝缘性能的一项试验，仅对绝缘体积较小，发生集中性或贯穿性的绝缘缺陷反应比较灵敏，对于局部的绝缘缺陷并不能反应，故电容式套管应单独进行介损试验，严禁通过套管连通绕组介损试验替代套管介损试验。另外，当绝缘中存在局部缺陷时，在 10kV 电压下的介损试验并不能发现问题，只有所施电压达到足够让其发生游离及局部放电时介损测量值才会迅速增大，故套管出厂时要逐个进行低电压及高电压介损试验。综上所述，套管介损测量值异常及新品套管安装时，应进行电压从 10kV 到 $Um/\sqrt{3}$ 的介损试验，并绘制介损与试验电压的关系曲线进行分析，如图 4-15 所示。

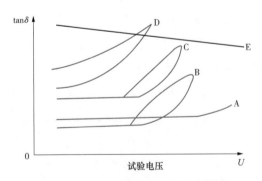

图 4-15　介损与试验电压的关系曲线

曲线 A：绝缘性能良好，介损与试验电压的关系曲线呈一水平直线，当施加电压超过某一极限时出现向上弯曲。

曲线 B：绝缘老化，低电压下的介损可能比良好绝缘小，在较低电压下就出现向上弯曲。应防止新品套管出厂前加热及干燥温度过高导致的绝缘老化、介损超标问题。

曲线 C：绝缘中存在气隙（或气泡），介损会比良好绝缘大，介损较早出现向上弯曲，且电压上升和下降曲线不重合。应防止新品套管出厂前卷绕、真空浇注及干燥制造工艺不良导致介损超标问题。

曲线 D：绝缘受潮，介损会随着电压的升高迅速增大，且电压上升和下降曲线不重合。应防止新品套管出厂前干燥不彻底或运行中套管进水受潮导致介损超标问题。

曲线 E：绝缘中存在离子性杂质，对含有膜纸的复合绝缘介质（例如胶浸纸干式套管），在低电压下，杂质游离于介质空间，极化损耗较大，导致总体介损较大，在高电压下，杂质集中在两极两端，介质空间相对减少，极化损耗较小，导致总体介损减小，这种现象称为 Garton 效应。现场可通过两种方法进行判断是否发生 Garton 效应：①对被试品施加高电压（例如耐压试验），然后再做低电压介损试验；②做高电压下介损试验，然后再做低电压介损试验，如果介损下降到合格范围内，则可认为发生了 Garton 效应。发生 Garton 效应的套管不说明绝缘性能存在问题，因此套管仍可运行。

4.2.3　电容式套管实测电容量与出厂试验值相比偏差达到 ±3% 应加强跟踪监测，达到 ±5% 及以上应立即更换。

【标准依据】GB/T 50150《电气装置安装工程电气设备交接试验标准》15.0.3 电容型套管的实测电容量值与产品铭牌数值或出厂试验值相比，允许偏差应为 ±5%。

要点解析：电容式套管电容屏串联均压结构是在套管中心导管上绕制多层圆柱形电容屏（铝箔和绝缘纸）组成电容芯子，最内层电容屏（零屏）通过导线与中心导管连接等电位，最外层电容屏（末屏）通过导线与法兰接地装置连接等电位（地电位）。套管各电容屏之间一般按等值电容设计，从中心导管零屏至末屏电容径向分布，逐步接近末屏的铝箔轴向高度不断减小，整体形成梯形阶梯，如图 4 – 16 所示。当套管电容屏发生击穿或者绝缘介质发生改变时会导致套管电容量的变化。

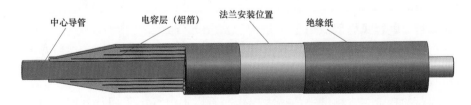

图 4–16　电容式套管铝箔电容层结构

（1）套管电容屏存在击穿或放电现象时会引起电容测量值增大。根据电容串联原理，n 个等值电容 C 进行串联时的总电容为 C/n，那么当发生一个电容屏击穿时，此时的总电容将会增大为 $C/n - 1$。根据圆柱形电容基本理论 $C = 2\pi \varepsilon l / \ln (r_2 - r_1)$ 可知，电容屏间距（电容屏 r_2 与电容屏 r_1）增大将导致电容变小，进而导致两电容屏间分压增大，当电容屏达到击穿电压数值时将被击穿，后续将发生连锁反应，最终导致多电容屏击穿并发生套管爆炸。

（2）套管电容屏存在气隙会引起电容测量值减小。例如电容芯体卷绕工艺不良存在气隙、未按厂家要求存放或套管漏油缺油导致油纸绝缘形成气泡等。此时套管各电容屏间绝缘介质变为空气（气隙）和油纸复合介质，根据圆柱形电容基本理论可知，电容与介电常数 ε 和电容屏高度 l 成正比，与电容屏间距成反比，因空气的介电常数为1，远小于变压器油的介电常数2.25，因而导致电容测量值减小。虽然有些套管厂家对电容屏设计有一定裕度值，但当套管运行后，在交变电场下，电场强度的分布反比于介电常数。如果在液体或固体介质中含有气泡，则气泡中的电场强度要比周围介质的高，气体的击穿场强比油纸大得多，所以气泡将首先产生局部放电，这又使气泡温度升高，气体体积膨胀，局部放电进一步加剧，逐步导致各电容屏损坏，电容屏失去均压作用后发生套管爆炸。

（3）套管内部绝缘浸水会引起电容量测量值增大。此时各电容屏间绝缘介质变为油、水和油纸复合介质，因水的介电常数为78，远远大于变压器油介电常数2.25、油纸复合介质介电常数3.5，因而导致电容测量值增大。套管电容芯体在高压场强作用下，由于水分子的介电常数相当大，很容易沿着电场方向极化定向，形成小桥型放电通道，造成绝缘及电容屏击穿，进而导致套管爆炸。

综上所述，从套管安全运行角度考虑，当电容式套管实测电容量与出厂试验值相比偏差达到 ±3% 时（电容量必然会引起介损变化）应缩短套管试验周期或增加套管在线监测装置，具备备品套管建议及时更换。当电容式套管实测电容量与出厂试验值相比偏差达到 ±5% 时应立即更换。

4.2.4　电容式套管局部放电量测量前后应分别开展一次套管介损及电容量测量，局部放电量测量24h后再进行套管油样化验。

【标准依据】 无。

要点解析： 电容式局部放电量测量前应首先进行套管绝缘、介损及电容量试验，试验合格后再进行套管的工频耐压和局部放电量测量，当套管绝缘、介损及电容量试验不合格时不需再进行后续试验，那是因为工频耐压和局部放电量测量是破坏性试验，对已存在问题的套管芯体将进一步扩大损伤。若以上电气试验均顺利通过后，再进行一次套管介损及电容量测量，以检验套管电容芯体是否存在损伤。

套管油样化验应在电气试验全部结束24h后再进行，这是因为套管电容芯体潜在的局部缺陷并不能通过介损及电容量发现，而套管油化验能更好地发现电气试验对电容芯体的影响，间隔24h主要是便于油中特征气体的融合和扩散。若在电气试验前进行套管采油化验即失去了此项工作的意义。例如某站变压器新品套管局部放电量测量后再对套管油采样化验，数据如表4-5所示，虽然电容量及介损值均符合要求，但是油中乙炔含量为 $0.1\mu L/L$，表明套管还是存在一定潜在隐患。

表4-5 套管油样油色谱分析数据

设备	H_2	CO	CO_2	CH_4	C_2H_4	C_2H_6	C_2H_2	总烃
1号套管	2.3	309.3	1256.3	2.1	0.3	0.3	0.1	2.8
1号套管复测	7.6	393.1	1321.7	2.3	0.3	0.4	0.1	3.1
2号套管	5.8	325.9	1120.1	2	0.3	0.3	0.1	2.7
2号套管复测	9.7	369	1275.5	2	0.3	0.4	0.1	2.8

4.2.5 电容式套管头部密封结构应可靠，室外穿缆式套管头部宜采用将军帽结构，防止套管头部密封失效雨水进入器身发生绕组放电故障。

【标准依据】 GB/T 13026《交流电容式套管型式与尺寸》4.4.1.1 油纸变压器套管顶部设有防雨装置和观察油面变化的油位计（或油位表）。

要点解析： 电容式穿缆套管头部密封结构主要有两种，一种是将军帽结构，像帽子一样扣在套管引线头上，并通过将军帽接线柱与架空引线连接，如图4-17所示；另一种是顶套结构，是将套管引线头直接穿出并直接与架空引线连接，如图4-18所示。顶套结构与导杆式套管头密封结构相似，如图4-19所示，其中导杆式套管的导电杆固定牢固，不存在晃动量，而顶套结构是穿缆引线配置的导电杆，由于下端引线无法固定，故用手晃动导电杆是存在晃动量的。

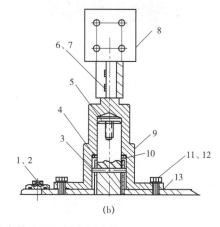

(a)　　　　　　　　　　　　　　(b)

图4-17 穿缆式套管头将军帽密封结构

（a）实物图；（b）结构图

1—注油塞；2—口形圈；3—定位销；4—尼巴垫；5—引线接头；6—螺栓；7—弹簧垫圈；
8—接线板；9—接线头（将军帽）；10—垫圈；11—螺栓；12—弹簧垫圈；13—密封垫圈

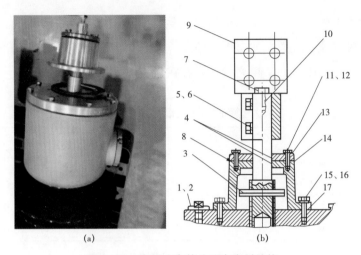

图4-18 穿缆式套管头顶套密封结构

(a) 实物图；(b) 结构图

1—注油塞；2—密封垫；3—定位销；4—O形密封圈；5—螺栓；6—弹簧垫圈；7—螺栓；8—密封垫；9—接线板；
10—引线接头；11—螺栓；12—弹簧垫圈；13—顶套盖；14—顶套；15—螺栓；16—弹簧垫圈；17—密封垫

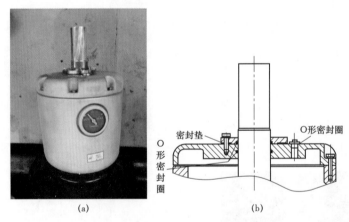

图4-19 导杆式套管头部密封结构

(a) 实物图；(b) 结构图

　　将军帽结构与顶套结构相比，不同之处有：①密封位置不同，前者密封仅一处，即将军帽底部平面与安装底座密封，后者密封3处，分别为顶套与安装底座密封、套管引线头与顶套密封、套管引线头与顶套盖密封；②防雨效果不同，前者顶部不受雨水冲刷，即使密封不良，由于套管倾斜安装或安装基座有一定防积水高度，发生雨水进入器身的概率相对较低，而后者顶部受雨水冲刷，且引线头在风力作用下存在摇摆现象，套管引线头与顶套、顶套盖之间的密封胶圈经常摩擦晃动，密封失效概率较大；③载流发热不同，前者多存在套管引线头与将军帽因螺纹连接不良的发热问题（其直接原因是螺纹连接失去预紧力，连接螺纹存在晃动量），而后者基本不存在载流发热问题，这是顶套结构的优点。

综上考虑，从套管安全运行角度考虑，室外电容式穿缆套管头部宜采用将军帽结构，不宜采用顶套结构，尤其是套管整体高度高于储油柜油位的情况。另外，也有建议对于套管高度高于储油柜时采用导杆式套管，这样也可有效避免套管头密封不良带来的隐患。

套管中心导管内腔直接与变压器油相通，因套管顶部高出油枕，抽真空注油后套管中心导管内部油位将高于油枕油位，套管中心导管内高出油枕的油位差在套管顶部形成负压区，套管头部密封失效后极易引起空气或水分吸入套管内部，水分可通过中心导管和引线随油路循环进入绕组绝缘发生放电故障，如图 4-20 所示。

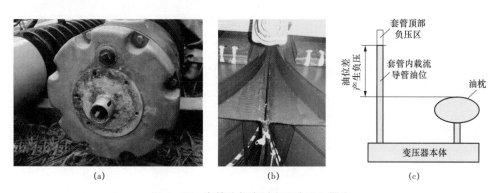

(a)　　　　　　　　　　(b)　　　　　　　　　　(c)

图 4-20　套管头部密封良雨水进入器身
（a）套管头部锈蚀；（b）器身进水；（c）变压器套管负压进水

【**案例分析**】某站 220kV 2 号变压器因套管头部密封不严导致变压器进水发生放电故障。

（1）缺陷情况。2018 年 9 月，某站监控系统发出"2#变本体重瓦斯动作"和"2#变差动保护动作"跳闸信号，本体油色谱化验乙炔气体含量超标，绕组直流电阻试验不合格，220kV 高压 A 相和 B 相套管头部密封结构内存在明显进水和锈蚀痕迹，变压器不具备投运条件，通过返厂解体检查发现：B 相调压线圈与中压线圈间近故障部位的围屏表面存在明显水痕；B 相调压线圈上端部分接引线出接头绝缘击穿，其周围包裹绝缘存在碳化和爬电痕迹，如图 4-21 所示。

（2）原因分析。现场检查绕组引线配套的导电杆直径与顶套穿孔内径公差配合不匹配，导电杆存在划痕，用手晃动导电杆存在摇晃现象，长期在架空引线风摆负荷影响下密封垫长时间摩擦导致密封不严密，最终雨水沿着导电杆进入器身内部发生绝缘放电故障。

（3）分析总结。①套管头部密封结构应可靠，对于室外电容式穿缆套管头部宜采用将军帽结构；②对室外未采用将军帽结构的穿缆式套管进行改造，将其改造为将军帽结构，如图 4-21（c）所示；③结合停电开展套管头部密封检查工作，尤其是套管整体高

（a）　　　　　　　　　　　　（b）　　　　　　　　　（c）

图4-21　套管头部密封结构内存在明显进水和锈蚀痕迹

（a）套管引线头进水；（b）套管头部顶套结构；（c）将军帽过渡结构

度高于储油柜油位的套管，可通过对本体加压0.03MPa方法检查套管头部是否渗漏，当套管头部存在渗漏油时，说明其头部密封不良。

4.2.6　套管头部导电杆采用螺纹连接结构时，应确保螺纹连接部位沿套管轴向有一定的紧固力，防止因松动导致接触电阻过大而发热。

【标准依据】无。

要点解析：由于螺纹连接结构存在固有的结合间隙，当制造公差配合不当时，间隙将会较大，这将严重影响导电接触性，而光滑的导杆连接并不存在此问题，通常10～35kV纯瓷充油套管穿缆引线导电头和220kV及以上导杆式套管均采用光滑导杆结构。而对于110～220kV穿缆套管，其绕组导电头多采用螺纹连接结构，例如绕组引出线导电头与将军帽连接结构，此时就要求绕组引出线导电头通过预紧力部件使其与将军帽接触并固定可靠，通常厂家会在绕组引线头与将军帽之间设计一种预紧力紧固部件，比较常见的样式如图4-22所示，在沿套管轴向预紧力作用下，导电头的螺纹与将军帽的螺纹间隙的上部始终受力接触，这样就避免了因松动导致接触电阻过大而发热的问题。

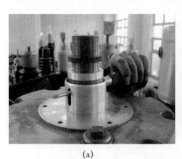
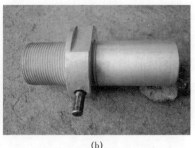

（a）　　　　　　　　　　　　　　（b）

图4-22　螺纹连接的绕组引线头与将军帽的紧固力组件

（a）导电头胶木垫与铝环预紧力部件；（b）导电头上的卡环预紧力部件

4.2.7 电容式穿缆套管引线头应使用专用配套钢制销子固定，销子与销孔尺寸配合应符合要求，防止销子发生变形或脱落。

【标准依据】 无。

要点解析： 电容式穿缆套管是将配置导杆（引线头）的绕组引出线穿过套管中心管，并与套管头部出线结构连接，导杆上部设计一个圆形穿孔，套管油枕上方基座设计一个长形穿孔，销子穿过基座长孔和导电杆圆孔即可将绕组引出线的固定，如图4-23所示。其作用为：①将穿缆引线导杆进行固定并防止其掉落；②在拆装套管将军帽时，绕组引出线不会受力扭曲；③将军帽能紧固到位，防止套管头部密封不良或者导杆接触不良等隐患的发生。

(a)　　　　　　　　　　(b)

图4-23　电容式穿缆套管引线头、销子与销孔的配合
（a）引线头固定示例一；（b）引线头固定示例二

套管的穿缆引线头应通过专用钢制销子固定，不同型号套管之间不能互换，同时也不能自制销子替代，这是考虑销子的长度、粗细强度等会造成其变形或脱落，销子的长度应不短于基座孔间距与基座外壁至将军帽内壁间距两者之和。

【案例分析】 220kV某站1号变压器因套管引线头销子变形导致将军帽无法拆装。

（1）缺陷情况。2019年11月，220kV某站红外测温时发现1号变压器高压C相套管接头发热85℃，A相35℃，B相31℃。

（2）处置情况。变压器停电首先开展高压绕组直流电阻试验，发现高压C相各分接位置直阻数据均超标，判断套管头内部接触不良需拆卸将军帽检查，但在拆卸过程中发现将军帽无松动迹象，即使将军帽旋转接近一圈也无法拆卸，而A相和B相将军帽均能拆卸，怀疑固定引线头的销子脱落或者变形。为防止造成C相绕组引出线扭曲损坏停止操作，经现场分析只能使用角磨砂轮进行破拆，同时应确保将军帽产生的铜粉末不进入器身，当将军帽拆卸后发现固定绕组引出线的销子已严重变形，如图4-24所示。

（3）原因分析。C相导杆固定销子与A相和B相严重不一致，C相销子非厂家配置专用销子，销子尺寸较短较细，怀疑此套管在安装时销子丢失，使用自制销子或其

图 4-24　引线导电杆销子变形

（a）拆除的将军帽；（b）将军帽破拆；（c）引线头固定销子移位；（d）拆卸下的弯曲销子

他套管销子代替。将军帽当时紧固后销子即发生变形，长期运行绕组引线头螺纹与将军帽接触不良进而发热，拆卸将军帽时又由于引线头无法固定，所以会出现旋转将军帽时带动引线一同旋转，致使将军帽无法拆卸。

（4）分析总结。①电容式穿缆套管引线头应使用厂家专用配套钢制销子固定，严禁使用其他套管销子或自制销子替代，防止销子变形及损坏；②安装套管前应检查销子与销孔尺寸配合是否符合要求，防止销子脱落。

4.2.8　电容式套管尾部均压球与中心导管应等电位且安装方向正确，防止套管尾部不均匀电场过大发生沿面放电。

【标准依据】 无。

要点解析： 电容式套管尾部均压球主要是为改善套管尾部电场分布，对油中接线端子等金具起屏蔽作用，使此区域的电场强度均匀，防止沿面闪络，同时可以减小套管尾部与器身及油箱的间距，从而缩小变压器体积。

为防止套管尾部均压球及其紧固件与带电导体不形成电位差（悬浮放电），要求其与中心导管等电位，目前绝大多数的套管厂家都设计为均压球安装基座与中心导管等电位连接，现场只需将均压球可靠安装在基座上即可实现等电位。套管尾部均压球安装是有方向的，应确保均压球能全部罩住接线端子，通常要求套管尾部均压球下部空间距离应大于上部空间距离，如图 4-25 所示，否则起不到对接线端子及其金具的电场屏蔽。当需进一步提高均压球的屏蔽电场性能，制造厂家可通过对均压球采取绝缘纸涂覆措施实现。

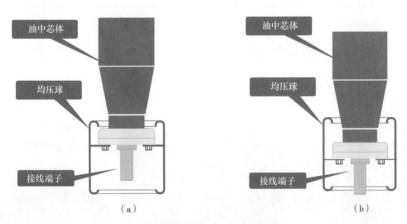

图 4-25　套管尾部均压球安装方向
（a）正确安装方向；（b）错误安装方向

4.2.9　电容式套管尾部均压球不宜采用弹簧旋转卡紧结构，防止均压球受振动力影响发生松动或脱落。

【标准依据】 无。

要点解析： 电容式套管尾部均压球不宜采用弹簧旋转卡紧结构，如图 4-26 所示，当套管运行年限较长时，弹簧容易产生弹性疲劳并对均压球紧固力变小，若变压器电磁振动力较大时（油浸电抗器尤为突出），均压球将会慢慢产生移位或倾斜，此时均压球与安装基座（接线端子或中心导管）似连非连，致使油中接线端子和中心导管产生悬浮放电。其产生的后果有：①套管尾部电场发生畸变，套管与接地部位电场强度增大；②变压器本体油裂解；③均压球存在悬浮放电或掉落器身发生放电故障。因此，

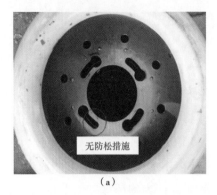
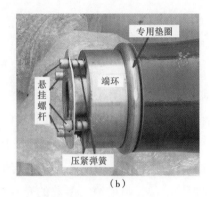

（a）　　　　　　　　　　　　　　（b）

图4-26　均压球采取弹簧旋转卡紧结构
（a）均压球结构；（b）套管尾部结构

电容式套管尾部均压球与基座连接不宜采用弹簧旋转卡紧结构。

【案例分析】某站3号油浸电抗器套管均压球掉落器身导致内部放电故障。

（1）缺陷情况。2016年5月，某站监控系统频发"3#电抗器轻瓦斯报警"动作复归信号，现场检查本体油位正常、无渗漏等异常情况，本体瓦斯气体化验无故障特征气体，该信号连续频发5天后，电抗器本体重瓦斯保护动作跳闸、压力释放阀动作喷油，器身高压侧右前方开裂起火，油箱整体变形，中部向外凸出。油箱多处加强筋开裂，高压套管附近油箱上有多处破口，高压套管的均压球落在油箱底部，球体表面过火烧黑，球内发现有多块黄铜熔块和一大块铁饼，如图4-27所示。

（a）　　　　　　　　　（b）　　　　　　　　　（c）

图4-27　套管均压球掉落器身导致内部放电
（a）油箱变形损坏；（b）器身绕组变形烧损；（c）均压球变形烧损

（2）原因分析。在电抗器长期振动的作用下，均压球因固定螺栓磨损松动、弹簧疲劳等原因导致均压球移位并最终脱落。套管尾部垫圈和端环（黄铜）脱离均压球后高场强部位失去保护，开始沿下瓷套表面向套管法兰接地套筒爬电。脱落的均压球处于悬浮电位状态，套管尾部端环边缘的尖角导致电场畸变，电场强度激增对均压球和接地套筒产生放电。绝缘油在持续的放电作用下，分解产生大量的可燃气体导致放电区域变压器油绝缘能力急速降低，极高电场强度的端环开始对线圈上部线饼发生放电，放电能量逐渐增大，造成线圈上部的部分线饼短路，短路电动力从线圈内部向外将线圈爆开。

在短路电动力的作用下，导线温度瞬时升高，急剧发生形变烧损、崩断，释放出巨大能量和冲击波，将套管瓷套冲击损坏。由于油箱内部压力的骤然增大，压力释放阀泄压能力有限，油箱严重变形并在高压出线侧爆裂，变压器油遇空气后起火。

（3）分析总结。①排查现有运行变压器及油浸电抗器套管均压球是否采取弹簧旋转卡紧结构，根据排查结果做好此类变压器及油浸电抗器的油色谱跟踪分析；②对振动较大的变压器以及油浸电抗器，优先安排对此类套管更换；③新品变压器及油浸电抗器的套管尾部均压球不宜采用弹簧旋转卡紧结构固定。

4.2.10　套管吊装时严禁通过套管尾部均压球及紧固螺栓着力受压，防止均压球及紧固螺栓损坏变形。

【标准依据】无。

要点解析：套管尾部均压球及紧固螺栓机械强度很小，稍微的着力受压即可损坏变形，同时会导致紧固均压球的螺丝及螺口损坏，如图4-28所示，如发生此类问题且无法恢复正常需更换新套管，则套管尾部均压球发生变形或掉漆时，运行中易发生局部放电；而且均压球的螺丝变形将导致松动并会产生悬浮放电，甚至存在均压球脱离套管尾部进入变压器器身的隐患。

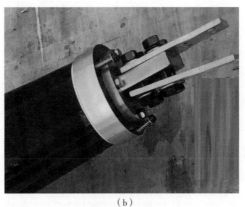

（a）　　　　　　　　　　　　　　（b）

图4-28　套管吊装过程均压球及其紧固螺丝
（a）套管尾部均压球紧固螺丝；（b）均压罩紧固螺丝受力变形

因此，在套管吊装时应将均压球及紧固螺栓拆下收集好，待套管吊装起来一定高度时，再进行均压球及紧固螺栓的安装。如果套管均压球与套管是一体安装设计无法拆除时，应做好防止均压球及紧固螺栓着力受压的保护措施。

4.2.11 电容式穿缆套管引线绝缘锥应进入套管尾部均压球内，引线应包扎绝缘且安装长度适宜，引线不宜磕碰套管中心导管。

【标准依据】 无。

要点解析： 电容式穿缆套管引线绝缘锥安装时应进入套管尾部均压球，引线锥底部应在均压球根部 50mm 以上，如图 4-29 所示。当引线锥无法全部进入套管尾部均压球时，会导致引线锥顶部绝缘厚度减小的地方无法被均压球充分保护，可能造成对相邻结构件放电。

穿缆引线应包扎绝缘且安装长度适宜，引线不宜磕碰套管中心导管，防止穿缆引线与套管中心导管相碰，产生环流使中心导管发热，发热严重套管主绝缘老化、穿缆引线绝缘包扎老化、套管油及本体油中的总烃、氢气等特征气体含量超标。

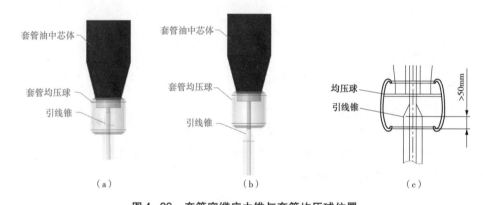

图 4-29 套管穿缆应力锥与套管均压球位置
（a）正确安装方式；（b）错误安装方式；（c）引线锥距离

4.2.12 电容式套管运行时末屏应可靠接地，防止末屏悬浮放电并导致套管损坏或爆炸。

【标准依据】《国家电网有限公司十八项电网重大反事故措施（2018 年修订版）》*9.5.9 加强套管末屏接地检测、检修和运行维护，每次拆/接末屏后应检查末屏接地状况，在变压器投运时和运行中开展套管末屏的红外检测。对结构不合理的套管末屏接地端子应进行改造。*

要点解析： 电容式套管电容芯体是在套管中心管外包绕铝箔作为电容屏，电容屏间由油浸质或其他绝缘材质作为屏间介质，靠近中心导管的第一层电容屏与中心管连接等电位，称为零屏，最外一层电容屏通过抽头与安装法兰接地，称为末屏，零屏与末屏之间有 N 层电容屏，它们之间实际不连接，在运行电压作用下相当于多个电容屏串联。

以末屏抽头为参考点将套管电容划分为电容 C_1 和 C_2 两部分，其等值电路如图 4-30（a）所示，其中 C_1 为套管主绝缘电容（C_1 由多个电容屏串联等效组成），R_1 为套管主绝缘电阻（中心导管与末屏间的绝缘电阻）；C_2为套管末屏抽头与套管安装法兰间电容，R_2为套管末屏与套管安装法兰间绝缘电阻，套管安装法兰是接地的。

当电容式套管末屏抽头接地时，运行电压全部加在主绝缘电容C_1上，而电容C_2则因为末屏抽头与安装法兰接地而被短接，不承受电压。当电容式套管末屏未接地时，套管主绝缘电容C_1增加了一个末屏对地电容C_2，其等值电路如图4-30（b）所示。根据电容分压原理可知，套管末屏对地将承担很大的电压，此时套管末屏将对安装法兰放电，首先末屏电容击穿，然后逐步向内发展烧毁并击穿靠近末屏的电容屏，剩余电容屏电场强度改变不能承受工作电压，在剩余电容屏间先贯通放电，再经中间电容屏传至安装法兰处对地放电，套管电容均压失效进而导致套管爆炸并起火。

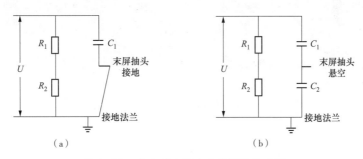

图4-30 电容式套管电容分压等值电路
（a）套管末屏抽头接地；（b）套管末屏抽头不接地

例如：某油浸纸电容式套管额定电压U_1为252kV，主绝缘电容C_1约为500pF，末屏电容C_2约为500pF，当套管末屏接地良好时，套管带电运行电压$U = U_1 = 252/\sqrt{3} = 146$kV，该电压全部由套管主电容$C_1$承担，$C_2$分压为零。当套管末屏不接地时，由于电容$C_1$和$C_2$的电容量基本相等，其承担的电压也基本相等，此时套管运行电压$U = U_1 + U_2 = 146$kV，末屏抽头需要承担运行电压的一半，约73kV电压，末屏很快会发生放电并导致末屏绝缘击穿，如果末屏故障未及时发现，故障将进一步发展并最终导致套管主绝缘击穿并发生爆炸。

4.2.13 电容式套管拆装末屏接地时应使用厂家配套专用工具，严禁使用钳子、螺丝刀及其他自制工具，防止造成末屏接地不良。

【标准依据】《国家电网有限公司十八项电网重大反事故措施（2018年修订版）》9.5.9 加强套管末屏接地检测、检修和运行维护，每次拆/接末屏后应检查末屏接地状况，在变压器投运时和运行中开展套管末屏的红外检测。对结构不合理的套管末屏接地端子应进行改造。

要点解析： 电容式套管拆装末屏接地时应使用厂家配套专用工具，严禁使用钳子、螺丝刀及其他自制工具，因为：①易导致末屏接地装置的弹簧、卡簧或夹片等单侧受力，影响弹簧、卡簧或夹片的弹性恢复，造成接地不良；②易导致金属粉末掉入末屏接地装置造成卡涩，造成接地无法恢复。

【案例分析】某站1号变压器高压C相套管末屏未使用专用工具导致末屏损坏。

（1）缺陷情况。2013年6月，某站1号变压器高压C相油浸纸电容式套管检修时发现末屏外部渗出碳化的油，套管油化验乙炔含量超标，如图4-31所示。

（a） （b）

图4-31 不规范操作导致末屏接地不良和放电
（a）使用非专用工具；（b）末屏烧灼解体图

（2）原因分析。追溯历史检修记录，经调查发现，试验人员进行套管拆/接末屏时未使用配套专用工具，而多次采用末屏罩从单侧强行挤压，造成末屏接地装置单侧受力弹簧不能自由恢复，同时铝质粉末掉落导致末屏引线柱卡涩，最终导致末屏未可靠恢复接地。同时，末屏接地恢复后又未通过万用表检测是否可靠接地。

（3）分析总结。①电容式套管拆/接末屏时应使用专用工具，严禁使用钳子、螺丝刀及其他自制工具；②每次拆/接末屏后应检查末屏接地状况，具备条件的末屏接地装置可通过万用表等手段进行检测验证；③该套管末屏接地装置已发生多起末屏接地不可靠事故，建议淘汰使用。

4.2.14 电容式套管末屏底座和末屏罩不应采用铝质等易导致螺纹咬合无法可靠接地或拆装的材质。

【标准依据】《国家电网有限公司十八项电网重大反事故措施（2018年修订版）》9.5.9 加强套管末屏接地检测、检修和运行维护，每次拆/接末屏后应检查末屏接地状况，在变压器投运时和运行中开展套管末屏的红外检测。对结构不合理的套管末屏接地端子应进行改造。

要点解析：电容式套管末屏罩能可靠拆装、可靠接地是其应具备的最基本功能，其中套管末屏底座和末屏罩材质是影响末屏可靠接地的影响因素之一。运行经验发现，套管末屏底座螺纹与末屏罩均采用铝材质时极易发生螺纹咬合问题，如图4-32所示。其原因为：①套管底座与末屏罩选用同种材质易导致螺扣咬死，螺纹损坏将导致末屏接地罩无法紧固到位；②铝材质表面易氧化形成氧化膜，若同时螺纹间隙较小，当旋紧末屏罩时，氧化膜脱落易导致螺扣咬死；③铝材质质地较软，当螺扣脏污或有金属小颗粒杂质时也易导致螺扣咬死。为此，套管末屏底座和末屏罩应选用不同材质，例如套管末屏底座选用铝合金材质，末屏罩选用不锈钢材质。

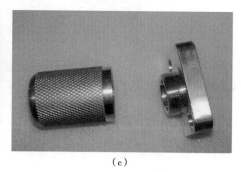

（a）　　　　　　　　　（b）　　　　　　　　　　　（c）

图 4-32　套管末屏底座和末屏罩

（a）铝制底座；（b）铝质末屏罩；（c）铝合金底座与不锈钢末屏罩

4.2.15　电容式套管末屏应避免接地装置弹簧、卡簧或夹片弹性减弱或变形，接地片氧化腐蚀等因素导致末屏接地不良。

【标准依据】《国家电网有限公司十八项电网重大反事故措施（2018 年修订版)》9.5.9 加强套管末屏接地检测、检修和运行维护，每次拆/接末屏后应检查末屏接地状况，在变压器投运时和运行中开展套管末屏的红外检测。对结构不合理的套管末屏接地端子应进行改造。

要点解析：套管末屏接地装置按接地方式可分为"外置式接地"和"内置式接地"。

套管末屏"外置式接地"是将套管末屏焊接线穿过小瓷套并通过引线柱（螺杆）引出，引线柱对地绝缘，外部通过金属连片或软线与安装法兰连接实现接地，如图 4-33 所示。其优点是套管末屏接地直观性强，同时可采用万用表导通测量或绝缘电阻试验验证末屏接地的可靠性；其缺点是：①受环境影响较大，金属连片或软线易氧化和腐蚀，接触电阻增大导致末屏接地不良；②频繁拆接接地片易造成螺杆转动漏油或末屏引线焊接点开焊；③频繁拆接接地螺丝易发生螺扣滑丝无法紧固或金属连片断裂。

综上分析，新品套管末屏接地装置不宜使用"外置式接地"方式，或对其存在的劣势加以优化，例如：末屏接地装置加装防雨罩，接地点设计冗余接地点等。

根据末屏罩是否接地将其分为两类：①防护罩，仅具备防水防潮功能不起末屏接地作用；②接地罩，不仅起防水防潮功能，还作为末屏接地使用。接地罩的优点是末

(a) (b)

图4-33 套管末屏外置式接地结构

(a) 末屏接地片接地; (b) 末屏接地片断裂

屏接地装置密封良好, 受环境影响小; 其缺点是: ①无法直观末屏是否可靠接地; ②弹簧或弹簧片长期受压存在疲劳、弹性变小, 如图4-34所示; ③未使用末屏配套专用工具导致弹簧片变形损坏或螺柱卡涩等, 如图4-35所示。

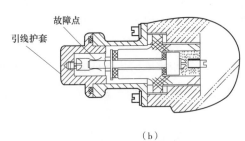

(a) (b)

图4-34 夹片式末屏接地罩

(a) 夹片实物; (b) 结构图

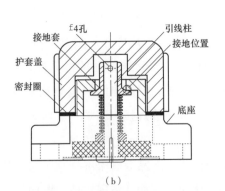

(a) (b)

图4-35 螺柱弹簧压紧结构 (末屏罩不起末屏接地作用)

(a) 实物图; (b) 结构图

运行经验表明，螺柱弹簧压紧结构和夹片式末屏接地罩缺陷及隐患较多，建议淘汰使用或定期更换末屏接地装置弹簧或夹片等易疲劳部件，卡簧式末屏接地罩和顶针式末屏接地罩缺陷及隐患较少，但前者也存在卡簧疲劳问题，如图4-36所示，对于后者可通过顶针涂导电膏，目测接地罩内顶针是否存在黑点验证接地可靠性，如图4-37所示。

（a）

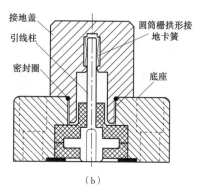
（b）

图4-36　卡簧式末屏接地罩
（a）实物图；（b）结构图

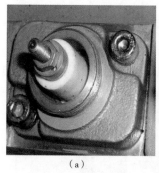
（a）

（b）

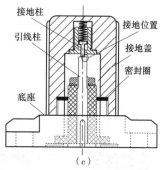
（c）

图4-37　顶针式末屏接地罩
（a）末屏引出柱；（b）末屏接地罩；（c）结构图

4.2.16　电容式套管末屏引线及接线柱应有防转动措施，防止拆装末屏接地装置时发生末屏引线焊接点开焊。

【标准依据】 无。

要点解析： 电容式套管末屏引线及接线柱未设计防转动措施前，已经采取了一些措施，例如末屏引线至接线柱长度不宜过短；引线材质上不使用硬度大的导线，防止昼夜温差变化时冷热收缩造成金属疲劳，导致末屏引线焊接点开焊等，但这并没有消除末屏引线焊接点易开焊的隐患。

为此，电容式套管末屏引线及接线柱应有防转动措施，在拆装末屏接地装置时不应造成内部末屏引线转动。同时，若发现接线柱转动时可通过套管末屏的电容、绝缘介损等试验验证末屏内部的连接情况。

4.2.17　电容式套管芯子应卷制紧固且同心度满足要求，防止电容芯体移位发生末屏引出装置接地不良。

【标准依据】无。

要点解析：电容式套管芯体应严格落实卷制工艺，防止卷制过程中漏涂黏接剂、卷制不紧、同心度不满足要求等造成电容芯体移位。对于末屏与其引出线的焊接结构，电容芯体移位易导致焊接点脱焊并导致末屏接地不良或开路，对于接地小套管（或接触导杆）与末屏接触圆片（或末屏铜带）接触结构，电容芯体移位易导致接末屏接触圆片偏心并导致末屏接地不良或开路。

【案例分析】某站1号变压器高压C相套管根部末屏接地引出装置接触不良导致绝缘电阻降低。

（1）缺陷情况。2019年7月，某站1号变压器在进行110kV油—油干式套管试验时发现，C相套管末屏绝缘为200MΩ，不满足规程要求，而其他A相和B相套管末屏绝缘均为10000MΩ，同型号同批次的三支套管末屏绝缘数值相差甚远，初步判断C相套管末屏接地装置存在异常。该油—油干式电容式套管安装在110kV油浸电缆仓内，其末屏接地装置由两部分组成，它是由套管根部的"末屏引出装置"通过二次电缆连接至电缆仓桶壁上的"末屏接地装置"。

（2）检查情况。现场首先安排对电缆仓桶壁上的末屏接地装置干燥处理，发现套管末屏绝缘电阻未发生变化，后续对电缆仓撤油，拆除套管根部末屏引出装置时发现内部及套管表面有明显烧蚀和黑色碳素痕迹，如图4-38所示。

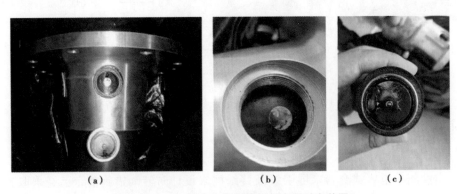

图4-38　油—油电容式套管根部末屏引出装置
（a）套管末屏外观；（b）套管根部末屏引出点；（c）末屏连接引出盖

（3）原因分析。油—油电容式套管末屏根部"末屏引出装置"拆解发现末屏导电圆片偏心，末屏盖顶杆与其接触不良并导致内部悬浮放电烧灼，怀疑套管电容芯体发生芯体移位，或导电圆片设计位置不合理。

（4）分析总结。①加强套管末屏介损及绝缘电阻的测量工作，对比出厂试验及交接试验数据，发生数据偏差较大时应查明原因方可投运；②应加强此末屏结构新品套管的验收工作，检查套管根部末屏圆片是否存在移位或偏心现象。

4.2.18 油浸电容式套管宜通过位于安装法兰的取油阀取油，但应避免因频繁取油样造成内部负压，未设计安装法兰取油阀可通过头部注油孔取油。

【标准依据】《国家电网有限公司十八项电网重大反事故措施（2018 年修订版）》9.5.7 新采购油纸电容套管在最低环境温度下不应出现负压。生产厂家应明确套管最大取油量，避免因取油样而造成负压。GB/T 13026《交流电容式套管型式与尺寸》4.4.1.1 根据用户需要，在中部安装法兰上一般还设置有用于抽取套管内油样的取油阀。

要点解析：根据 GB/T 13026《交流电容式套管型式与尺寸》4.4.1.1 规定可以看出，此规定并未对套管安装法兰取油阀和头部注油孔进行详细规定。

运行经验表明，套管安装法兰取油阀和头部注油孔两者均有很大作用：①套管取油宜通过套管安装法兰取油阀，套管头部油枕油样色谱分析数据明显低于套管安装法兰取油阀油样的色谱分析数据，这是因为套管头部油枕内的油是通过补油连通管对电容芯子油室进行补油的，电容芯子油样异常并不能很快与油枕内的油进行平衡，只有电容芯子过热或放电类缺陷较为严重时才能发现；②频繁通过套管安装法兰取油阀取油肯定会造成套管内部负压，为防止套管内部负压过大头部密封不严进水受潮问题，可参考套管厂家最大取油量并计算频次，达到取油量上限时，应打开套管头部油枕注油孔进行内部压力平衡，检查缺油量进行补充套管专用油，再更换套管头部油枕注油孔密封垫。

【案例分析】某站 110kV 2 号变压器高压 A 相套管返厂前后套管油样化验值不一致。

（1）缺陷情况。2016 年 5 月，在对 2 号变压器的例行试验中发现 A 相高压套管主屏电容量和介损超标，实测电容量与交接试验数值相比增大 28%，超出规程注意值 5%，介损 1.178%，超出规程注意值 0.7%。对三相高压套管头部取油样进行色谱分析，数据如表 4-6 所示。

表 4-6　　　　　　　　　　现场套管油色谱检测数据　　　　　　　　（μL/L）

相别	H_2	CH_4	C_2H_6	C_2H_4	C_2H_2	CO	CO_2
A	921	987.9	199.7	217.8	23.4	1271	287
B	34	16.9	21.8	1.6	0	121	206
C	43	14.8	21.9	0.3	0	70	142

现场安排对异常套管更换并返厂解体，到达厂家解体前安排一次油样化验，发现油样数据有增大现象，对 A 相高压套管取油样进行色谱分析数据如表 4-7 所示。

表 4-7　　　　　　　　返厂套管油色谱检测数据　　　　　　（μL/L）

相别	H_2	CH_4	C_2H_6	C_2H_4	C_2H_2	CO	CO_2
A	1208.48	308.2	1004.17	906.21	85	3233.14	523.14

（2）原因分析。返厂套管油色谱数据与现场检测结果存在一定差异，分析认为，套管在运输过程中平放，头部油枕内的油与电容芯油室的油进行充分交换，油中溶解气体再次平衡，从而导致返厂检测数据较高。

（3）分析总结。油浸电容式套管宜从安装法兰取油阀处取油，但应避免套管内部产生负压。从头部注油孔处取油，应关注套管油色谱数据的发展趋势，不能仅关注是否超过注意值。

4.2.19　油浸电容式套管油枕注油孔应有防积水措施，拆装注油孔封堵后应更换密封垫，防止密封不严发生套管芯体受潮或进水。

【标准依据】《国家电网有限公司十八项电网重大反事故措施（2018 年修订版）》9.5.8 结合停电检修，对变压器套管上部注油孔的密封状况进行检查，发现异常时应及时处理。

要点解析：由于油浸电容式套管油枕注油孔频繁拆装、且直接暴晒于阳光下，在套管头部密封结构中属于一个薄弱环节，为此应重点做好此处密封的管控：①套管油枕注油孔及其密封结构设计应合理，密封垫和密封槽应匹配，注油孔不应存在积水现象，例如有些厂家制定反措对注油孔设计一个台阶，防止积水现象，还有些厂家取油阀设计在油位视窗侧，当倾斜安装时不宜被雨水直接冲刷，另外也可避免紫外线照射对密封垫老化的影响等；②考虑密封垫拆解后必然失去原有弹性密封效果，为保证密封垫的压缩弹性效果，对于拆装注油孔封堵后必须更换新密封垫；③结合停电工作应开展套管油枕注油孔的密封状况检查工作，发现异常时应及时处理。

4.2.20　油浸电容式套管宜选用指针式油位计，套管垂直安装时油位不宜低于 1/2，倾斜安装时油位不宜低于 2/3。

【标准依据】DL/T 1539《电力变压器（电抗器）用高压套管选用导则》4.1c）对于套管为垂直安装方式时，其套管的轴线与垂直线的安装夹角不超过 30°；对于套管为水平安装方式时，其套管的轴线与水平线的安装夹角不超过 15°。

要点解析：油浸电容式套管油位监测的方式主要两种：①"直接油位显示"，它是通过玻璃视窗或棱镜效果直接观察套管油枕中的油位，对于棱镜油位显示而言，当满油时将看不到棱镜；②"间接油位显示"，它是通过油位表间接指示套管油枕中的油位，其原理与储油柜油位计相似，如图 4 - 39 所示。两者对比分析，前者在玻璃窗脏污、阳光照射、套管视窗较高时，存在无法看清具体油位指示，运行经验表明这种缺陷率较高，而后者采用较大的圆形视窗，且指针可宜观察，完全避免了以上的干扰因素，但后者应避免油位计损坏对其油位的观测，运行经验表明这种缺陷率很低，如果发生指针为最大或最小时，往往是浮球或者齿轮损坏。综上考虑，为更好地做好套管油位的观测，套管油位指示宜选用指针式油位计。

(a)   (b)   (c)

图 4-39 油浸电容式套管油位指示结构
(a) 单棱镜结构；(b) 双棱镜结构；(c) 油位计结构

油浸电容式套管一般为垂直安装方式，有些套管安装时需考虑套管接线端子空气净距，因此会有一定倾斜角度，为考虑倾斜时油位指示升高而实际油枕油位并不高的问题，根据运行经验，套管垂直角度安装时油位不宜低于 1/2，倾斜安装时油位不宜低于 2/3。

另外需要说明的是，油浸电容式套管安装时，油位指示装置必须面向变压器外侧，否则不易观察套管油位指示装置，同时可能无法实现对套管电容芯子补油，即使套管油枕有一定油位。

4.2.21 油浸电容式套管油位趋于最高或最低时应检查套管是否存在内渗或外渗，本体加压试漏发现套管油位异常时应尽快更换。

【标准依据】 DL/T 393《输变电设备状态检修试验规程》5.6.1 高压套管巡检，外观检查无异常，油位及渗漏油检查无异常。

要点解析： 油浸电容式套管芯子油与本体器身油相互独立，套管油位主要受环境温度影响但变化幅度不大，当套管油位趋于最高或最低时，其造成的影响主要有：①指针式油位计损坏；②套管发生内渗漏；③套管发生外渗漏。

油浸电容式套管外渗漏将会导致套管油位趋于低位，导致油位缺失主要涉及两个部位：①套管油枕与上瓷套结合部位；②安装法兰与上瓷套结合部位。其中后者油缺失严重可造成套管芯体内部发生放电甚至爆炸。目前，安装法兰与上瓷套的连接方式常见的有两种：胶装上瓷套带法兰结构和非胶装上瓷套结构，前者上瓷套胶装有法兰，除上瓷套与法兰靠弹簧反弹力实现紧固连接外，还通过瓷套法兰与套管安装法兰螺栓紧固连接，如图4-40（a）所示。后者上瓷套不带金属法兰，上瓷套与安装法兰靠弹簧反弹力实现紧固连接，如图4-40（b）所示。

(a)   (b)

图4-40 上瓷件与套管法兰之间连接方式
（a）浇装上瓷件带法兰结构；（b）非胶装上瓷件结构

油浸电容式套管发生内渗漏时，若套管头部油枕高度高于本体储油柜油枕油面高度时，套管油位会趋于最低；若套管头部油枕高度低于本体储油柜油枕油面高度时，套管油位会趋于最高。发生此类现象应考虑套管存在内渗漏，其渗漏部位主要有：套管上、下瓷套与金属部件结合部位；套管头部及尾部与中心导管密封部位；套管尾部注油孔，又称排油孔。

当怀疑套管发生内渗或外渗时，可通过本体加压0.03MPa，检查套管是否存在渗漏油，套管油位是否发生变化等现象来判断，对于套管油位已趋于高限的情况可撤部分油再观察。当确定套管存在内渗或外渗时应尽快更换，防止套管存在内部负压进水受潮、内部缺油等缺陷导致套管故障。

【案例分析】某站3号变套管下瓷套放油堵密封不良导致套管发生内渗漏。

（1）缺陷情况。某站110kV 3号主变压器停电开展套管采油样化验工作，采油样过程中发现高压侧B相套管严重缺油，油位视窗显示无油位，如图4-41（a）所示。

（2）处置情况。现场打开套管上部取油孔用针管进行取油，发现30cm长取油管难以从上部触及套管内部油面，打开套管中部安装法兰放油堵并未有油流出，说明套管上瓷套部分已处于无油状态，如图4-41（a）所示。安排套管介损及电容量试验发现，套管介损值由交接试验的0.291%增至本次试验的0.75%，套管电容值由交接试验的

391.4pF 减小至本次试验的 343.1pF，套管电容及介损值严重超标，需对 B 相套管进行更换。

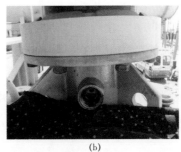

(a)   (b)

图 4-41　电容式套管无油检查情况

(a) 油位视窗显示无油位；(b) 套管安装法兰取油堵

（3）原因分析。通过对故障套管加油压试漏时发现，套管下瓷套尾部放油堵密封不良，如图 4-42 所示，有渗油现象，且该套管的高度高于储油柜最低油位，在油压差作用下，套管内部的油泄漏至本体油箱。

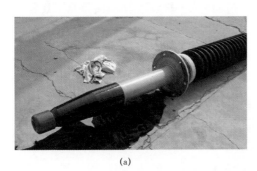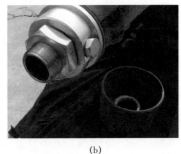

(a)   (b)

图 4-42　异常套管检查情况

(a) 异常套管下瓷套部分；(b) 拆除均压罩内部结构

（4）分析总结。①加强电容式套管油位的巡视检查，对于套管油位视窗模糊无法观测时应通过红外测温成像与其他套管对比分析，发现套管油温分层或者套管之间温差大于 3K 时应引起注意；②加强套管周期性采油样化验、套管介损和电容量试验工作，发现异常及时分析并处理。

4.2.22　油浸电容式套管应定期开展套管油色谱分析，怀疑内部受潮时还应开展套管油含水量和击穿电压检测。

【标准依据】DL/T 393《输变电设备状态检修试验规程》5.6.2.1 在怀疑绝缘受潮、劣化或者怀疑内部可能存在过热、局部放电等缺陷时进行油中溶解气体分析，乙炔≤1μL/L（220kV 及以上），乙炔≤2μL/L（其他）；氢气≤500μL/L；甲烷≤100μL/

L。DL/T 722《变压器油中溶解气体分析和判断导则》9.3.1 套管油中溶解气体含量注意值氢气≤500μL/L；乙炔≤1μL/L（330kV 及以上），乙炔≤2μL/L（220kV 及以下）；总烃≤150μL/L。

要点解析：油浸电容式套管内部异常主要有：绝缘受潮、缺油、过热或局部放电等。对于绝缘整体受潮、缺油、电容屏击穿等通过套管的绝缘电阻、介损及电容量试验均能有效识别，但对于内部过热或局部放电等缺陷则灵敏度稍差，但套管油中溶解气体检测对绝缘受潮、内部过热或局部放电等缺陷能在发展初期及时发现，是套管早期异常或故障检测十分有效的手段。因此，油浸电容式套管应定期开展套管油样色谱分析。

由于套管是全密封设备，密封良好情况下套管不会存在受潮问题，但发现套管头部密封渗漏油、密封垫老化、取油堵未拧紧或介损值超标等异常，怀疑套管内部受潮时应开展套管油含水量和击穿电压检测。根据 DL/T 1539—2016 电力变压器（电抗器）用高压套管选用导则 6.8 中相关规定。套管油中含水量 363kV 及以下套管≤15mg/kg；含水量 500kV 及以上套管≤10mg/kg。套管油击穿电压 363kV 及以下套管击穿电压≤50kV/2.5mm；500kV 套管击穿电压为 60kV/2.5mm；750kV 套管击穿电压为 70kV/2.5mm。

4.2.23 油浸电容式套管油中溶解气体和 SF_6 气体套管成分的检测值或增长率超注意值时，应查明原因，判断放电类故障应立即更换。

【标准依据】 DL/T 722《变压器油中溶解气体分析和判断导则》9.3.1 套管油中溶解气体含量注意值氢气≤500μL/L；乙炔≤1μL/L（330kV 及以上），乙炔≤2μL/L（220kV 及以下）；总烃≤150μL/L。

要点解析：油浸电容式套管油中溶解气体或 SF_6 气体套管成分检测超注意值时，应根据 DL/T 722《变压器油中溶解气体分析和判断导则》进行分析，判断为放电类故障时应立即更换，判断为过热性故障时，如备品套管具备时宜尽快更换，这主要是防止因套管内部异常逐步发展为故障，导致套管爆炸起火。

【案例分析】 某站 2 号变压器 110kV 套管油中溶解气体特征气体总烃超标。

（1）缺陷情况。2020 年 6 月某站 2 号变压器综合检修，在对 110kV 套管采油化验时发现 B 相套管总烃为 305.8μL/L、乙烯为 285.4μL/L，如表 4-8 所示，B 相套管总烃超过 DL/T 722《变压器油中溶解气体分析和判断导则》和 GB/T 24624《绝缘套管油为主绝缘浸渍介质套管》中溶解气体分析（DGA）的判断导则注意值，即：总烃＞150μL/L。

表4-8 110kV B 相套管油中溶解气体分析 （μL/L）

试验日期	试验原因	H_2	CO	CO_2	CH_4	C_2H_4	C_2H_6	C_2H_2	总烃	试验结论
2014. 4. 24	例行	0	194.7	3606	4.6	101.6	2.6	0	108.8	合格
2020. 6. 3	例行	28.9	1130.7	6563.9	20.4	285.4	0	0	305.8	不合格
2020. 6. 3	复测	19.3	927.1	5650.7	17.6	252.9	0	0	270.5	不合格

（2）检查情况。三比值法分析气体特征值编码为002，异常原因类型为：过热异常，温度大于700℃。为防止异常套管内部过热导致绝缘裂化，现场安排进行更换，将拆卸的套管进行解体试验，解体前安排套管绝缘、介损、工频耐压及局放试验均合格，解体发现套管末屏焊接点存在黑色过热点、且末屏引线护套塑料过热变形，如图4-43所示。

（a） （b） （c）

图4-43 套管电容芯体解体情况
（a）电容芯体；（b）末屏烧灼点；（c）末屏引线护套变形

（3）原因分析。①套管末屏引线至末屏接地小套管接线柱长度过短、热胀冷缩会影响到末屏与引线的焊接质量；②末屏接地装置无防转动措施，接线柱及引线扭动均会导致焊接点脱焊，断股、虚接等导致接触不良发热；③套管出厂时末屏与引线焊接就存在质量隐患。

（4）分析总结。①应观察套管油中总烃含量发展趋势，不能仅仅关注是否超过注意值进行判断，当气体含量增长率较快时应考虑对套管更换；②梳理所辖站变压器套管油色谱分析结果，重点关注总烃含量超过100μL/L的套管，必要时进行更换。

4.2.24 油浸电容式套管宜室内立式存放，水平存放套管头部油枕应有一定抬高角度且油位计应面向下方。

【标准依据】无。

要点解析：油浸电容式套管存放应符合制造厂的规定：①确保套管不存在进水受潮现象；②确保套管电容芯子长期浸油。具体注意事项如下：

（1）备品套管宜室内立式存放，室内可避免套管密封不良进水受潮隐患、受环境影响较小，套管立式放置且油位正常时能确保电容芯体全部浸没在油中，芯体不会受潮和产生气隙。套管水平存放时，套管头部油枕应有一定抬高角度且油位计应面向下方，即油枕与电容芯体连接补油口应位于下方，如图4-44所示，这样能确保油枕内的气体不会通过补油口进入电容芯体油室。电容芯体补油口一般设计在油枕底部靠近油位计一侧，这是因为，套管安装时有一定倾斜角度，这样能确保套管油枕的油能绝大多数的补充至电容芯体油室。

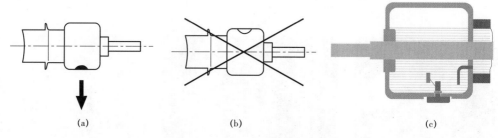

图4-44　油浸电容式套管水平存放
（a）套管油枕抬高并油位计朝下；（b）油位计朝上错误的存放；（c）套管储油柜芯体注油管及油位计布置图

（2）套管存放前必须按照GB/T 50150《电气装置安装工程电气设备交接试验标准交接试验》15.0.1（绝缘、介损、电容量、交流耐压和套管油化验）合格后方可存放，不合格套管应报废，随后每3年按照DL/T 393《输变电设备状态检修试验规程》5.6.1进行套管例行试验项目（绝缘、介损、电容量和套管油化验），确保套管在事故抢修安装前不必再进行套管相关试验工作。

4.2.25　油浸电容式套管事故抢修安装前，如有水平运输或存放情况，安装就位后，带电前必须进行一定时间的静放，其中1000kV应大于72h，750kV套管应大于48h，500（330）kV套管应大于36h，110（66）~220kV套管应大于24h。

【标准依据】《国家电网有限公司十八项电网重大反事故措施（2018年修订版）》9.5.5油浸电容型套管事故抢修安装前，如有水平运输、存放情况，安装就位后，带电前必须进行一定时间的静放，其中1000kV应大于72h，750kV套管应大于48h，500（330）kV套管应大于36h，110（66）~220kV套管应大于24h。

要点解析：油浸电容式套管安装前，应优先选用立式放置且近三年套管例行试验（绝缘、介损、电容量和套管油化验）合格的套管，如仅能选用水平放置的套管，如发现电容芯子长时间（一年以上）未浸没在油中，在安装使用前必须进行套管立式静放一定时间后，除进行套管例行试验外，还应增加套管诊断性试验（套管交流耐压和局部放电），试验后应重新进行套管例行试验（绝缘、介损、电容量和套管油化验），以确保套管内部不存在放电类缺陷。这是因为，比较严重的电容芯子缺油，即使满足静放时间也有存在电容芯子因气隙而发生局部放电的概率。

因套管运输过程中避免不了水平运输情况，故套管安装带电前必须进行一定时间的静放，这主要是考虑在运输过程中，套管油会晃动并在油中形成微小气泡，防止套管投运后油中或依附于电容屏上的气泡发生放电。若考虑及时恢复电网运行方式，可提前将套管运输至现场并立式放置，可以通过此方式替代套管安装就位后的静放时间。电容式套管带电前应根据电容芯体积考虑静放时间，其中 1000kV 应大于 72h，750kV 套管应大于 48h，500（330）kV 套管应大于 36h，110（66）~220kV 套管应大于 24h。

4.3 纯瓷充油套管管控关键技术要点解析

4.3.1　纯瓷充油套管应选用法兰一体结构，头部采用铜质压碗或压盖紧固密封，防止瓷套与金属构件直接接触受力发生瓷套破裂。

【标准依据】无。

要点解析：纯瓷充油套管结构设计应确保不存在瓷套与金属构件直接接触受力现象，瓷套因此破裂漏油的部位主要有：①套管头部通过金属螺栓直接接触紧固瓷质压碗或压盖；②导电杆金属卡头直接放在瓷套卡口定位处；③瓷套与油箱密封通过金属压爪直接接触紧固密封。

针对以上因素，导致漏油的原因主要是金属构件受热膨胀系数与瓷套受热膨胀系数不一样，两者直接接触时，当受热膨胀或引线拉力不均匀时，必定会导致瓷套受力破裂漏油，具体表现为：①导电杆卡头与瓷套卡口定位处如果与引线拉拽方向不一致，当金属卡头与瓷套触碰时易发生瓷套破裂；②压碗或压盖设计尺寸不合理（与瓷套不匹配），紧固顶部压盖后，金属构件与瓷套间隙较小，无膨胀缓冲裕度；③压爪结构的压块是点接触，抗弯强度低用力过大易损坏瓷套，密封圈压力不足易导致瓷套破裂漏油。变压器内部压力急剧增大时，此处将成为最薄弱环节，易发生瓷套开裂喷油。

为避免发生以上问题，要做到：①纯瓷充油套管头部应选用铜质压碗或压盖紧固密封；②导电杆选用绝缘定位圈与瓷套定位，不在瓷套上设计卡口；③套管头部安装紧固后应检查金属压盖与瓷套的间隙裕度符合要求；④选用带安装法兰的纯瓷充油套管，淘汰使用压爪密封结构套管。

【案例分析】某站 2 号变压器铁芯接地套管压盖与瓷套间隙过小导致瓷套破裂漏油。

（1）缺陷情况。2019 年 10 月，发现某站 2 号新品变压器大盖及地面一片油，经检查，漏油处为箱顶铁芯接地套管上瓷套压碗处，套管头部瓷套存在严重开裂现象，如图 4-45 所示。

图 4-45 铁芯接地套管发生渗漏油

（2）原因分析。解体检查分析为套管压碗或压盖设计尺寸与瓷套不匹配，金属构件与瓷套接触无间隙，无膨胀缓冲裕度，金属构件受热膨胀系数与瓷套受热膨胀系数不一样，环境温度骤变时导致瓷套破裂漏油。

（3）分析总结。①纯瓷充油套管头部安装紧固后，应检查金属压盖与瓷套的间隙裕度符合要求，禁止使用瓷套与金属构件直接接触受力的套管；②在环境温差变换较大或寒冷冬季，应加强纯瓷充油套管是否渗漏油的专项巡检工作，发现问题及时处理；③将同批次变压器配置的此类套管均更换为带安装法兰的纯瓷充油套管。

4.3.2 纯瓷充油套管头部应设计放气塞，在工频耐压试验及变压器带电运行前应将内部积聚气体排出，防止瓷套击穿损坏。

【标准依据】DL/T 573《电力变压器检修导则》10.1.1 放气通道畅通、无阻塞，更换放气塞密封圈并确保密封圈入槽。

要点解析：纯瓷充油套管主绝缘为变压器油及绕组引出线绝缘，有的还在引出线上套装复合绝缘管以提高主绝缘强度。对于 20~40.5kV 纯瓷充油套管，如内部为空气腔，在较高的电压下空气腔将发生电晕，套管容易发生滑闪，因此要求该电压等级纯瓷充油套管顶部应设置放气堵。在交变电场下，当引线或导电杆居中时，可按同轴圆柱电场计算各区域电场强度，套管内部引出线或导电杆周围的电场强度为

$$E = \frac{U}{r_1 \varepsilon_1 \left(\dfrac{\ln \dfrac{r_2}{r_1}}{\varepsilon_1} + \dfrac{\ln \dfrac{r_3}{r_2}}{\varepsilon_2} \right)}$$

式中：U 为套管试加电压；r_1 为导电杆半径；r_2 为油腔（或空气腔）半径；r_3 为瓷套半径（不含瓷裙），如图 4-46（a）所示。

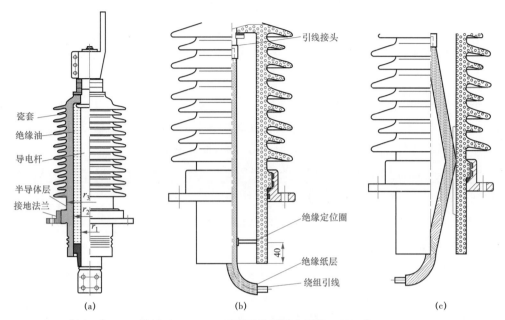

图 4-46　纯瓷充油套管绝缘电场场强设计示意
（a）导杆式纯瓷充油套管绝缘结构；（b）穿缆式纯瓷套管引线正确布置；（c）穿缆式纯瓷套管引线错误布置

以 24kV 纯瓷充油套管为例，根据同轴圆柱电场公式，纯瓷充油套管为空气腔的电场计算数据如表 4-9 所示。

表 4-9　　　　　　　　纯瓷充油套管为空气腔的电场计算

r_1 (mm)	r_2 (mm)	r_3 (mm)	ε_1 (空气)	ε_2 (电瓷)	$\ln(r_2/r_1)/\varepsilon_1$	$\ln(r_3/r_2)/\varepsilon_2$	试加工频电压 (kV)	导电杆表面场强 (kV/mm)
21	55	75	1	6	0.96	0.05	55	2.58
26	55	75	1	6	0.75	0.05	55	2.64
30	55	75	1	6	0.61	0.05	55	2.79
40	65	85	1	6	0.49	0.04	55	2.59
50	75	95	1	6	0.41	0.04	55	2.47

注　油的介电常数 ε 为 2.2，瓷套的介电常数 ε 为 6，空气的介电常数 ε 为 1。

可以看出，导电杆表面场强接近空气的临界击穿场强为 2.5~3kV/mm，套管内空气腔可能会击穿，此时电压将全部加在套管上并使瓷套也可能击穿，因此，较高电压等级的纯瓷充油套管工频耐压试验前应排出内部积聚气体，防止瓷套击穿损坏。

如果引线靠近接地法兰处瓷壁，则此处电场发生畸变，形成类似于球对平板的电极，则其最大电场强度计算公式为

$$E = 0.9U\frac{(r+d)}{rd}$$

式中：U 为套管试加 1min 工频电压；r 为导电杆半径；d 为球极与平板间距。

若 $U = 55\text{kV}$，$r = 15\text{mm}$，$d = 2\text{mm}$，则电场强度 $E = 28.05\text{kV/mm}$，由于油浸皱纹纸介电常数只有瓷套一半，绝缘层将承受很高的电压，会先被击穿，此时瓷套场强将达到 28.05kV/mm 以上，远大于瓷质的击穿场强 10～20kV/mm，瓷套也将会被击穿。因此，应使用绝缘定位圈使纯瓷充油套管导线居中，防止磕碰瓷套。

考虑变压器运行中存在过电压，为避免瓷套发生滑闪放电击穿损坏，变压器带电前也同样要求将纯瓷充油套管内部的积聚气体排出。

4.3.3 纯瓷充油套管安装法兰胶装部位应黏合紧密并外涂防水胶，防止胶装部位进水结冰导致瓷套开裂跑油。

【标准依据】GB/T 50148《电气装置安装工程电力变压器、油浸电抗器、互感器施工及验收规范》4.8.8 电容式套管应经试验合格，套管采用瓷外套时，瓷套管与金属法兰胶装部位应牢固密实并涂有性能良好的防水胶，瓷套管外观不得有裂纹、损伤；套管采用硅橡胶外套时，外观不得有裂纹、损伤、变形；套管的金属法兰结合面应平整、无外伤或铸造砂眼；充油套管无渗漏油现象，油位指示正常。

要点解析：纯瓷充油套管与油箱密封结构主要有压爪式密封结构和法兰式安装结构两种，目前均要求采用后者。纯瓷充油套管瓷套与安装法兰是通过胶装材料固化一体，胶装材料一般采用不低于 500 号的硅酸盐水泥，个别场合中也有采用其他胶合剂如甘油氧化铅、硫磺石墨胶合剂、环氧树脂等。为了降低水泥膨胀所引起的膨胀应力，防止温度变化导致胶装部位开裂，在胶装时需增加沥青材料，沥青常用于水泥胶装的缓冲层（涂于胶装瓷面和金具上）和防潮层（涂于水泥表面）。

法兰式纯瓷充油套管应避免安装法兰应力磕碰，胶装材料不合格等导致胶装部位开裂，在安装前应仔细检查胶装部位是否黏合紧密，防止胶装部位开裂雨水进入结冰，结冰膨胀会导致瓷套开裂并发生大跑油现象，为避免以上问题发生，在套管安装法兰与瓷套胶装外部还应涂一层防水胶。

运维检修工作中，工作人员应做好纯瓷充油套管安装法兰胶装部位是否开裂、是否漏油的专项巡视检查工作，如发现胶装部位仅存在开裂现象时应及时涂防水胶，防止进一步发展导致渗漏油。

4.3.4 纯瓷充油套管新品安装时应整体更换套管头部密封件，验收时应做好套管头部密封紧固校核，防止寒冷季节套管头部发生渗漏油。

【标准依据】无。

要点解析：目前，纯瓷充油套管均采用法兰一体结构，新品套管出厂时均为组装一体，出厂时头部密封往往紧固力矩较小，这主要是考虑套管长期存放密封垫受压紧力过大易导致密封垫弹性量减弱，密封失效。运行经验表明，在寒冷季节新品纯瓷充油套管头部渗漏油缺陷量较大，在套管头部密封结构合理的前提下，其渗漏油的主要原因有：①套管头部密封紧固不良，未采取紧固校核工作；②套管密封垫压缩变形量过大，导致密封垫失去内应力，在寒冷天气无法回弹，这样，在寒冷季节或外力不均压拉拽下，密封垫与结构件出现密封缝隙，最终导致套管头部发生渗漏油，为此，纯瓷充油套管新品安装时应整体更换套管头部密封紧固件，验收时为避免松动，应使用力矩扳手校核紧固力是否满足要求。

【案例分析】某站新品 2 号变压器 10kV 套管 a 相头部紧固不到位发生渗漏油。

（1）缺陷情况。2017 年 2 月，运维人员巡视发现新品 2 号变压器 10kV 套管 a 相头部存在漏油，大约 10s 一滴，油枕油位正常，其他部位未发现渗漏现象，如图 4 - 47 所示。

(a)　　　　　　　　　　　　　　(b)

图 4-47　变压器 10kV 套管头部渗漏油
（a）三相 10kV 套管头部渗漏油情况；（b）10kV 套管 a 相头部渗漏油

（2）检查情况。停电对 10kV 套管 a 相检查，拆下套管绝缘外护套后发现套管 a 相头部压帽已偏离上瓷套，头部锁母存在明显松动的情况，检查密封垫材质为丙烯酸酯橡胶，已无压缩变形量，现场将其更换为丁晴基橡胶密封垫。

（3）原因分析。10kV 纯瓷充油套管在安装及验收时未对套管头部密封结构核实是否紧固到位，在寒冷冬季环境温度较低时，由于套管头部锁母松动，压缩量较小的密封垫收缩最终导致套管头部密封不良发生渗漏油。

（4）分析总结。①纯瓷充油套管密封垫严禁使用丙烯酸酯橡胶材质；②纯瓷充油套管新品安装时应整体更换套管头部密封件，验收时应做好套管头部密封紧固校核；③应避免引流线（含金具）对套管产生较大不均匀拉力；④在环境温差变换较大或寒冷冬季应加强纯瓷充油套管是否渗漏油的专项巡检工作，发现问题及时处理。

4.4 干式套管管控关键技术要点解析

4.4.1 应做好干式套管电容芯体的防潮措施，套管介损超标或有明显浸水时应真空干燥处理，试验合格方可使用。

【标准依据】 无。

要点解析：干式套管指主绝缘芯体用树脂浸渍绝缘纸（或纤维卷）或者浇注（或模塑）有机材料等固体材料制成的套管。干式套管没有瓷套或复合绝缘外套，与外界环境直接接触进而存在固有吸潮问题。因此，干式套管应做好电容芯体的防潮措施，对于出厂至现场安装间隔 6 个月以内的，可通过保鲜膜或其他材料全方位包裹并内置吸潮剂；对于保存时间超过 6 个月的，建议选用填充油或者干燥空气的库存容器进行防护，建议每年检查一次油位或压力值，如图 4-48 所示。有些干式套管生产厂家对电容芯体外表面喷涂一层防潮漆，在保存上增加了一道防潮措施。

干式套管电容芯体受潮将导致套管介损超标，运行中易导致过热性故障，为此，干式套管受潮后应进行真空干燥处理，套管试验复测无问题后方可使用。

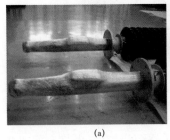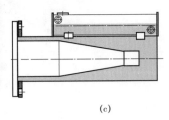

(a)   (b)   (c)

图 4-48　干式套管各种保存方式

（a）油-空气干式套管保鲜膜保存；（b）油—油干式套管保鲜膜保存；（c）干式套管油容器保存

4.4.2　用于电缆仓结构的干式套管末屏接地应引出至电缆仓外，套管根部末屏引出装置内部应与电缆仓油连通。

【标准依据】 无。

要点解析：用于电缆仓结构的干式套管一般浸没在变压器油或 SF_6 气体中，变压器油或 SF_6 气体绝缘强度很高，因此套管法兰上部和下部均较短且无伞裙，可分为：油—油干式套管、油-SF_6 干式套管和 SF_6-SF_6 干式套管。为便于电缆仓结构的干式套管开展试验工作，应将干式套管末屏接地引出至电缆仓外部，如图 4-49 所示。

用于电缆仓结构的干式套管末屏装置由"末屏引出装置"和"末屏接地装置"构成，带电运行期间，仓室外部的末屏接地装置可以通过红外测温加强监测，而仓室内

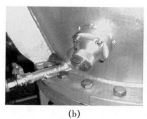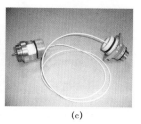

图 4-49　电缆仓结构的干式套管末屏接地引出装置
（a）末屏引出装置；（b）末屏接地装置；（c）套管末屏连接装置

的末屏引出装置无法通过红外监测。若套管末屏引出装置内部与本体变压器油或 SF_6 气体连通，当末屏存在悬浮放电故障时，那么通过对电缆仓内的油或 SF_6 气体的检测即可发现末屏是否存在异常。

4.4.3　油—油干式套管安装后应将中心导管内部积聚气体排出，防止运行时气体溢出发生气泡放电现象。

【标准依据】 无。

要点解析： 油—油干式套管一般用于油浸变压器电缆仓结构。变压器运行时，套管引出线（或导电杆）与套管中心导管等电位，中心导管内部积聚气体并不会影响其电容分压。但是当套管电缆仓侧接线端子密封不良时（例如结构如果存在密封不严，或在长期高油温或油温骤变变化情况下，密封垫会出现老化现象），中心导管内部的积聚空气会慢慢泄漏到电缆仓内形成气泡，由于空气的介电常数为1，变压器油的介电常数为2.2，此时气泡将承受很大的击穿场强，气泡将在电缆仓内形成局部放电，电缆仓油中特征气体 H_2 含量超标。

综上所述，油—油干式套管安装完成并在本体注油后，应通过干式套管引出电缆螺杆/导电杆端面上的排气螺丝将套管中心管内部气体排出，如图 4-50 所示。对于未设计排气孔的，则应拆除套管电缆仓侧引出线端子进行排气。通过排气螺丝排气完成后应将排气螺丝紧固复位，这主要是考虑电缆仓撤油时，本体的油不会跑到电缆仓内。

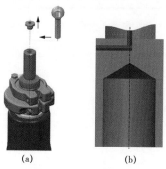

（a）　　　　　　　　（b）

图 4-50　电缆螺杆/导电杆端面上设计排气螺丝
（a）套管引线头外部结构；（b）引线头排气孔内部结构

4.5 套管电流互感器管控关键技术要点解析

4.5.1 套管电流互感器二次端子应采用整体浇注面板引出且螺纹直径不小于8mm。

【标准依据】《国家电网有限公司十八项电网重大反事故措施（2018年修订版）》11.1.1.7 互感器的二次引线端子和末屏引出线端子应有防转动措施。GB/T 20840.2《互感器　第2部分　电流互感器的补充技术要求》6.202 电流互感器二次出线端子的螺纹直径不应小于6mm，二次出线端子及紧固件应由铜或铜合金制成，并应有可靠的防锈镀层。二次出线板应具有良好的防潮性能。

要点解析：套管电流互感器二次端子应采用整体浇注面板引出，这样做即可防止电流互感器二次端子柱发生转动，也可避免电流互感器二次端子频繁漏油。老式套管电流互感器二次端子螺杆与出线面板密封是通过螺栓与密封垫紧固实现，在密封垫老化时，或在未做好密封螺母防转动措施（可通过板子把持密封螺母），拆接二次接线的压接螺母时连动密封螺母转动进而导致密封失效发生渗漏油。

为避免套管电流互感器二次端子弯曲或螺纹滑扣导致二次回路虚接开路，二次端子的螺纹直径应在原6mm的基础上提高至不小于8mm，这样通过增加螺杆的强度，解决了二次端子弯曲或螺纹滑扣等问题。

4.5.2 套管电流互感器二次端子标示应与电流互感器铭牌、接线图纸及试验报告对应一致。

【标准依据】 Q/GDW 13008.1《220kV 三相双绕组电力变压器采购标准》5.7.1 电流互感器的二次端子应采用整体浇注电流互感器面板引出。电流互感器的二次引线应经金属屏蔽管道引到变压器控制柜的端子板上，引线应采用截面不小于$4mm^2$的耐油、耐热的铜线。二次引线束可采用金属槽盒防护。

要点解析：套管电流互感器二次端子标示应与套管电流互感器铭牌、接线图纸及试验报告保持对一致，这主要是防止发生互感器接错线或者漏接线问题，这里应重点考虑两点：①套管电流互感器面板二次端子有标示但内部并未设计互感器抽头，此二次端子属于空端子，属于标示错误问题；②套管电流互感器面板二次端子无标示但内部存在互感器抽头连接，往往套管电流互感器装配错误导致，如果未考虑该端子接线将造成电流互感器开路。

4.5.3 套管电流互感器二次端子应采用截面不小于$4mm^2$的耐油、耐热铜线全部引下至本体端子箱，每套电流互感器二次回路均应在本体端子箱一点接地，不使用时应短接接地，严禁开路。

【标准依据】 GB/T 50171《电气装置安装工程盘、柜及二次回路接线施工及验收规范》6.0.5 在油污环境中的二次回路应采用耐油的绝缘导线，在日光直射环境中的橡胶或塑料绝缘导线应采取防护措施。6.0.2 盘、柜内电流回路配线应采用截面不小于 2.5mm² 、标称电压不低于 450/750V 的铜芯绝缘导线，其他回路截面不应小于 1.5mm² 。

要点解析：套管电流互感器二次端子引出线应采用截面不小于 4mm² 的耐油、耐热铜线，这样做的原因是：①套管电流互感器二次线所处环境应能耐受变压器高油温及渗漏油的影响；②二次线截面积过小易导致电流互感器回路断线；③提高电流互感器二次电缆截面积可有效降低二次负载对二次容量的影响。

套管电流互感器面板二次端子应全部引下至本体端子箱，并通过专用可开断接线端子接入互感器二次回路，该端子可通过划片实现互感器二次回路的通断，在进行互感器试验及校验工作无需拆接互感器端子盒内的端子接线，直接通过本体端子箱内端子划片即可实现，提高互感器试验及校验工作的便捷性。

套管电流互感器二次回路接线应满足不发生开路过电压和防止高压窜入的措施。每套电流互感器二次回路必须有一点接地，并且只允许一个接地点，当一次与二次之间因绝缘降低发生击穿放电时，可通过接地点进行泄流，保证二次设备和人身的安全。电流互感器二次回路不使用时应短接并接地，严禁开路运行，防止二次高电压发生放电、烧灼或人身伤害现象。但对于有中间抽头的情况，当使用某组二次抽头后，该组未使用的抽头不允许再供给保护、测量或计量等装置，不能与其它抽头连接，也不能接地。

【案例分析】某站 1 号变压器 110kV 套管中压 Bm 相电流互感器二次端子发热。

（1）缺陷情况。2015 年 8 月，某站进行全站一次设备状态检测，检测过程中发现 1 号变压器 110kV 套管中压 Bm 相电流互感器二次接线盒温度 117℃，如图 4-51 所示。

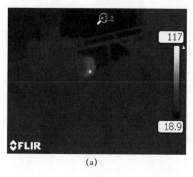

(a)　　　　　　　　　　　(b)

图 4-51　变压器 110kV 套管中压 Bm 相电流互感器二次接线盒测温
(a) 红外测温图谱；(b) 可见光照片

（2）检查情况。打开异常发热套管电流互感器二次端子盒检查发现，端子盒内部二次接线绝缘破损严重，部分二次端子柱有灼化现象，其中 2S1 端子柱烧蚀最严重，检查电流互感器二次端子盒内部接线柱螺栓接线紧固良好，但存在受潮锈蚀现象，如图 4-52 所示，其他两相套管电流互感器二次端子盒内部良好。后续安排套管电流互感器绝缘、直阻、伏安特性试验无问题，更换受损二次线回路。

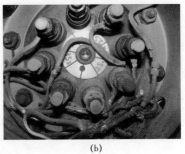

（a）   （b）

图 4-52　二次端子盒内部二次接线绝缘烧损

（a）远视图；（b）近视图

（3）原因分析。套管电流互感器二次端子锈蚀接触电阻增大并导致持续发热，二次电缆绝缘老化受损最终发展为烧灼碳化。

（4）分析总结。①通过红外测温手段检测套管电流互感器二次端子盒，发现三相温差大于 3K 时应及时停电处理；②变压器停电应重点开展套管电流互感器二次端子接线检查专项工作，发现存在受潮、锈蚀、接触不良等问题立即处理。

4.5.4　电缆仓结构的变压器差动保护电流互感器不应装设在变压器电缆仓内，防止电缆终端故障无法识别。

【标准依据】无。

要点解析：变压器电缆终端位于的变压器电缆仓内，也可以说是变压器的一个组成部件。运行经验表明，变压器电缆终端由于安装工艺、产品质量或环境温度骤降等因素影响，发生故障的情形时有发生，为确保变压器电缆终端故障时能通过相关保护及时识别并切除故障，通常采取变压器差动保护进行保护，为此，变压器差动保护电流互感器应装设在组合电器仓内，确保变压器仓和组合电器仓的电缆终端在变压器差动保护电流互感器范围内。

5

变压器非电量保护装置运维检修管控关键技术要点解析

电力变压器运维检修管控关键技术
要点解析

5.1 通用管控技术管控关键技术要点解析

5.1.1 变压器非电量保护装置电源及接点容量应满足二次回路要求，防止接点带电切换发生黏连。

【标准依据】无。

要点解析：接点容量指在规定电压下所允许通过电流的能力。变压器非电量保护装置电源及接点容量应满足接点切换二次回路的要求，通常非电量保护装置电源为直流电源，非电量部件均采用常开接点，正常时二次接点为断开状态，在异常时接点闭合接通回路并发出相关报警或跳闸信号，当异常恢复或手动复位后接点应能断开，接点应无黏连现象（闭合接点接触电阻无升高现象），否则应检查接点容量是否满足二次回路要求。变压器非电量保护装置电源及接点容量要求如表5-1所示。

表5-1　　　　　　　　变压器非电量保护装置接点容量要求

非电量装置	接点容量	引用标准
油面测温装置	接点容量为 AC220V/3A（非阻性），AV220V/10A（阻性）或 DC220V/0.3A（阻性），动作寿命不小于10万次	JB/T 6302《变压器用油面温控器》6.9
绕组测温装置	接点容量为 AC220V/3A（非阻性），AV220V/10A（阻性）或 DC220V/0.3A（阻性），动作寿命不小于10万次	JB/T 8450《变压器用绕组温控器》6.9
压力释放阀	无	JB/T 7065《变压器用压力释放阀》
油位装置	接点容量为 AC220V/5A 或 DC220V/0.3A	JB/T 10692《变压器用油位计》6.6
气体继电器	接点容量要求 AC220V/0.3A；DC220V/0.3A	JB/T 9647《气体继电器》7.9
油压速动继电器	接点容量为 AV220/110V，3A；DC220V/0.25A，DC110V/0.5A	JB/T 10430《变压器用速动油压继电器》5.6

在《国网变压器招标技术规范》中提出：变压器非电量保护装置电源及接点容量应满足 DC220/110V≥1A，此指标明显高于 JB/T 标准，为此，变压器厂家在选配变压器非电量保护装置时应对配件制造厂家提出严格要求。

以气体继电器接点容量校验为例，根据 JB/T 9647《气体继电器接点容量》要求，直流 DC220/AC220 ≥ 0.3A，按照 DL/T 540《气体继电器检验规程》7.9 规定，如图 5-1 所示，将干簧接点接入电路，通过对继电器进行油流冲击使干簧管产生开断动作，重复试验 3 次，应能正常接通或断开。采用直流 110V 供电时，负载选用 30W 灯泡进行试验；采用 220V 供电，负载选用 60W 灯泡进行试验。在干簧接点断开容量试验后，其接点间的接触电阻应小于 0.15Ω。

图 5-1　干簧接点断开容量试验接线图

为此，在非电量保护装置电源及接点容量选型时，应重点考虑接点容量是否满足二次回路要求，投运验收或接点异常时，宜开展实测接点切断回路电流的大小，接点接触电阻是否增大等，防止接点带电切换发生黏连。

5.1.2　变压器非电量保护装置及接点更换后应由专业人员对回路正确性进行传动，远方信号应与现场对应一致。

【标准依据】无。

要点解析：油浸变压器非电量保护装置主要涉及气体继电器、油流速动继电器、压力释放阀、油压速动继电器、测温装置、油位装置、风冷全停系统等；SF₆ 气体变压器非电量保护装置主要涉及压力表继电器、压力突变继电器、测温装置、风冷全停系统等。变压器非电量保护装置及接点（如干簧接点、行程接点等）元件更换后应进行传动验收，远方信号应与现场对应一致，这主要是为了检验装置接点的动作可靠性以及二次回路接入的准确性，防止保护装置动作后，监控系统未接收相关信号，或者远方信号与现场所传动的非电量保护装置不一致。其中关于瓦斯保护装置的传动验收见管控要点 5.2.9 所述。

从广泛意义上看，任何涉及装置接点动作的组部件均应传动验收，防止接点错误或者接线错误等原因导致二次回路动作异常或信号上送错误。

5.2　油流速动继电器与气体继电器管控关键技术要点解析

5.2.1　油灭弧有载开关应配置具有油流速动功能的继电器；油浸式真空灭弧有载开关应配置具有油流速动和气体报警功能的气体继电器；SF₆ 真空灭弧有载开关应配置

气体密度及气体压力突变继电器。

【标准依据】《国家电网有限公司十八项电网重大反事故措施（2018 年修订版）》9.3.1.1 油灭弧有载分接开关应选用油流速动继电器，不应采用具有气体报警（轻瓦斯）功能的气体继电器；真空灭弧有载分接开关应选用具有油流速动、气体报警（轻瓦斯）功能的气体继电器。新安装的真空灭弧有载分接开关，宜选用具有集气盒的气体继电器。

要点解析：有载分接开关主要由电动机构、切换开关、分接选择器和极性选择器等组成，分接选择器和极性选择器位于本体油箱，而切换开关（或选择开关）位于独立开关油室，切换开关按灭弧方式分为三类：油灭弧有载开关、真空灭弧油浸有载开关和 SF_6 真空灭弧有载开关，有载开关室应按有载开关类型配置相应的保护装置。

（1）油灭弧有载开关在切换过程中会产生一些氢气和烃类放电特征气体，随着调压次数的增加，其释放的气体含量不断增加，故油灭弧切换开关的保护装置不需配置轻瓦斯保护功能，只需配置具有油流速动功能的继电器，如采用气体继电器代替时，轻瓦斯功能回路不应接入保护装置，否则将频发"轻瓦斯动作"报警信号，该信号对切换开关的监视是没有任何实际意义的。

（2）油浸式真空灭弧有载开关切换灭弧操作是在真空泡中进行的，具有机械转换触头，灭弧过程与开关油室的油不接触，变压器绝缘油主要起到开关的润滑、冷却及绝缘等作用，通常情况下油中不会出现放电特征气体，只有真空泡异常时才会发生，为此，真空灭弧油浸切换开关配置"轻瓦斯保护"功能是有意义的，可作为真空泡异常的一种监测手段，因此，真空灭弧油浸切换开关应配置具有油流速动和气体报警功能的气体继电器。

（3）SF_6 真空灭弧有载开关同样是在真空泡中进行切换灭弧操作的，但它无机械转换触头设计，不需在绝缘介质中操作，因此是具备零表压下的调压操作。正常调压操作时，开关气室的 SF_6 气体不会发生裂解（产生硫化物和氢化物有毒成分），SF_6 气体成分不会发生改变，只有真空泡异常时才会发生。考虑切换开关故障时能及时切除变压器运行，防止故障扩大化，SF_6 真空灭弧有载开关的保护装置主要有：①安装气体密度继电器，用于监测有载开关气室压力是否正常的高压力或低压力报警保护；②安装气体压力突变继电器，用于监测有载开关是否发生故障的气体压力突变跳闸保护。

5.2.2 有载开关配置的油流速动继电器或气体继电器动作流速响应值应满足开关厂家要求，防止继电器误动或拒动。

【标准依据】DL/T 540《气体继电器检验规程》7.4.1 继电器动作流速整定值以连接管内稳态流速为准，流速整定由变压器、有载分接开关生产厂家提供。

要点解析：随着国民经济和社会的飞速发展，变压器容量逐步提高时，有载分接开关的额定通过电流也逐步提高，这样，有载开关正常切换时，其引起油流涌动的速度就提高很多，此时若沿用动作流速响应值为1.0m/s整定，很可能有载切换开关在正常切换过程中发生重瓦斯误动现象。因此，油流速动继电器或气体继电器动作流速响应值应满足额定切换容量内或允许过载的分接开关操作不会导致保护继电器误动或拒动。

由于切换开关还配置防爆膜或压力释放阀，此时应综合考虑不高于防爆膜（或压力释放阀）压力动作定值下限，确保有载切换开关内部故障时动作流速响应值合理，油流速动继电器或气体继电器不拒动。另外，也不允许将动作响应值较大的继电器用于较小的有载分接开关上，当有载切换开关内部故障时可能会造成继电器拒动。

因此，在DL/T 540中取消了关于有载分接开关配置的油流速动继电器（或气体继电器）动作流速响应值要求，此数值由厂家配套有载分接开关执行，表5-2为常见有载分接开关流速保护典型整定值。

表5-2　　　　　　　　　　有载分接开关流速保护典型整定值

制造商	熄弧类型	产品型号	连接管内径（mm）	动作流速整定值（m/s）	偏差（m/s）
MR	真空熄弧	VV	φ25	0.65	±0.15
	真空熄弧	VM、VRC、VRE、VRS、VVS	φ25	1.2	±0.2
	真空熄弧	VRD、VRF、VRG、VRM、VRL、VRH	φ25	3.0	±0.4
	油中熄弧	M、MS、V	φ25	1.2	±0.2
	油中熄弧	R、RM	φ25	3.0	±0.4
	油中熄弧	G	φ25	4.8	±0.6
ABB	真空熄弧	VUC	φ25	1.5	±15%
	油中熄弧	UC（电流≤400A）、UB（电流≤250A）	φ25	1.5	±15%
	油中熄弧	UC（电流>400A）、UB（电流>250A）	φ25	3.0	±15%
华明	真空熄弧	VCM、SHZV、VCV	φ25	1.0	±0.1
	油中熄弧	CM、CV、S、CMD（电流≤600A）	φ25	1.0	±0.1
	油中熄弧	CMD（电流≤1000A）	φ25	2.5	±0.25
长征	真空熄弧	ZVM、ZVMD、ZVV	φ25	1.0	±0.1
	油中熄弧	ZM、ZMB、ZV、ZS、ZMD（电流≤600A）	φ25	1.0	±0.1
	油中熄弧	ZMD（电流≤1000A）	φ25	1.2	±0.1

5.2.3　本体气体继电器动作流速响应值应根据厂家要求、变压器容量及冷却方式确定，防止继电器误动或拒动。

【标准依据】DL/T 540《气体继电器检验规程》7.4.1 继电器动作流速整定值以连接管内稳态流速为准，流速整定由变压器、有载分接开关生产厂家提供。或参考 DL/T

573 表 27 内容。

要点解析：本体气体继电器动作流速响应值应根据厂家要求、变压器容量及冷却方式确定，对于强油循环冷却变压器应考虑油泵全部启动时，本体气体继电器不发生误动现象。变压器生产厂家未做特殊要求时，根据 GB/T 17468《电力变压器选用导则》10.1.1.2 规定：

（1）片式散热器结构的变压器油流速动整定值如下：①非强油循环变压器宜为 0.8m/s；②强油循环变压器宜为 1m/s，多台循环油泵不能同时开启，各台应延时 30s 以上逐台开启。

（2）强油循环冷却器结构的变压器油流速动整定值如下：①120MVA 及以下变压器宜为 1~1.2m/s；②120MVA 以上变压器宜为 1.3m/s，多台循环油泵不能同时开启，各台应延时 30s 以上逐台开启。

5.2.4 气体继电器应水平安装，本体油箱至气体继电器和油流速动继电器的连管应有 2%~4% 的升高坡度，以保证气体能自由逸出。

【标准依据】GB 50148《电气装置安装工程电力变压器、油浸电抗器、互感器施工及验收规范》4.8.9 气体继电器应水平安装，顶盖上箭头标志应指向储油柜，连接密封严密。JB/T 9647《变压器用气体继电器》5.1b）继电器管路轴线应与变压器箱盖平行，允许通往储油柜的一端稍高，但其轴线和水平面的倾斜度不超过 4%。

要点解析：气体继电器应水平安装，以确保轻瓦斯保护能可靠动作，由于轻瓦斯保护是感应继电器内部气体的容积，当容积值达到整定值时才动作，如果倾斜安装时可能由于继电器积聚气体达不到整定值从而发生轻瓦斯拒动。根据 JB/T 9647《变压器用气体继电器》5.3 规定，变压器 $\phi50$ 和 $\phi80$ 管径气体继电器气体容积动作范围为 250~300mL。真空灭弧有载分接开关配置的 $\phi25$ 管径气体继电器气体容积动作范围为 200~250mL。为了确保气体继电器和油流速动继电器水平安装，连接继电器两端的联管法兰应保持与水平线呈 90°。

油流速动继电器由于无轻瓦斯保护功能，故对于水平安装并没有强制规定，但是要考虑非水平安装时由于振动导致挡板误动作的概率，例如变压器固有频率的振动、短路电流绕组电动力的振动、外界地震产生的振动等。

本体油箱至气体继电器和油流速动继电器的连管应有 2%~4% 的升高坡度，如图 5-2 所示。这主要是确保本体器室或开关室内部产生的气体能迅速自由逸出，否则只能等待产气积累到一定量时才慢慢逸出，能确保轻瓦斯保护能快速识别积聚气体并迅速动作，防止管路积聚气体导致内部故障时油流冲击速度减弱，进而导致重瓦斯保护拒动。

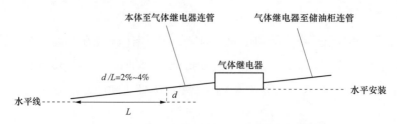

图5-2　本体油箱至气体继电器连管升高坡度示意图

5.2.5　气体继电器和油流速动继电器顶盖箭头方向应与油流冲向储油柜的方向一致，本体及开关油室至储油柜所有阀门均应开启，防止继电器拒动。

【标准依据】GB 50148《电气装置安装工程电力变压器、油浸电抗器、互感器施工及验收规范》4.8.9气体继电器应水平安装，顶盖上箭头标志应指向储油柜，连接密封严密。

要点解析：气体继电器和油流速动继电器顶盖箭头方向应与油流冲向储油柜的方向一致，如图5-3所示，否则，当本体器身或切换开关内部发生故障时，油流冲击继电器挡板时无法动作，导致继电器拒动，这是禁止发生的。对于继电器顶盖箭头无法识别的情况下，可从视窗中查看挡板的位置，挡板的位置应靠近油流冲击本体油箱或开关室，这样才能被本体油箱或开关室的油流冲击挡板动作。

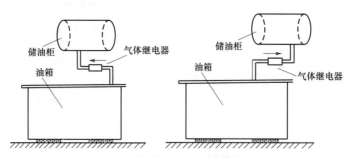

图5-3　气体继电器安装箭头指示方向

本体及开关油室至储油柜所有阀门均应开启，否则当本体内部故障时，油流冲击无法通过，将造成气体继电器拒动。

5.2.6　本体气体继电器两侧水平管路均应安装蝶阀，一侧宜采用不锈钢波纹管连接。

【标准依据】DL/T 573《电力变压器检修规程》10.5.2气体继电器两侧均应装蝶阀，一侧宜采用不锈钢波纹联管，口径均相同，便于气体继电器的抽芯检查和更换。

要点解析：本体气体继电器两侧水平连接管路均应装阀门，它主要是满足气体继电器更换时，可通过气体继电器的取气塞将内部气体排出，避免非水平管路内积聚气体无法排出进入储油柜并形成假油位。老式变压器在气体继电器两侧的安装蝶阀位置并不是这样，因此更换完成后，需要进行储油柜排气工作，确保储油柜内部不会存在气体。本体气体继电器一侧宜采用波纹管进行连接，这主要是降低振动对气体继电器误动的影响。

5.2.7　气体继电器顶部严重渗漏油时应尽快安排处理，防止继电器内部积聚的气体泄漏而造成轻瓦斯拒动。

【标准依据】DL/T 573《电力变压器检修导则》5.1 气体继电器应密封良好。

要点解析：当变压器内部存在轻微故障时，故障气体将流向气体继电器内部缓慢的积聚，若气体继电器顶部出现严重渗漏油时，气体将会从气体继电器渗漏点处泄漏，当每分钟的积聚量小于泄漏量时，气体继电器的轻瓦斯保护将拒动，那么变压器内部的轻微故障将很难被发现，直至内部故障扩大化后，气体继电器重瓦斯保护跳闸。为此，气体继电器顶部严重渗漏油时应尽快安排处理，防止继电器内部积聚气体时发生泄漏导致轻瓦斯拒动。

气体继电器顶部渗漏油的部位主要有四处：①继电器芯子与接线端子盖的密封处；②继电器排（取）气阀处；③继电器接线端子密封处；④连接集气盒的取气接头封堵处。这些部位的密封不良均会导致继电器内部积聚气体时发生泄漏，而对于气体继电器两侧法兰密封处的渗漏并不会导致此现象发生。

为此，为防止以上密封点发生渗漏油，应做好以下管控要求：①现场不安装集气盒的气体继电器不应选用带取气接头的产品，否则应使用专用螺丝及密封垫进行封堵，目前这种渗漏油的概率较高，因此应做好相关选型工作。②气体继电器在排（取）气阀处进行本体排气或取气工作后，应拧紧取气阀并将残油清洁干净。③气体继电器应进行整体密封试验，密封试验不合格严禁使用。④气体继电器接线端子处紧固不应过力，防止端子处发生渗漏油。

【案例分析1】某站3号变压器因有载气体继电器接线柱密封不良导致渗漏油。

（1）缺陷情况。2019年8月，某站3号变压器在安装投运后不久即发生油箱顶部大盖存有大片油迹，停电检查分析渗漏部位为有载气体继电器接线盒内的接线柱，如图5-4所示。

(a)　　　　　　　　　　(b)　　　　　　　　　　(c)

图 5-4　有载气体继电器接线柱渗漏油
（a）继电器芯体结构；（b）接线盒端子接线柱结构；（c）接线柱密封垫损伤

（2）原因分析。有载气体继电器接线盒内接线柱抱杆密封垫损伤导致接线柱密封不严，在储油柜正油压下发生渗漏油。

（3）分析总结。加强气体继电器的密封校验工作，按照 DL/T 540《气体继电器检验规程》7.3.1 规定，在常温下加压至 0.2MPa，稳压 20min 后，检查放气阀、探针、干簧管、出线端子、壳体及各密封处应无渗漏。变压器整体加压 0.03MPa 压力密封试验 24h 后，应打开气体继电器接线，检查内部是否存在渗漏油情况，防止投运后渗漏油现象加重。

【案例分析 2】某站 500kV 2 号变压器因本体气体继电器取气接头未封堵好导致渗漏油。

（1）缺陷情况。2019 年 12 月，某站 500kV 2 号变压器在安装投运后发现三相变压器本体气体继电器取气接头处均存在渗漏油现象（取气接头用于连接集气盒）。停电拆卸螺钉后发现气体继电器取气接头螺钉和垫圈非原配的螺钉和垫圈，密封不可靠导致渗漏油，如图 5-5 所示。

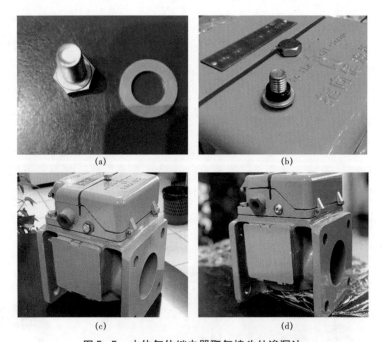

图 5-5　本体气体继电器取气接头处渗漏油
（a）渗漏瓦斯继电器上的螺钉和垫圈；（b）原配的螺钉和垫圈；
（c）非原配螺钉和密封垫的气体继电器；（d）带原配螺钉和密封垫的气体继电器

（2）原因分析。气体继电器取气接头密封件不匹配导致密封不良，在储油柜正油压下发生渗漏油。

（3）分析总结。①安装前应认真核对现场选用的本体气体继电器型号是否为带取气接头的产品，现场不安装集气盒的气体继电器不应选用带取气接头的产品；②气体继电器设计取气接头时应使用厂家配套的专用螺丝及密封垫进行封堵。

5.2.8 气体继电器和油流速动继电器接线盒应加装防雨罩，二次电缆应从下部进入接线盒并封堵严密，二次电缆及其外包蛇皮管应有滴水弯和滴水孔，防止雨水顺电缆倒灌。

【标准依据】《国家电网有限公司十八项电网重大反事故措施（2018年修订版）》9.3.2.1 户外布置变压器的气体继电器、油流速动继电器、温度计、油位表应加装防雨罩，并加强与其相连的二次电缆结合部的防雨措施，二次电缆应采取防止雨水顺电缆倒灌的措施（如反水弯）。

要点解析：由于变压器涉及跳闸的非电量装置主要为气体继电器和油流速动继电器，且其密封性能随着密封垫的老化逐步裂化，为此，对于户内和户外布置变压器的气体继电器和油流速动继电器均应采取防雨措施。其中，户外的气体继电器和油流速动继电器在雨雪天气下易导致接线盒进水受潮；而户内的气体继电器和油流速动继电器在房屋漏水、消防水喷雾误喷、水清洗变压器时易导致接线盒进水受潮。

同时，为全方位确保气体继电器和油流速动继电器接线盒不进水受潮，要求二次电缆应从下部进入接线盒并封堵严密，二次电缆及其外包蛇皮管应有滴水弯和滴水孔，这样可以有效防止雨水顺电缆倒灌现象。继电器接线盒二次电缆走向方式如图5-6所示。

对于图5-6（a）方式一，二次电缆从继电器上部穿入接线盒，无论二次电缆是否带蛇皮管，雨水均能顺电缆倒灌至接线盒内，进而导致继电器误动，故此二次电缆走向方式是禁止采用的。

对于图5-6（b）方式二，二次电缆从下部穿入接线盒，而且设计滴水弯，雨水顺电缆倒灌的概率较低，而当电缆外套蛇皮管时，如果滴水弯处蛇皮管未设计滴水孔，那么升高座破损处的蛇皮管进水，当蛇皮管中水位高于气体继电器时，即发生雨水顺电缆倒灌，故此种方式二次电缆不宜使用蛇皮管。

对于5-6（c）方式三，二次电缆从下部穿入接线盒，而且设计滴水弯，二次电缆高度不超过接线盒入口，故雨水顺电缆倒灌的概率相当低，但也应考虑雨水顺二次电缆进入本体端子箱的可能（二次电缆应从底部进入本体端子箱，二次电缆同时也设计滴水弯（如使用蛇皮管应设计滴水孔）。

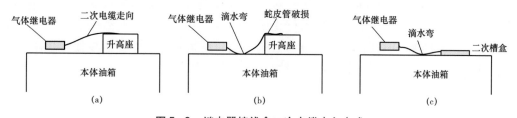

图5-6 继电器接线盒二次电缆走向方式

（a）布置方式一；（b）布置方式二；（c）布置方式三

【案例分析】某站2号变压器有载油流速动继电器因进水导致有载瓦斯误动跳闸。

（1）缺陷情况。2017年12月，某站2号变压器有载重瓦斯动作跳闸，停电检查检查有载油流速动继电器接线盒防雨罩完好，实际挡板吊牌未动作，打开防雨罩检查内部有积水现象，如图5-7所示。

(a)　　　　　　　　　　　　　　(b)

(c)　　　　　　　　　　　　　　(d)

图5-7　有载油流速动继电器接线盒进水受潮
（a）挡板吊牌未动作；（b）接线盒内部有积水；
（c）二次电缆从升高座高处进入接线盒；（d）接线盒二次电缆入口无密封塞

（2）原因分析。有载油流速动继电器二次电缆放置在零点套管升高座上部，雨水从二次电缆外包蛇皮管破裂处进水并顺电缆倒灌，同时油流速动继电器入孔未封堵好，导致雨水进入接线端子盒内，油流速动继电器跳闸接点绝缘降低并短接发生有载重瓦斯动作跳闸。

（3）分析总结。①更换合格有载油流速动继电器，油流速动继电器加装防雨罩，二次电缆应从下部进入接线盒并封堵严密，二次电缆及其外包蛇皮管应有滴水弯和滴水孔，防止雨水顺电缆倒灌。②对运行变压器气体继电器和油流速动继电器二次电缆布置方式进行排查，对存在电缆与继电器结合部封堵不严，二次电缆及其外包蛇皮管未设计滴水弯和滴水孔的进行整改。

5.2.9　气体继电器和油流速动继电器更换及二次回路变动后应通过继电器的注气阀或测试按钮进行保护传动，禁止采用短接二次端子的方式。

【标准依据】DL/T 573《电力变压器检修导则》10.5.6用手按压探针时重瓦斯信

号应该发出，松开时应该恢复。从放气小阀压入气体 200~250mL 左右，轻瓦斯信号应该发出，将气排出后应该恢复。否则应处理或更换。《国家电网有限公司十八项电网重大反事故措施（2018年修订版）》9.3.1.4 气体继电器和压力释放阀在交接和变压器大修时应进行校验。

要点解析： 油浸变压器主保护由瓦斯保护和差动保护组成，其中差动保护为电气量保护，瓦斯保护为非电气量保护，瓦斯保护对应的非电量部件为气体继电器或油流速动继电器，它们的干簧接点（二次接点）均接入保护装置的开入回路（形成瓦斯保护二次回路），为此，校验变压器瓦斯保护动作可靠性主要是检查其干簧接点及其二次回路是否正确可靠动作。

气体继电器和油流速动继电器更换及二次回路变动后应通过继电器的注气阀或测试按钮进行保护传动，常见继电器传动方法介绍如下：

（1）EMB 型气体继电器通常设计放气旋钮和测试按钮（或称测试探针），为防止探针误碰，测试按钮上设计旋转盖帽，如图 5-8（a）所示。其校验方式如下：

1）使用充气筒将空气通过放气塞打入气体继电器（逆时针旋转放气旋钮将打开放气口，顺时针旋转放气旋钮将关闭放气口），直到通过浮子的下降触发干簧接点，对于双浮子继电器直到通过上浮子的下降触发干簧接点，此时应发出"轻瓦斯报警"信号。

2）对于单浮子继电器，按压测试按钮至位置止挡处并保持这一位置，此时应发出"重瓦斯跳闸"信号；对于双浮子继电器，按压测试按钮到一半位置并保持这一位置，此时应发出"轻瓦斯报警"信号，继续向下按压至位置止挡处并保持这一位置，此时应发出"重瓦斯跳闸"信号，如图 5-8（b）所示。对于"挡板动作位置自保持"的继电器，校验完成后应逆时针旋转测试按钮方可将挡板复位，否则将一直发出"重瓦斯跳闸"信号，如图 5-8（c）所示。

 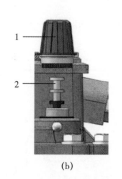 

（a）　　　　　　　　　（b）　　　　　　　　　（c）

图 5-8　EMB 型气体继电器校验方法

（a）校验按钮示意；（b）测试按钮操作方法；（c）挡板复位方法

1—旋转盖帽；2—测试探针

可见，对于 EMB 型气体继电器仅通过按压测试按钮即可完成继电器轻瓦斯和重瓦斯接点动作的校验工作。另外，COMEM 型气体继电器校验方式与 EMB 型相似，这里不再介绍。

（2）QJ 型气体继电器通常设计放气塞和测试探针，为防止探针误碰，测试探针上设计旋转盖帽，如图 5-9 所示。其校验方式如下：

1）使用充气筒将空气通过放气塞（口）打入气体继电器（逆时针旋转放气旋钮将打开放气口，顺时针旋转放气旋钮将关闭放气口），直到通过开口杯的下降触发干簧接点，此时应发出"轻瓦斯报警"信号。

2）按压探针至位置止挡处并保持这一位置，此时应发出"重瓦斯跳闸"信号。

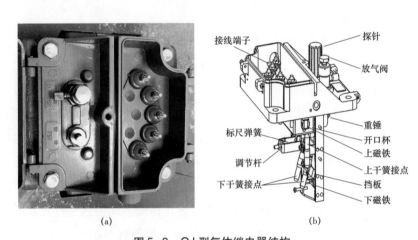

图 5-9　QJ 型气体继电器结构

（a）QJ 型气体继电器接线盒；（b）QJ 型气体继电器芯体结构

（3）RS 型油流速动继电器一般设计试验按钮（OFF 跳闸试验）和复位按钮（IN SERVICE）。按压试验按钮后，挡板动作并使干簧接点吸合，此时应发出"重瓦斯跳闸"信号，由于继电器具有挡板保持功能，需通过按压复位按钮（IN SERVICE）挡板才会复位，此时干簧接点断开，信号复归，如图 5-10 所示。

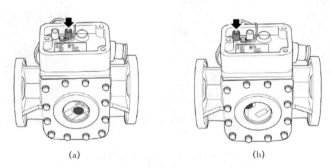

图 5-10　RS 型油流速动继电器校验方法

（a）按压试验按钮/跳闸按钮效果；（b）按压复位按钮效果

在实际传动校验过程中，工作人员往往在继电器或本体端子箱端子处短接二次线进行，若继电器干簧接点损坏或接线合内端子接线至本体端子箱处二次接线错误（相反）等，将会导致瓦斯保护拒动，这样的瓦斯保护传动工作形同虚设，因此，禁止通过短接继电器二次接点进行传动。

【案例分析1】某站5号变压器本体气体继电器因二次接线错误且未正确保护传动，导致变压器失去重瓦斯保护。

（1）缺陷情况。2014年6月，某站5号变压器存在本体气体继电器严重渗漏油，停电检查接线柱存在渗漏现象需更换，原渗漏油气体继电器为QJ3-80（6接线柱），待更换新品气体继电器为QJ5-80-TH（6接线柱），接线如图5-11所示。

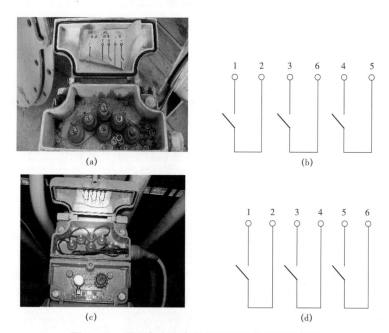

图5-11 原品与新品气体继电器外观及端子接线

（a）原渗漏油继电器外观；（b）原渗漏油继电器二次端子；
（c）待更换新品继电器外观；（d）待更换新品继电器二次端子

检修人员检查原气体继电器和新气体继电器接线柱布置方式及阿拉伯数字标示一致，而查看气体继电器端子接线图发现新气体继电器与原漏油气体继电器标识不一致，检修人员认为厂家贴牌错误，将新气体继电器的二次端子接线标号进行了变更，如图5-12所示，随后保护人员在现场端子箱处进行了重瓦斯掉闸信号的实际传动工作未发现问题，待工作负责人检查更换质量时对接线图的涂抹修改提出异议，经再次核实图纸接线发现二次端子接线错误。

图 5-12　新品气体继电器二次线连接图签标识变更

（2）原因分析。①检修人员未经核实随意修改气体继电器二次端子接线图；②保护人员未通过按"试验探针"的方式进行保护传动工作。

（3）分析总结。①国产 QJ 系列气体继电器生产厂家众多，在 JB/T 9647 中又无对二次端子接线柱及标识的规定，导致不同厂家不同型号的产品存在很多设计不一致问题，因此，在更换 QJ 系列气体继电器时，应重点比对信号接点和跳闸接点的具体端子接线柱及标识，按出线端子功能进行接线，防止出现误改线和误接线问题；②气体继电器更换及二次线变更后，保护人员应通过按试验探针的方式进行保护传动，禁止从端子箱处进行传动。结合保护校验周期性停电工作，保护人员应同样做好按"试验探针"的方式进行保护传动，发现问题及时处理。

【案例分析 2】某站 1 号变压器油流速动继电器挡板"掉牌"在动作位置，而监控系统未发有载重瓦斯跳闸信号。

（1）缺陷情况。2015 年 11 月，某站 1 号变压器停电例行检修工作中发现有载分接开关油流速动继电器红色圆形报警"掉牌"位于视窗中心位置，即有载油流速动继电器挡板已动作。检修人员测量油流速动继电器干簧二次接点并未导通，但当按压油流速动继电器复归钮后，挡板归位且干簧二次接点导通，查看其铭牌参数为 RS2001，1016473/3.0-CO，其配置的二次接点为带转换接点（CO）的气体继电器，并不是动闭接点（NO），发现原油流速动继电器选型错误后及时进行更换，避免了有载分接开关无保护运行的隐患。现场安排对原油流速动继电器开展解体分析，如图 5-13 所示。

（2）原因分析。油流速动继电器选型错误，投运变压器未验收挡板在"复位"位置即投运发电。

（3）分析总结。

1）RS 系列油流速动继电器一般提供一对或两对跳闸接点，通常情况下使用的是动闭干簧接点（NO）。《国家电网有限公司十八项电网重大反事故措施（2018 年修订版）》8.5.1.10 规定，所有跳闸回路上的接点均应采用动合接点（动闭接点）。变压器正常运行时，该对动闭接点是断开状态的，而当气体继电器挡板受油流冲击时，位于

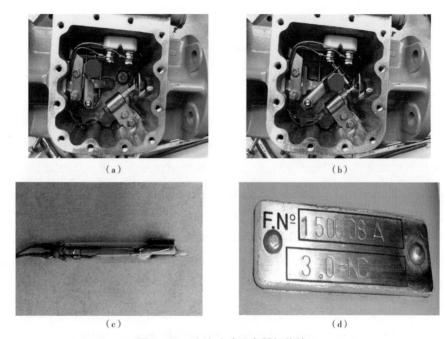

图 5-13 油流速动继电器解体情况
(a) "掉牌"未动作状态而接点接通；(b) "掉牌"动作状态而接点断开；
(c) 干簧接点为动断接点；(d) 铭牌显示为动断 NC 接点

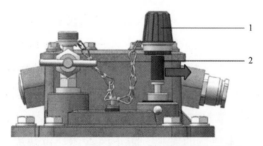

图 5-14 EMB 型气体继电器运输保险装置
1—旋转盖帽；2—保险装置

挡板上的磁铁吸合位于氖泡中的干簧接点使其闭合，并接通变压器的跳闸回路。另外，还有带动断干簧接点（NC）的气体继电器和带转换接点（CO）的油流速动继电器，因此，在选择二次端子接线时一定注意观察干簧接点是否为动闭接点（NO）。

2）结合保护校验周期性停电工作，保护人员应同样做好按"试验探针"的方式进行保护传动，发现问题及时处理。

5.2.10 EMB 型气体继电器在投入使用前应将运输保险装置拆除。

【标准依据】无。

要点解析：EMB 型气体继电器通常设计放气旋钮和测试按钮（或称测试探针），为防止探针误碰，测试按钮上设计旋转盖帽。在气体继电器传动校验及安装时，应拧下盖帽，从盖帽上取下运输保险装置，取出后再将盖帽拧紧，如图 5 – 14 所示。当需要单独运输瓦斯继电器时，务必重新装入运输保险装置。

5.2.11　空心浮子（浮球）式气体继电器不宜长时间抽真空，防止浮球变形破损导致轻瓦斯功能失效。

【标准依据】DL/T 540《气体继电器检验规程》7.3.2 对空心浮子式气体继电器密封校验，其方法是对继电器内部抽真空处理，绝对压力不高于133Pa，保持5min。在维持真空状态下对继电器内部注满20℃以上的变压器油，并加压至0.2MPa，稳压20min后，检查放气阀、探针、干簧管、浮子、出线端子、壳体及各密封处，应无渗漏。

要点解析：目前，气体继电器轻瓦斯报警功能通过开口杯或浮球（空心浮子）监测内部是否积聚气体。对于开口杯式气体继电器，抽真空不会造成其变形及损坏，而浮球内部是空气，在抽真空条件下，浮球内外形成压力差，如果浮球质量不好极有可能导致变形或破损，尤其是运行年限较长的浮球，另外，根据 DL/T 540《气体继电器检验规程》7.3.2 规定，其抽真空的压力应不高于133Pa，且保持时间为5min。从这点分析，在对变压器整体抽真空时，不宜连同浮球式气体继电器一同抽真空。

5.2.12　对于采用双浮球带挡板结构的气体继电器，在寒冷季节或变压器存在严重渗漏油时应加强本体油位的监视，防止因油位缺失无油导致变压器跳闸。

【标准依据】《国家电网有限公司十八项电网重大反事故措施（2018 年修订版）》9.3.1.2 220kV 及以上变压器本体应采用双浮球并带挡板结构的气体继电器。

要点解析：双浮球带挡板结构的气体继电器具有低油位跳闸接点，它与挡板动作接点共用，即变压器内部故障油流冲击挡板时，或者气体继电器内部无油时即发生变压器跳闸。为此，对于采用双浮球带挡板结构的气体继电器，在寒冷季节或变压器存在严重渗漏油时应加强本体油位的监视，防止因本体油位缺失无油发生变压器跳闸。尤其应关注储油柜容积设计不合理的情况，在寒冷季节经常会出现零油位现象，而在夏季高温季节经常会出现高油位喷油的现象。

5.3　压力释放阀与防爆膜管控关键技术要点解析

5.3.1　压力释放阀开启压力应小于油箱机械强度的最低要求，关闭压力应满足储油柜最高静油压下不发生渗漏油，变压器整体密封加压试漏时应避免大于其密封压力而发生渗漏油。

【标准依据】GB/T 6451《油浸式电力变压器技术参数和要求》8.2.6.4. 110kV 及以上变压器油箱应具有能承受住真空度133Pa和正压力为100kPa的机械强度能力，不应有损伤和不允许的永久变形。《国家电网有限公司十八项电网重大反事故措施（2018 年修订版)》9.3.1.4 气体继电器和压力释放阀在交接和变压器大修时应进行校验。

要点解析： 压力释放阀动作性能参数主要包括开启压力、关闭压力和密封压力。开启压力指膜盘跳起、变压器油连续排出时，膜盘所受的进口压力，实际校验值与整定值允许偏差 ±5kPa；关闭压力指膜盘重新接触阀座或开启高度为零时，膜盘所受的进口压力，它是压力释放阀动作喷油后恢复密封的压力值；密封压力指高于关闭压力、低于开启压力且能保证释放阀可靠密封的最大压力，密封压力实际校验值越接近于开启压力值对其密封性能越好。

压力释放阀首先应考虑关闭压力符合其安装位置的油面静油压，当压力释放阀动作喷油泄压达到关闭压力值时能可靠密封不发生慢渗油现象。然后根据关闭压力按表 5-3 选择所对应的开启压力。由于变压器内部发生故障时，油箱内部的油压是分布不均匀的，因此开启压力整定值应优先选用开启压力最小，且能满足油箱机械强度的最低要求。

表 5-3　　　　　　　　　　　压力释放阀动作性能参数

有效喷油口径 （mm）	开启压力 （kPa）	开启压力偏差 （kPa）	关闭压力 （kPa）	密闭压力 （kPa）
ϕ20、ϕ25	15		≥8	≥9
	25		≥13.5	≥15
ϕ20、ϕ25、 ϕ50、ϕ80、ϕ130	35		≥19	≥21
	55	±5	≥29.5	≥33
ϕ50、ϕ80、 ϕ130、ϕ150	70		≥37.5	≥42
	85		≥45.5	≥51
	135		≥72	≥78

注　开启压力 135kPa 不符合 110kV 及以上变压器油箱机械强度的最低要求。

当压力释放阀安装位于油箱顶部，压力释放阀距离储油柜油面高度为 h_1 或 h_2 时，根据液体的压强公式 $P=\rho gh$ 计算，油温 20℃时变压器油的密度一般为 895kg/m^3，那么在静油压或加压 0.03MPa 试漏时，储油柜油面高度计算如表 5-4 所示。

表 5-4　　　　　　　　　　　压力释放阀距离储油柜油面高度

开启压力（kPa）	关闭压力（kPa）	密封压力（kPa）	油高度 h_1（m）	油面高度 h_2（m）
55	29.5	33	3.3	0.3
70	37.5	42	4.2	1.3
85	45.5	51	5.1	2.3

注　1. h_1 是根据关闭压力反推计算的压力释放阀至储油柜油面最高高度；
　　2. h_2 是根据加压试漏 0.03MPa 和密封压力之和反推计算的压力释放阀至储油柜油面最高高度。

可见，对于开启压力为 55kPa 的压力释放阀，储油柜油面加压 0.03MPa 试漏，会导致压力释放阀不能可靠密封，此时应采取措施防止其误动，例如压力释放阀安装机械闭锁装置，将压力释放阀拆除或关闭其油箱侧阀门等。而对于开启压力为 70kPa 的压力释放阀，当油面高度不高于 1.3m 时，储油柜油面加压 0.03MPa 试漏不会导致渗漏油。

5.3.2 压力释放阀不应设置升高座，已设置升高座的压力释放阀应配置放气塞，变压器投运前应将压力释放阀内部的积聚气体排出。

【标准依据】DL/T 573《电力变压器检修导则》10.5.5 放气塞良好，升高座如无放气塞应增设，能够防止积聚气体因温度变化而发生误动。

要点解析：压力释放阀通常应直接安装在油箱顶部，不应加装升高座。这主要是考虑能及时感受到油箱内压力的变化，将故障压力尽快释放，防止升高座对压力损失或灵敏度下降等影响压力释放阀动作效率。

对于已安装升高座的压力释放阀，变压器注油时，由于升高座内空气无法排除，其内部将积聚气体，其造成的影响有：①气体温度升高时，等质量的空气受热膨胀，压强增大造成压力释放阀误动；②积聚气体因温度膨胀时，其内部积聚的气体溢出进入本体，易导致气体继电器轻瓦斯动作报警。例如冬季变压器安装注油完成后，变压器投运油温逐渐升高，升高座内部的空气受热膨胀，引起气体溢出至本体气体继电器内，如溢出气体较多将造成轻瓦斯动作报警。因此，在变压器安装及压力释放阀更换检修后，带有升高座的压力释放阀应通过放气塞将内部积聚气体排出。

5.3.3 压力释放阀微动开关接点应接信号，不应接跳闸。

【标准依据】DL/T 573《电力变压器检修导则》5.3.3a）变压器的压力释放阀接点宜作用于信号。

要点解析：压力释放阀的预期功能主要是防止内部压力过大导致油箱及其套管等组部件损坏而设计，其机械动作存在 2ms 的动作延时，而气体继电器为瞬时性保护，压力释放保护并不能作为变压器的主保护，最重要的一点是压力释放阀误动率较高，如选择动作跳闸将影响变压器供电可靠性。

运行中造成压力释放阀误动的因素主要有：①雨雪天气二次接线盒进水导致端子短接或接地，导致直流接地或压力释放保护误报警；②装设防护罩的压力释放阀，因防护罩底部未设计排水孔，从防护罩顶部进水并长时间浸泡导致二次电缆造成绝缘老化损坏，导致直流接地或压力释放保护误报警；③二次接线盒设计过小，人员误碰二次电缆导致端子接线处裸露导线与金属盒盖触碰短接，导致直流接地或压力释放保护误报警；④呼吸器堵塞导致压力释放阀动作喷油；⑤储油柜注油过快且未拆下呼吸器时，造成油箱内部压力过大压力释放阀动作喷油；⑥油箱至储油柜管路蝶阀处于关闭状态时，油温升高导致压力释放阀动作喷油；⑦变压器停电加压试漏工作时，加压数值超过压力释放阀开启值，导致压力释放阀动作喷油。为此，压力释放阀微动开关接点应接信号，不应接跳闸。

5.3.4　压力释放阀应安装在油箱顶部，动作喷油后应及时检查储油柜油位及气体继电器动作情况，防止因缺油发生绕组绝缘放电故障。

【标准依据】DL/T 572《电力变压器运行导则》5.3.3g）运行中的压力释放阀动作后，应将释放阀的机械电气信号手动复位。

要点解析：压力释放阀是通过排油泄压设计的，为防止喷油过多导致器身裸露，要求压力释放阀必须安装在油箱顶部。

（1）若气体继电器重瓦斯和压力释放阀均动作，此时变压器已停运，应重点做好变压器内部是否故障的排查工作，进行变压器绝缘类试验、气样及油样色谱分析等。

（2）若压力释放阀发生喷油且气体继电器重瓦斯未动作时，应及时检查储油柜油位及气体继电器内部是否积聚气体。如果存在以下两种情况，可判断油箱内已喷出过量变压器油：①检查发现气体继电器通往储油柜的蝶阀关闭状态，此时储油柜油位不为零，但气体继电器内积聚气体，这通常发生在油温升高导致的压力释放阀喷油；②检查储油柜油位为零且气体继电器内积聚气体，这通常发生在呼吸管路堵塞且原来油位较低情况下，压力释放阀喷油导致。此时应考虑10kV纯瓷充油套管、套管升高座等高于油箱顶部的部位有可能已无油，如果仅仅通过储油柜补油，并不能将套管内部积聚的气体排除，为此应申请将变压器停运，在易于积聚气体部位充分排气并静置24h再排气，同时应进行变压器绝缘类试验、气样及油样色谱分析，确保变压器内部未发生放电性故障。

5.3.5　有载开关头盖防爆膜禁止踩踏，防爆膜处应有"请勿踩踏"警告标志。

【标准依据】DL/T 574《变压器分接开关运行维修导则》5.1.2.11 有载开关爆破盖处应有明显的"禁止踩踏！"警告标志。

要点解析：有载开关配置的过压力保护装置为防爆膜（爆破盖）或压力释放阀，经常采用的是防爆膜，防爆膜是在开关头盖上某一区域设计（防爆膜有的为头盖一体设计、有的通过密封垫螺栓安装设计），其耐受冲击压力小于其他部位，当油室压力超过预定压力时，该防爆膜即破碎，并在切换油室盖上留下足够大的孔，从而使压力迅速下降，从而避免开关油室免受强压力波而损坏。

可见，开关头盖的防爆膜较薄弱，在外界冲击压力下宜发生损坏，故在工作中应防止人员经过时踩踏开关头盖防爆膜，另外，为明确告知防爆膜区域，应在防爆膜上设计"请勿踩踏"警告标志，如图5-15所示。工作结束后，验收人员应检查防爆膜的完好性，检查防爆膜是否存在裂纹、渗漏油等现象。

（a）　　　　　　　　　　　（b）

图 5-15　有载开关头盖防爆膜

（a）有载开关头盖整体图；（b）头盖防爆膜产生裂纹

5.3.6　室外有载开关头盖严重渗漏油应检查防爆膜完好性及开关储油柜油位，防止开关油室负压进水发生有载开关切换故障。

【标准依据】DL/T 574《变压器分接开关运行维修导则》5.1.1.5 分接开关头盖及头部法兰与变压器连接（处）的螺栓应紧固，密封良好，无渗漏油现象。

要点解析：室外有载开关头盖严重渗漏油时，应核实：①开关头盖的渗漏油部位，常见的渗漏部位有：开关头盖与油室的密封垫；上齿轮盒密封不良；防爆膜与头盖密封不良；防爆膜破碎或有裂纹；②开关储油柜油位，防止油位过低导致开关油室存在负压现象。

开关头盖严重渗漏油应重点观察是否为防爆膜处发生渗漏油，如发现防爆膜破损严重且储油柜油位为零时（油流速动继电器未动作）应立即申请停电检查，检查切换开关或选择开关是否存在故障；如发现防爆膜未破损，仅仅是存在裂纹或与头盖密封不良导致，应监测开关储油柜油位变化趋势并做好跟踪补油及停电处理工作，防止油位过低导致开关油室存在负压并导致雨水进入开关油室，在有载开关切换操作时发送内部放电故障。

有载开关防爆膜并无接点上报信号，无法知晓防爆膜是否破裂，只有开关储油柜油位为零时，通过油位表上送油位低信号方可知晓，若油位装置采用玻璃管式，那更无法知晓开关储油柜的油位情况，为此，在例行变压器巡视过程中，如发现开关头盖渗漏油应重点分析渗漏部位及渗漏原因，并加强开关储油柜油位的监测。

5.3.7　装设机械闭锁装置的压力释放阀应在变压器投运前将其拆除。

【标准依据】无。

要点解析：压力释放阀装设机械闭锁装置主要是防止在运输、注油或加油压时误动而设计的，目前，国产 YSF 型压力释放阀大多设计了机械闭锁装置，如图 5－16 所示。在压力释放阀安装时，应查看其安装使用说明书，对于装置机械闭锁装置的压力释放阀应在变压器投运前将闭锁装置拆除，否则变压器内部压力达到压力释放阀动作压力时将拒动。

（a）　　　　　　　　　　　　　　　　（b）

图 5－16　装置机械闭锁装置的压力释放阀

（a）机械闭锁装置示例一；（b）机械闭锁装置示例二

5.4　油压速动继电器管控关键技术要点解析

5.4.1　油压速动继电器不应安装在靠近油泵进出口、油循环主管路和油色谱在线监测装置进出口区域，避免启动或停止油泵时油压速动继电器误动。

【标准依据】DL/T 572《电力变压器运行导则》5.3.2b）突变压力继电器通过一蝶阀安装在变压器油箱侧壁上，与储油柜油面的距离为 1～3m，装有潜油泵的变压器，继电器不应装在靠近出油管的区域，以免在启动和停止油泵时，继电器出现误动作。

要点解析：油压速动继电器是一种新型的压力保护装置，油压速动继电器结构如图 5－17 所示，下部和变压器油连通，其内有一个检测波纹管，继电器的内部有一个密封的硅油管路系统。在硅油管路系统中，有两个控制波纹管，一个控制波纹管的管路中有一个控制小孔，当变压器油的压力变化时，使检测波纹管变形，这一作用传递到控制波纹管，如果油压是缓慢变化的，则两个控制波纹管同样变化，速动油压继电器的开关不动作。当变压器油的压力突然变化时，检测波纹管变形，一个控制波纹管发生变形，另一个控制波纹管因控制小孔的作用不发生变形，传动连杆移动，电气开关动作并发出信号。

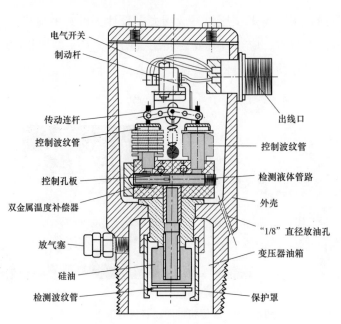

图 5-17　油压速动继电器内部结构

与压力突变装置相比，它不是以达到开启压力值作为动作判据，而其动作值是以增长率（速度）与响应时间的乘积为动作判据。油压速动继电器测量油箱内动态油压增长率越高，油压速动继电器动作越迅速，动作时间与增长率为反时限关系，其动作特性整定值如表 5-5 所示。

表 5-5　　　　　　　　油压速动继电器动作特性校验点及要求

压力上升速度（kPa/s）	动作时间（s）	压力上升速度（kPa/s）	动作时间（s）
2	17.2 ~ ∞	50	0.4 ~ 0.6
4	6.3 ~ 13	100	0.2 ~ 0.3
5	4.9 ~ 8	200	0.1 ~ 0.15
10	2 ~ 3.3	500	0.044 ~ 0.06
20	1 ~ 1.6		

注　引用 DL/T 1503《变压器用速动油压继电器校验规程》。

根据油压速动继电器结构及动作特性分析，安装在变压器上的油压速动继电器应避免非本体故障导致的油压异常增大，因为：①对于强油非导向风冷和强油非导向水冷变压器，该系列变压器油循环均通过油泵循环，油泵启动或停止瞬间，其油泵出油口处均会产生突发油压变化，如果在此位置附近装设油压速动继电器，可能会导致其误动作；②对于装设在线油色谱装置的变压器，其安装的进、出油口均通过装置的潜油泵进行吸油和排油，也同样存在这样的风险。

5.4.2 油压速动继电器安装时放气塞应在上端，变压器投运前应通过放气塞将其油室内部的积聚气体排出。

【标准依据】DL/T 572《电力变压器运行导则》5.3.2c）突变压力继电器必须垂直安装，放气塞在上端，继电器正确安装后，将放气塞打开，直到少量油流出，然后将放气塞拧紧。

要点解析：油压速动继电器各个生产厂家均提供了用于水平安装和垂直安装的型号，但要求安装时其放气塞必须在其最高处或（顶部），这样在本体注油后，可通过放气塞将其油室内部空气排出，否则油压速动继电器检测的不是油压速率的变化，而成为空气或者油空气混合介质压力增长率的检测，对其正确动作无法判断。

因此，油压速动继电器安装方位应确保放气塞在其最高处或（顶部），安装后应通过放气塞将其油室内部积聚气体排出，防止内部积聚气体的影响导致其误动发生。

5.4.3 油压速动继电器微动开关接点应接信号，不宜接跳闸。

【标准依据】无。

要点解析：油压速动继电器微动开关接点应接信号，不宜接跳闸，其原因是：①油压速动继电器为新型产品，目前没有对其动作性能检测的手段，可靠性、准确性和及时性有待积累运行经验；②对于一些重要负荷供电的变电站，不宜将油压速动继电器接跳闸，防止因其误动导致变压器停电甩负荷，例如油泵启停，呼吸器堵塞到畅通时，雨水进入二次接线盒时等；③气体继电器和差动保护已是变压器成熟的主保护，不必再增加油压速动保护。但对于一些特高压变压器或换流变压器，由于价格昂贵，储油量较大，为避免故障对设备的进一步损坏，需增加一种不同工作原理反映内部故障的保护时，可将油压速动继电器动开关接点接跳闸。

5.5 测温装置管控关键技术要点解析

5.5.1 变压器测温装置感温探针表库应设计在油箱顶部同一侧邻近位置且便于带电更换，不得位于有载开关一侧，其位置应能真实反映变压器顶层油温。

【标准依据】GB 50093《自动化仪表工程施工及质量验收规范》6.3.1 水银温度计、双金属温度计、压力式温度计、热电阻、热电偶等接触式温度检测仪表的测温元件应安装在能准确反映被测对象的部位。

要点解析：变压器测温装置感温探针（温包或传感器）表库设计在变压器顶部油箱的不同区域，虽能监测到油箱顶部不同区域的温度，但实际应用中还存在一些问题：一是按理想顶层温度监测要求，在各铁芯柱线圈顶部区域应设计至少一套测温装置，测温点越多越能监测到不同部位的温度，但过多的表库位置带来运维风险，例如：①是否会导致表库与器身发生局部放电现象、表库进水等；②不同位置的测温装置显示值（或远传值）差值较大，无法辨别是否由于测温装置测量精度不足所致；③变压器过温报警接点应选择实际测温最大的测温装置接点接入方为合理，但现场多出现选取错误的问题。

为合理解决以上问题，变压器厂家应通过对同一设计产品进行器身内部冷却介质温度场分析来合理选取测温装置感温探针表库安装位置，表库应设计在油箱顶部同一侧邻近位置且能真实反映变压器顶层油温（不应低于顶层平均温度）。测温装置感温探针表库不得位于有载开关一侧，这是因为有载开关远离铁芯绕组等发热元件该区域油温明显低于绕组区域。

考虑测温装置感温探针损坏能实现不停电更换，感温探针表库设计位置应与油箱顶部带电部位保持足够安全距离。

5.5.2　变压器现场温度表与远方监控系统温度显示误差不宜超过5℃，远方温度显示与温度异常报警不应选用同一测温元件。

【标准依据】DL/T 572《电力变压器运行规程》5.3.5b）变压器投入运行后现场温度计指示的温度、控制室温度显示装置、监控系统的温度三者基本保持一致，误差一般不超过5℃。

要点解析：测温装置主要指变压器配套的指针式温度表（包括油面温度表和绕组温度表）和远传信号装置（包括测温元件、温度变送器及远方显示器等）所组成测温系统的总称。测温装置由指针温度表和远传信号装置两部分组成，某一部分出现故障不影响另一部分的正常工作，指针温度表用于就地温度示值读取、温度控制和非电量保护，远传信号装置用于对变压器温度的远方读数。

由于测温装置受感温元件准确度、温度变送器准确度及换算（电阻与电流值的线性对应关系）及监控系统显示值换算（电流与温度值的线性对应关系）等因素的影响，变压器现场测温装置及远方监控系统的温度显示总存在着一些误差，但通过采取一些技术管控措施后，其误差通常可以控制在5℃范围内。措施包括：①感温探针宜选用准确度不高于1.5级：全刻度±1.5℃的产品，防止由于两块温度表正好形成一个正偏差和一个负偏差，进而导致差值超过5℃。②温度变送器应选用换算误差小，精度高的优质产品，输出采用标准4~20mA输出，禁止采用电压输出方式（因存在二次电缆压降影响测量精度）。③测温元件Pt100采用4线制接线方式，防止远距离二次电缆压降对测量精度的影响。④温度变送器进行电阻与电流信号换算，监控系统进行电流与数字信号换算应符合线性对应关系。⑤不宜选用复合型油面温度表，防止内置于探针内的温度变送器受环境温度影响而发生测量误差。

当远方监控系统温度无法显示时，应及时查找原因并处理，尤其是负载率大于80%或者环境温度高于40℃的时候，防止无法监测实际油温导致变压器绝缘寿命降低，为避免因远方监控系统温度不正确而影响监测时，油温异常报警还能发挥作用，特别规定：变压器远方温度显示与温度异常报警不应选用同一测温元件。

通常情况下，油温异常报警通过压力式油温表报警接点上送至测控装置及监控系统；而远方监控系统油温监测则通过安装于变压器油箱顶部表套的一只四线制的铂电阻（Pt100）进行顶层油温测量，根据不同油温的变化，Pt100 的电阻值对应变化，铂电阻输出连接温度变送器（信号转换器）并将电阻信号变换为 4~20mA 信号并上送至远方监控系统，监控系统再进行 4~20mA 电流与温度数值显示的换算。

5.5.3　变压器温度表及 Pt100 感温探针安装时，油箱顶部各表库内应注入适量变压器油，并确保感温探针与表库密封可靠，防止发生进水结冰现象。

【标准依据】DL/T 573《电力变压器检修导则》10.5.4 变压器箱盖上的测温座中预先注入适量变压器油，再将测温热电偶安装在其中，擦净多余的油将测温座防雨盖拧紧，不渗油。GB 50093《自动化仪表工程施工及质量验收规范》6.3.5 压力式温度计的温包应全部浸入被测对象。

要点解析：变压器油温表及 Pt100 感温探针安装时，考虑油与空气的热传导系数不同，为防止感温探针采集数据与实际变压器顶层油温存在偏差，应在其表库内注入适量变压器油再将感温探针插入表库，并检查表库中的油位正好没过感温探针（温包），油位不宜过高，防止热油膨胀导致密封破坏。

变压器油温表及 Pt100 感温探针应通过安装螺扣与表库紧固密封，防止因密封不良导致进水，在变压器停电油温降低至 0℃以下时，若表库中有水将会结冰膨胀并导致表库破裂，进而导致冰水进入器身，待变压器发电后将导致内部发生绝缘故障。

测温装置安装表套部位密封易存在的问题：①变压器油箱顶部与表套安装法兰密封垫失效导致密封不良发生渗漏油，温度计温包座与油箱本体之间应采用固定焊接一体式，不宜将温包座采用螺纹可拆卸结构安装在变压器（电抗器）本体上；②表套与感温探针密封不良，易存在进水现象，需及时处理隐患。例如：当注油过多易发生热膨胀渗漏油，破坏密封，存在雨水进入概率；当感温探针与表套不是螺纹连接密封结构（插入结构），此结构无密封效果，雨水进入概率很大。

5.5.4　变压器测温装置 Pt100 与温度变送器接线方式宜使用四线制，禁止使用二线制，温度变送器应采用 4~20mA 信号输出。

【标准依据】无。

要点解析：变压器远方测温装置 Pt100 接线方式主要有三类，即二线制、三线制和四线制。影响其电阻测量精度的是连接回路导线电阻以及横流源或测量原理稳定性。与 Pt100 连接的检测装置都有四个端子：$I+$、$I-$、$U+$、$U-$，其中 $I+$、$I-$ 端是为给 Pt100 提供恒定的电流，$U+$、$U-$ 是用来监测 Pt100 电压的变化，Pt100 接线方式分析如下：

（1）Pt100 二线制接线。该接线方式 Pt100 引出 2 根线与变送器连接，电流回路和电压回路合二为一，即 $I-$ 和 $U-$ 短接引出，$U+$ 和 $I+$ 短接引出，其原理如图 5-18 所示，电压监测数值为：$U_0 = I(R_{Pt100} + 2R_L)$，根据恒流源 I 值及电压监测值 U_0 计算的电阻值并不是 Pt100 值，测量误差为 $2R_L$，可见，导线电阻 R_L 影响 Pt100 的精准测量。

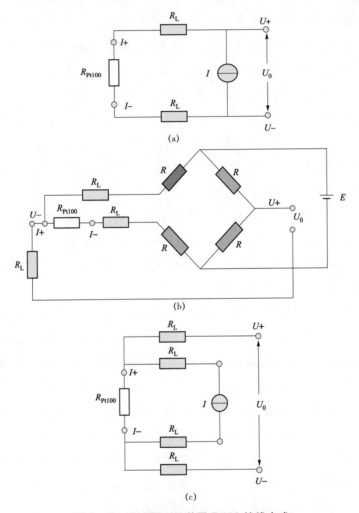

图 5-18　变压器测温装置 Pt100 接线方式
（a）Pt100 二线制接线；（b）Pt100 三线制接线；（c）Pt100 四线制接线

（2）Pt100 三线制接线。该接线方式 Pt100 引出 3 根线与变送器连接，即电流回路 $I+$、$I-$ 和电压回路 $U-$ 分别引出接线，变送器采用不平衡电桥原理并通过监测桥间电压 U_0 来计算 Pt100 数值，电压 U_0 计算式为

$$U_0 = \frac{R_{Pt100} - R}{R_{Pt100} + R + 2R_L} \times \frac{E}{2}$$

从上式可见，二次导线电阻 R_L 仍然对输出产生影响，但不平衡电桥通过反馈控制是可以避免导线电阻对测量的影响，不过不平衡电桥精密电阻 R 如果存在不一致性或电桥不稳定，也同样会造成输出的变化。

（3）Pt100 四线制接线。该接线方式 Pt100 引出 4 根线与变送器连接，即电流回路 $I+$、$I-$ 和电压回路 $U+$、$U-$ 分别引出接线，电压监测值 U_0 并不受导线电阻 R_L 影响，测量精度高，推荐使用。

温度变送器应采用标准 $4\sim20\text{mA}$ 输出，这是因为若采用电压输出方式时，在远距离输送条件下将会产生二次电缆压降，测控装置检测到的电压数值将会衰减，进而导致测量不准确。

5.5.5 变压器不宜装设绕组温度表，绕组温度表拆除后应将套管 TA 线圈短接并接地，涉及冷却装置启停控制时应通过顶层油面温度表或气体温度表的二次接点来实现。

【标准依据】DL/T 572《电力变压器运行规程》5.3.5c）绕组温度计变送器的电流值必须与变压器用来测量绕组温度的套管型电流互感器电流相匹配，由于绕组温度计的测量是间接的测量，在运行中仅作参考。

要点解析：以油浸变压器安装的绕组温度表为例分析，绕组温度表是通过负载电流和顶层油温利用热模拟原理推测绕组温度，并不是直接测温绕组温度，它是在测量变压器顶层油温的基础上，再增加一个变压器负载电流变化的附加温升 ΔT，该温升称为铜油温升，两者之和即为变压器绕组的温度。变压器的温升试验和温度场计算证明，变压器顶层油温与绕组温升既定关系，它是基于假设估计的绕组热点温度。

从变压器运行实用性及可靠性分析，变压器不宜装设绕组温度表，其原因是：①绕组某处存在过热性故障时，无论何种测温装置均无法监测，只能依靠油中溶解气体分析（DGA）发现，为此，使用绕组温度表没有解决实际监测绕组热点的问题；②绕组温度表需要使用高压侧套管 TA 电流，且不具备远方 TA 回路监测功能，在运行中存在 TA 开路无法及时发现的隐患；③远方监控系统通常仅监控变压器顶层油温数值，绕组温度并未进行远传显示，缺乏有效监控。

为此，仅用于绕组温度监测的绕组温度表宜结合停电拆除，已拆除的套管 TA 二次开路应短接并接地，防止发生套管 TA 开路，当待拆除绕组温度表的接点涉及冷却装置启停控制时应通过油浸变压器的顶层油面温度表的二次接点来实现。

对于 SF_6 气体绝缘变压器而言，绕组温度表也是通过热模拟原理推测绕组温度的，并不是绕组的实测温度，为此装设的意义不大，同样，绕组温度表拆除后应将套管 TA 线圈短接并接地，涉及冷却装置启停控制时应通过顶层气体温度表的二次接点来实现。

5.5.6 变压器温度表过温及超温二次接点均应接信号，不应接跳闸。

【标准依据】DL/T 572《电力变压器运行规程》5.3.5a）变压器应装设温度保护，

当变压器运行温度过高时，应通过上层油温和绕组温度并联的方式分两级（即低值和高值）动作于信号，且两级信号的设计应能让变电站值班员能够清晰辨别。

要点解析：变压器对器身室温度应进行监测，防止由于负载率过高、冷却效率下降或外部散热不良等因素造成内部温度超过其绝缘耐受温度值而发生绝缘类故障，通常温度高于温升限值时应将变压器退出运行。从实际运行经验分析，变压器温度表过温限值二次接点应投信号，不应投跳闸，原因如下：

（1）变压器油温是渐进性变化且滞后于负载率变化，变压器油温表通常在80℃或85℃会发出"油温过温"报警信号（一级信号），此时提醒我们实时关注变压器油温，检查现场油温异常原因并采取相关降温措施，并时刻关注油温的下一步进展变化，在快接近温度限值（油浸A级绝缘变压器油温通常在105℃）会发出"油温超温"报警信号（二级信号），此时应做好倒负荷及拉停变压器工作，可以避免突发的变压器跳闸停电甩负荷。

（2）室外变压器温度表二次接线盒存在密封不良，当进水受潮时易发生二次接点粘连并导致油温报警频繁误动作，为确保变压器供电可靠性，温度表过温及超温二次接点均应接信号，可以避免突发的变压器跳闸停电甩负荷。

5.5.7 压力式温度表的毛细管不得有压扁或急剧扭曲，其弯曲半径不得小于50mm。

【标准依据】GB 50093《自动化仪表工程施工及质量验收规范》6.1.12 仪表毛细管的敷设应有保护措施，其弯曲半径不应小于50mm，周围温度剧烈时应采取隔热措施。DL/T 573《电力变压器检修规程》10.5.3 金属细管应按照弯曲半径大于75mm盘好妥善固定。

要点解析：压力式温度表的毛细管是连接温包（感受被测温度的元件，又称感温探针或探头）和弹性元件的导管。当毛细管弯曲半径过小，或者存在压扁现象时，将影响压力的传导，进而影响温度表中弹性元件的形变，进而导致指示温度数字不准确。

5.6 油位装置管控关键技术要点解析

5.6.1 胶囊式储油柜油位计应设计在储油柜侧下部，隔膜式储油柜油位计应设计在储油柜侧上部，防止胶囊或隔膜缠绕油位计连杆。

【标准依据】无。

要点解析：胶囊式储油柜和隔膜式储油柜主要指本体储油柜，它们的油位计位置一般分别设计在储油柜侧下部和上部，而有载储油柜油位计应设计在正中间位置，这是因为，有载油位计连杆的转动半径及方向与本体油位计设计是不同的。

胶囊式储油柜油位计一般选用磁力式油位计，它是通过浮球连杆根据油位的变化产生起伏位移变成传动机构固定轴的角位移，再通过铁磁元件带动表盘指针转动，根据浮球连杆起伏位移轨迹分析，油位计应设计在储油柜侧下部，如图 5 – 19 所示，如果设计在其他位置将会造成：①油位计表盘指示油位与实际储油柜油位指示不符，很可能实际油位为 1/3 的位置即发出油位低报警信号，实际油位在 2/3 位置即发出油位高报警信号。②胶囊与油位计浮球连杆易发生缠裹现象，可能出现胶囊被浮球卡涩破损，油位计浮球连杆被胶囊压迫变弯或折断现象，最终导致油位指示不变化，形成假油位。

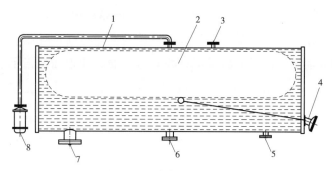

图 5–19　胶囊储油柜结构

1—柜体；2—胶囊；3—放气管接口；4—油位指示装置；
5—注放油管接口；6—气体继电器接口；7—集污盒；8—呼吸器

隔膜式储油柜油位计一般选用拉杆式油位计，它的内部拉杆基座安装在隔膜的空气侧，当油位起伏时，拉杆的长度变化位移变成传动机构固定轴的角位移，再传动机构的铁磁元件带动表盘指针转动，同理分析其拉杆长度变化位移轨迹，隔膜式储油柜油位计应设计在储油柜侧上部，如图 5 – 20 所示。

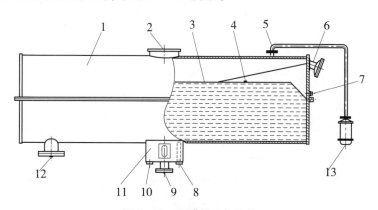

图 5–20　隔膜储油柜结构

1—柜体；2—观察窗；3—隔膜；4—放气塞；5—呼吸管接口；6—油位指示装置；7—放水塞；
8—放气管接口；9—气体继电器接口；10—注放油管接口；11—集气盒；12—集污盒；13—呼吸器

5.6.2　指针式油位计表盘油位指示刻度应与"油温—油位曲线"标识一致。

【标准依据】JB/T 10692《变压器用油位计》6.1.2 表盘标称直径不小于 140 的指针式油位计度盘刻度应为 0、1、2、3、4、5、6、7、8、9、10，且在最低和最高处（即 0 和 10 位置）宜标出 MIN 和 MAX 字样。

要点解析：储油柜容积一般应满足在变压器达到最低设计温度时，储油柜内的油不低于最低油位，在变压器达到最高设计温度时，储油柜内的油不高于最高油位。

指针式油位计表盘应有油位指示刻度，最小油位至最大油位满量程指示刻度应分为 10 等份，刻度可以用黑色竖杠标示，也可以使用阿拉伯数字标示，这样即可从底部清晰观察油位的具体高度。

"油温—油位曲线"分为有载储油柜曲线和本体储油柜曲线。"油温—油位曲线"通常横坐标为变压器油温，油温显示为最低设计温度至最高设计温度，纵坐标为变压器油位，在不同的油温下，根据曲线可以找到对应的储油柜油位指示值。若油位计仅仅标示一个 20、40℃等油温所对应的油位刻度，那么我们往往不能正确判断储油柜油位的准确性，这是不严谨的。

5.6.3　油位计接线盒应位于表盘下部且接线端子接线空间充裕，室外布置的油位计应加装防雨罩。

【标准依据】无。

要点解析：油位计接线盒应位于表盘下部，禁止选择接线盒为侧部或顶部的设计型式，这是因为，在雨雪天气，雨水容易冲刷接线盒，当接线盒密封不良时极易导致雨水进入，另外一点，油位计接线盒内部的接线端子接线空间应充裕，避免因接线裸露部分与壳体触碰发生直流接地，尤其是接线盒受潮时极易发生直流接地现象。

由于国产油位计接线盒设计型式较多，密封效果随着时间的推移逐步老化，为可靠起见，规定对于室外布置的油位计应加装防雨罩。

5.6.4　储油柜油位计损坏无法观测油位时，应定期通过 U 形连通原理或红外成像测温手段进行实际油位测量。

【标准依据】无。

要点解析：储油柜油位计损坏无法观测油位时，可采取 U 形连通原理或通过红外成像测温手段进行实际油位的测量。

（1）通过 U 形连同原理进行实际油位检测的前提条件是本体储油柜呼吸管路畅通，即本体油箱油→气体继电器→储油柜→呼吸器管路回路畅通，否则测量的油位并不是本体储油柜实际油位。具体方法为：对于本体储油柜的油位测量，通常将直径为 4mm 的软管一端连接至采油堵，另一端通过绝缘杆举起至储油柜顶端，打开采油堵，本体油将通过 U 形连通原理实现本体实际油位与软管中油位的高度一致，这样就实现了本体储油柜的实际油位测量，如图 5-21 所示。对于有载储油柜的油位测量，通常需要将软管一端连接至有载储油柜放油阀，另一端通过绝缘杆举起至储油柜顶端，打开放油阀，这样即可实现有载储油柜的实际油位测量。

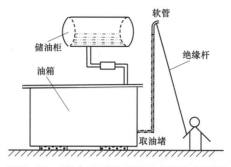

图 5-21　通过 U 形连通原理实际油位检测

（2）通过红外成像测温手段进行实际油位检测时，考虑到油温与环境温差的区别，为准确测量实际油位，变压器油温应与环境温度有较大差值，宜选择夜间进行测温工作，防止环境温度过高时，储油柜壳体对内部油产生传热影响，进而无法准确测量实际油位。

5.6.5　储油柜或油位表更换后应通过储油柜注/撤油方式实测油位表高/低油位报警接点动作可靠性，防止储油柜油位异常信号监测不准确或不发出。

【标准依据】无。

要点解析：胶囊或隔膜式储油柜一般采用磁力式指针式油位表来表示储油柜内部的油面位置，储油柜内油面的变化通过浮球或固定在隔膜上的铰链上下移动，再通过连杆传给齿轮转动机构，连杆摆动角度为 45°，从 0°逐步增加至 45°时，油位表指针转动从表刻度 0 转动至 10。

在设计及安装油位表时，应确保储油柜中的油位表在指示 0 刻度时，低油位报警触点应导通，但要求此时的油位高度应小于最低油温时的油位，允许储油柜有一定油面高度；油位表在指示 10 刻度时，高油位报警触点应导通，但要求此时的油位高度应高于最高油温时的油位，允许储油柜有一定剩余容积。也就是说，储油柜油位满足油温－油位曲线时不应该发出油位异常信号，只有本身注油没满足油位曲线时，在最低油温或最高油温时才发出油位异常信号。

根据油位表浮球的结构特点，以及避免磕碰内部或胶囊导致高油位或低油位触点拒动问题，将储油柜的最低油位分别定义为储油柜截面直径的 5% 和 95%，如图 5-22 所示，则油位表连杆的直径可计算为

$$SL = (0.95D - 0.05D)\sin45° = 0.9\sqrt{2}D$$

式中：SL 为油位表连杆的长度，mm；D 为储油柜截面直径，mm；45°为油位表连杆最大摆角。

综上所述，考虑到油位表的安装位置设计和表杆长度对高/低油位报警的影响，确保安装到储油柜中的油位表能可靠监测储油柜高/低油位，对于储油柜或油位表更换后应通过储油柜注/撤油方式实测油位表高/低油位报警接点动作可靠性。

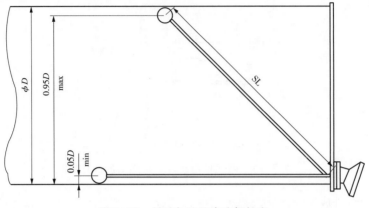

图 5-22　储油柜油位表连杆长度

5.7　SF₆气体密度继电器和压力突变继电器管控关键技术要点解析

5.7.1　SF₆气体绝缘变压器本体、有载开关和电缆终端各气室均应配置 SF₆ 气体密度继电器（具备压力指示功能）和气体压力突变继电器。

【标准依据】DL/T 1810《110（66）kV 六氟化硫气体绝缘电力变压器使用技术条件》6.10.1 气体变压器本体、有载分接开关（若有）应装有气体突发压力继电器，用于提供跳闸信号。6.10.2 气体变压器本体、电缆箱应装有气体密度继电器，用于提供报警、跳闸信号；有载分接开关（若有）应装有压力计或气体密度计，用于提供报警信号。

要点解析：SF₆气体密度继电器是由密度继电器和压力表复合而成的，它们是互相独立的系统，分别配置在本体、高压电缆终端和有载开关气室上。SF₆气体密度继电器主要作用是：①监测气室 SF₆ 气体的压力不应超过气室的机械强度，防止气室发生变形，它主要通过压力表配套的微动开关实现；②监测气室是否发生泄漏，这主要监测气室 SF₆ 气体的密度。为此，SF₆气体绝缘变压器本体、有载开关和电缆终端各气室均应配置 SF₆气体密度继电器（具备压力指示功能）。

压力表用于监测气室的压力，它通过一段布尔登管作为压力感知元件，当压力升高时指针会相应升高，到达预先设定的压力值时（高气压报警）微动开关动作，如图 5-23 所示。

密度继电器用于监测气室的密度值，只要不存在气体泄漏，在同等体积下密度值是不变的，但是受气室温度的变化影响，根据理想气体状态方程 $PV=nRT$ 可知，气室 SF₆ 气体温度升高时，压力（压强）值增大。密度继电器是通过压力平衡原理设计的，使用两个波纹管并安装在一个平衡轴上，平衡轴上设计报警或跳闸微动开关并通过两侧波纹管所受压力互相推进。一侧波纹管连接气室顶部感温探头用于温度补偿装置，

图5-23 SF₆气体密度继电器外观及内部结构

（a）压力显示外观；（b）表盘下部结构；（c）内部整体结构；（d）内部微动开关结构

内部充有标准大气压的 SF_6 气体，它是对气室的温度进行补偿，并不是对环境温度补偿，这是与断路器或 GIS SF_6 密度表的主要区别。另一侧波纹管连接气室，也同样感知气室的压力。受气室温度影响，两个波纹管内部的压力变化发生膨胀或收缩，此时平衡轴微动开关并不会动作，但气室发生泄漏时，连接气室的波纹管收缩，平衡轴移动导致微动开关动作，其结构如图 5-24 所示。

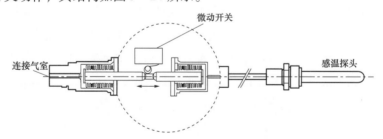

图5-24 SF₆气体密度继电器工作原理

考虑到 SF_6 气体绝缘变压器本体、有载开关及电缆终端均存在放电故障的可能性，要求各气室均要求配置气体压力突变继电器，它的作用主要是监视气室内部是否故障等引起 SF_6 气体压力急速突变升高，当威胁到变压器各气室的安全运行时动作于变压器跳闸。

气体压力突变继电器容器中装有微动开关、补偿均衡器、接线盒和测试插头，其中补偿均衡器由防尘用上下两个滤网和带有通气孔的板式螺帽和主体组成，测试插头用来测试该装置的动作特性，使用后务必用盖子密封，严禁触碰，以免压力突变继电器误动造成变压器掉闸，如图 5-25 所示。

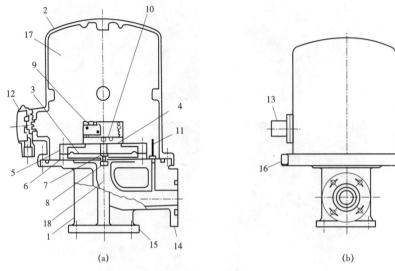

图 5-25   气体压力突变继电器结构

(a) 内部结构；(b) 外部结构

1—基座；2—外壳；3—隔膜；4—板簧；5—隔膜上盖；6—隔膜下壳；7—上止动块；8—下止动块；
9—微动开关；10—操纵杆；11—均衡器；12—接线端子；13—试验装置；14—法兰；15—支撑座；16—铭牌；
17—微动开关气室；18—连接变压器气室

变压器正常运行时，由于气体压力增速均衡，通过补偿均衡器补偿压力突变继电器容器中气体的压力，使得变压器箱体侧的压力近似等于压力突变继电器容器中的压力，此时微动开关不会动作。变压器内部发生故障时，电弧激化内部 SF_6 气体分子使气体涌动膨胀并压力骤然升高，由于补偿均衡器无法短时间对压力突变继电器容器中的压力补偿，故此时变压器箱体侧压力大于压力突变继电器容器中的压力，当压差满足要求时，继电器内部的模板和弹簧就会推动微动开关，此时微动开关触点闭合动作于变压器跳闸。

其模板的位移量由压力突变继电器容器中与变压器箱体侧的压力差决定，当压力下降，通过补偿均衡器的压力补偿作用，压力差也随之降低，从而使微动开关自动复位。

5.7.2 SF_6 气体密度继电器应具备温度补偿功能，当气室温度变化时，密度继电器接点动作值应符合"气体温度—压力曲线"。

【标准依据】DL/T 1810《110（66）kV 六氟化硫气体绝缘电力变压器使用技术条件》3.2 额定气体压力指设计时依据的气体压力（压强）。该压力为 +20℃、101.3kPa 的标准大气压条件下的值，一般用相对压力表示。3.3 气体密度指气体温度在 +20℃ 条件下的等效压力。

要点解析：SF_6 气体密度继电器应具备温度补偿功能，这是因为 SF_6 气体绝缘变压器各气室的温度变化范围较大，在气室没有泄漏的情况下，气室温度升高时，气室压力升高而密度值保持不变，这就需要温度补偿装置来补偿压力的变化，避免因压力变化导致密度继电器误动。

根据理想气体状态方程 $PV = nRT$ 可知，气室温度在一定数值时，气体的泄漏量与压力变化量成正比，也就是说，在不同的气室温度下，当发生气室泄漏时，其跳闸压力值是不一样的，反应到 SF_6 气体密度继电器微动开关动作上也是同样的原理，它的接点动作值是符合"气体温度—压力曲线"的，其中典型 SF_6 气体绝缘变压器"气体温度—压力曲线"如图 5 – 26 所示。

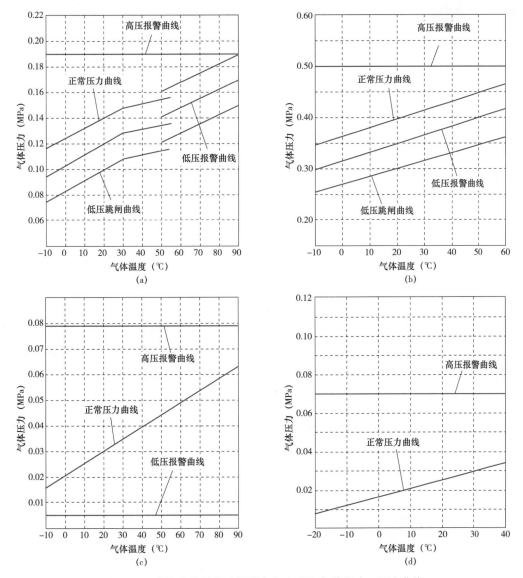

图 5-26 SF_6 气体绝缘变压器各气室 SF_6 气体温度—压力曲线
（a）低气压气室 SF_6 气体温度—压力曲线；（b）高气压气室 SF_6 气体温度—压力曲线；
（c）有载分接开关气室 SF_6 气体温度—压力曲线（一）；（d）有载分接开关气室 SF_6 气体温度—压力曲线（二）

5.7.3 SF$_6$ 气体绝缘变压器运行时，SF$_6$ 气体密度继电器表压值应符合各气室"气体温度—压力曲线"，且不应超过气室设计最高压力。

【标准依据】无。

要点解析：根据理想气体状态方程 $PV = nRT$ 可知，当气室温度 T 变化时，气室压力 P 是随着温度的升高而升高的。在气室未发生气体泄漏时，SF$_6$ 气体密度继电器表压值是符合各气室"气体温度—压力曲线"，若压力低于最低曲线值时，说明气室存在泄漏，应及时安排对气室补气并检查是否存在渗漏点。当气室温度不断的升高势必会导致气室的压力继续升高，且有可能达到气室的耐受压力值。

当气室压力值符合"气体温度—压力曲线"时，应采取变压器降温、降负荷等措施，防止气室温度继续升高；当气室压力值高于"气体温度—压力曲线"时，应调整气室 SF$_6$ 气体量至规定范围，在调整过程中禁止低于"气体温度—压力曲线"，防止 SF$_6$ 气体密度继电器低压力动作跳闸。

5.7.4 SF$_6$ 气体密度继电器和气体压力突变继电器应结合停电开展传动校验工作，防止接点移位导致误动或拒动。

【标准依据】无。

要点解析：SF$_6$ 气体密度继电器和气体压力突变继电器是 SF$_6$ 气体绝缘变压器的主保护装置之一，为避免因继电器接点移位、黏连、失效等造成保护误动或拒动，变压器周期性停电检修时应进行 SF$_6$ 气体密度继电器和气体压力突变继电器的传动校验工作。

SF$_6$ 气体绝缘变压器本体、电缆终端和有载开关气室内 SF$_6$ 气体压力高于高气压报警压力时，发出"#号变#气室高气压报警"信号；本体、电缆终端和有载开关气室内 SF$_6$ 气体压力降低到低气压报警压力时，发出"#号变#气室低气压报警"信号；当气室内 SF$_6$ 气体压力进一步降低至低气压跳闸压力时，本体和电缆终端配置的 SF$_6$ 密度继电器发出"#号变#气室低气压跳闸"信号，变压器退出运行。SF$_6$ 气体密度继电器配置低气压报警或跳闸接点主要是防止因 SF$_6$ 气体压力下降导致绝缘强度下降，进而发生绝缘低放电故障；配置高气压报警接点主要是考虑气室箱体以及有载开关真空泡的机械耐受强度，防止损坏。

SF$_6$ 气体密度继电器宜结合停电工作开展，不停电时，应首先将相应气室的气体压力低跳闸压板退出方可进行，传动校验时应注意微动开关（接点）的动作值是否与"气体温度—压力曲线"一致，其方法如下：

（1）低压报警及跳闸接点传动。首先关闭 SF$_6$ 气体密度继电器进气阀门，缓慢打开排气阀门，此时压力表指针逐步下降，此时可校验继电器微动开关动作值（监测表压值）是否符合"气体温度—压力曲线"所对应的报警或跳闸压力，否则不合格。

（2）高压报警接点传动。首先关闭 SF$_6$ 气体密度继电器进气阀门，通过排气阀门缓

慢打入 SF_6 气体，此时压力表指针逐步上升，此时可校验压力表微动开关动作值（监测表压值）是否符合"气体温度—压力曲线"所对应的最高报警压力，否则不合格。

恢复时应确保 SF_6 气体密度继电器至排气阀之间的管路中空气已排出方可关闭排气阀门，通常打开 SF_6 气体密度继电器气室侧阀门通过较大的 SF_6 气流将管路中的空气排出。

气体压力突变继电器不具备实际传动校验工作，只能通过测试插头用来测试该装置的动作特性，使用后务必用盖子密封，严禁触碰，以免压力突变继电器误动造成变压器掉闸。

【**案例分析**】某站 3 号气体变因有载开关气室密度继电器接点失效导致误发开关仓压力低报警信号。

（1）缺陷情况。2018 年 10 月，某站监控机发出"3 号变有载气体压力值低报警"信号，信号无法复归，现场检查有载开关仓 SF_6 压力表指示压力值为 0.02MPa。而实际有载调压仓压力低报警接点正常情况下应在 0.005MPa 时闭合。

（2）处理情况。现场申请将 SF_6 压力保护停用，甩开其二次线发现二次接点导通，判断二次接点故障，需申请停电更换并传动，后续对故障 SF_6 气体压力表进行解体分析发现，如图 5-27 所示。

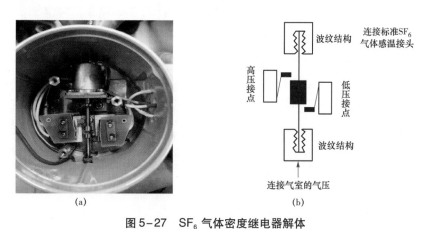

(a)　　　　　　　　　　　　(b)

图 5-27　SF_6 气体密度继电器解体

（a）微动开关内部结构；（b）微动开关接点动作示意图

压力指针机构与微动开关接点报警机构相互独立，SF_6 气体通过压力分别传输至弹性波纹管路和微动开关传动杆管路。指针机构是随着弹性波纹管的形变发生指针偏移，微动开关的一左一右两个微动开关，左侧为高压接点右侧为低压接点，气压通过控制竖杆上下移动来触发左右两侧的微动开关接点开闭。表计解体过程中所有紧固螺丝均有涂胶处理，未发现表计内部结构松动和微动开关跑位等结构问题。

（3）原因分析。根据解体分析判断实际有载开关仓压力已经达到压力报警值，微动开关压力低接点闭合正确发出信号，而表计指针的波纹管由于弹性改变导致压力指示不准，两者动作与指示不一致。

（4）分析总结。①结合停电工作，对该台主变压器其他各气室 SF_6 气体密度继电器进行更换，并将更换完成的表计进行校验；②要定期开展 SF_6 气体密度继电器传动校验工作，发现指针指示压力值与微动开关动作值不一致时应及时更换。

5.7.5 SF_6 气体绝缘变压器气室补气工作前，应先将待检修气室的气体密度和气体压力突变保护同时停用；在开展气室撤气工作前，应先将待检修气室的气体密度保护停用。

【标准依据】无。

要点解析：SF_6 气体绝缘变压器气室补气工作前，应先将待检修气室的气体密度和气体压力突变保护同时停用；在开展气室撤气工作前，应先将待检修气室的气体密度保护停用，这主要是防止因气室检修工作导致气体密度或气体压力突变保护误动跳闸。

当对气室注气速度过快或者注气口附近即是气体压力突变继电器时，气室压力瞬间剧增，易造成气体压力突变继电器误动，导致变压器跳闸。而对于撤气工作，气体压力突变继电器并不会产生误动情况。

由于 SF_6 气体绝缘变压器的注、撤气管路是通过 SF_6 气体密度继电器的，为防止在注气过程中，注气管路 SF_6 气体温度较低导致继电器接点平衡偏移，在撤气过程中，指针抖动接点误动，或者阀门操作不当导致表计指针归零等现象，规定气室在进行注气或撤气工作前应先将待检修气室的气体密度保护停用。

由于气体密度和气体压力突变保护同时停用，SF_6 气体绝缘变压器气室将失去主保护，为此应控制检修时间，同时应避免大量跑气现象，防止因 SF_6 气体压力过低导致内部发生绝缘故障。在停用气室气体密度和气体压力突变保护前，应核对待检修的气室是本体、电缆终端还是有载开关气室，防止停用保护错误或者检修气室对象错误的事情发生。

6

变压器冷却装置运维检修管控
关键技术要点解析

电力变压器运维检修管控关键技术
要点解析

6.1 通用管控关键技术要点解析

6.1.1 变压器冷却器与本体的连接管路过长、存在倾斜或振动时应加装地面支撑措施，穿墙部位应做好防腐措施。

【标准依据】无。

要点解析：变压器冷却器（或散热器）与本体一体布置（散热器披挂方式）时不存在连接管路过长问题，而当冷却器与本体分体布置时，需考虑冷却器与本体连接管路过长问题：①冷却管路法兰两侧在管路重力作用下，存在下坠倾斜导致法兰密封不良；②冷却管路如连接油泵、水泵或者气泵等设备时，受电机振动影响发生冷却管路共振并产生噪音，频繁振动将导致密封部位发生渗漏；③当冷却管路穿过潮湿墙体部位，存在腐蚀管路问题。

鉴于以上问题的解决措施为加装地面支撑措施，支持部位易垫耐油胶板，用 U 形环固定，如图 6-1 所示。对于冷却管路需穿墙时，该部位宜采取涂防锈漆并周围加装胶板防止管路腐蚀。

（a） （b）

图 6-1 本体至冷却器连接管路过长

（a）本体至冷却器连接管路布置；（b）冷却管路增加地面支撑

6.1.2 变压器冷却器与本体、气体继电器与储油柜之间连接的波纹管，两端口同心偏差不应大于10mm，严禁通过波纹管弥补管道安装偏差。

【标准依据】《国家电网有限公司十八项电网重大反事故措施（2018 年修订版）》9.7.2.1 冷却器与本体、气体继电器与储油柜之间连接的波纹管，两端口同心偏差不应大于10mm。GB/T 35979《金属波纹管膨胀节选用、安装、使用维护技术规范》7.1.2.4 凡是事先未予考虑，并且在设计时未计入膨胀节的位移（压缩、拉伸、横向位移、角位移）不应让膨胀节来承受，需调整管道系统配合膨胀节，不应用调节膨胀节的方法来弥补管道的安装偏差。7.1.2.4 严禁波纹管受扭。DL/T 572《电力变压器运行规程》3.2.8 安装在地震基本烈度为七度及以上地区的变压器，应考虑下列防震措施 c) 冷却器与变压器分开布置时，变压器应经阀门、柔性接头、连接管道与冷却器相连接。

要点解析：波纹管（或称膨胀节）设置主要是为了减少管道系统或者设备中由温度变化、设备机械运动、振动等引起的位移所造成的载荷。

考虑分体布置冷却器管路较长，受变压器振动和温度变化，为防止冷却管路变形或法兰处密封不良，可在冷却器与本体之间装设波纹管。为防止振动或地震等因素引起气体继电器误动，可在气体继电器与储油柜之间装设波纹管。冷却管路每两个固定支架之间只允许设置一个波纹管连接，不得使波纹管受扭转，不得使波纹管受冷却管路应力拉拽，严禁通过调节膨胀节的方法来弥补管道的安装偏差，如图 6-2（a）（b）（c）所示。为弥补波纹管在轴向产生过大位移应力，选用波纹管应采用拉杆固定设计，如图 6-2（d）所示。气体继电器与储油柜之间连接的波纹管受管路重力影响较小，可不采用拉杆固定设计。

（a）

（b）

（c）

（d）

图 6-2 冷却器及气体继电器管路波纹管变形
（a）连接冷却管波纹管扭转；（b）连接油泵波纹管偏斜；（c）气体继电器波纹管连接弯曲使用；
（d）波纹管带拉杆固定设计

波纹管位移过大将使其疲劳寿命减小，或者是造成管系刚性不足稳定性下降，或是波纹管受到大的扭转造成波纹管失效损坏。为此，在运维验收中应检查波纹管两端口同心偏差不应大于 10mm，严禁波纹管承受冷却管路安装偏差应力发生波纹管跑油现象。对于发现不满足要求或存在渗漏油隐患的波纹管，应尽快安排停电进行管路改造或波纹管更换。

6.1.3 变压器油泵、风扇等冷却装置部件安装前应测量电动机线圈绝缘电阻大于 1MΩ，直流电阻不平衡率不超过 2%，运转时三相电流不平衡率不超过 10%，不发生过载现象。

【标准依据】 DL/T 573《电力变压器检修导则》10.4.6 用 500V 或 1000V 绝缘电阻表测量定子线圈绝缘电阻值应大于 1MΩ，测量定子线圈的直流电阻三相互差不超过 2%，运转试验时转向正确，三相电流基本平衡。

要点解析：变压器冷却系统涉及电动机组部件的设备主要有：风冷式变压器所用风扇、强迫油循环所用潜油泵、水冷变压器水冷循环系统所用水泵和 SF_6 气体绝缘变压器所用气泵。各组部件均需配置电动机将电能转化为机械能，通过转子转动驱动叶轮或叶片转动。

安装前应检查电动机绝缘电阻、直流电阻及带载运行电流符合要求。操作要求为：①提前检测电动机的合格性，避免频繁拆装电机；②运转后检测电流是否满足额定值要求，避免电动机带隐患长期运行。直流电阻不平衡率和三相电流不平衡率的计算方法是有区别的：直流电阻不平衡率的计算方法为：各相间最大直流电阻差值（最大值－最小值）不大于三相平均直流电阻的 2%。三相电流不平衡率的计算方法为：最大一相电流值与三相平均电流的差值不大于三相平均电流的 10%。

对于电动机线圈绝缘电阻和直流电阻不平衡率不符合标准的不允许安装。电动机带载运行应检测三相电流不平衡率不大于 10%，三相电流不平衡率较大时（缺相是极端情况），可能造成电动机启动困难，运转时发出噪音，严重时电动机发生剧烈振动，电流增大，如不及时停机，还可能造成电动机绕组烧毁，电动机发生过载现象时严禁使用，一般对于过载情况的分析主要涉及油泵、水泵和气泵，因为油泵、水泵和气泵循环流体为闭式系统，而风扇循环流体为开式系统。

6.1.4 变压器低压套管出线母排支柱绝缘子不应直接固定在散热器上，应制作独立于变压器的固定支架。

【标准依据】 无。

要点解析：变压器低压套管出线母排支柱绝缘子不应直接固定在散热器上，因为：①散热器承受压力易发生渗漏油；②散热器不便于开展处缺更换工作。为此，母排支柱绝缘子应制作独立于变压器的固定支架，在设计阶段，设计应提前与厂家核对变压器及其出线母线排走向布置，建议预留散热器间隔空间并制作基础支架满足母排支柱绝缘子的固定；在施工前期阶段，设备到场后要与设计图纸认真核对，发现不满足要求及时反馈。

6.2 油浸风冷装置管控关键技术要点解析

6.2.1　油浸自冷/风冷变压器风扇应按变压器顶层油温整组启停设计，油温达到65℃时风扇整组启动，回落至55℃时风扇整组停止。

【标准依据】DL/T 572《电力变压器运行规程》6.3.1 油浸（自然循环）风冷和干式风冷变压器，风扇停止工作时，允许的负载和运行时间，应按制造厂的规定。油浸风冷变压器当冷却系统部分故障停风机后，顶层油温不超过65℃时，允许带额定负载运行 4.1.3 自然循环冷却器变压器的顶层油温一般不宜经常超过85℃。

要点解析：油浸自冷/风冷变压器冷却方式以自冷容量标识，一般冷却容量至少设计为70%/100%，它是指在变压器在70%额定容量连续负载产生的总损耗仅通过散热器冷却且不应超过温升限值，在70%～100%额定容量连续负载产生的总损耗需投入风扇运行且不应超过温升限值。可见，油浸自冷/风冷变压器在内部油循环冷却方式不变的基础上，区别仅仅是风扇是否启停，但终究变压器冷却系统设计原则是按照温升试验是否通过考核为标准。为此，风扇的启停应按照变压器顶层油温进行设定，并且不超过温升限值。根据 GB 1094.2 电力变压器　第 2 部分：液浸式变压器的温升 6.2 规定，外部冷却介质在年平均温度为 20℃时稳态条件下，顶层绝缘液体的温升限值为60K。

风扇按变压器顶层油温启停设定值不宜过低，因为：①油温过低影响其黏度，不利于循环流动，反而影响冷却效果；②风扇年度运行时间将增长，寿命减少；③风扇噪声对环境影响较大；油温启停温度设定值不宜过高，否则风扇将失去提前冷却作用。多年运行经验表明，风扇按照顶层油温达到65℃时启动，回落至55℃时停止设计可避免以上问题，风扇通常在度夏期间中午启动晚上停止，运维检修维护量少且主要集中在度夏期间。另外，散热器的裕度设计、度夏期间散热器周边存在大风、降雨等天气时均会起到一些冷却效果。

油浸自冷/风冷变压器风扇宜采取整组启停设计，不宜采取分组启停，其原因是：①不利于快速对变压器实现热交换降温；②分组启动需使用油温表至少4对接点；③冷却系统二次控制回路复杂，增加运维检修工作量。

综上分析，油浸自冷/风冷变压器风扇应按变压器顶层油温整组启停设计，油温达到65℃时风扇整组启动，回落至55℃时风扇整组停止。

6.2.2　油浸自冷/风冷变压器散热器分体布置时，散热器顶部应无遮挡物且周围墙体不应存在易掉落砸伤散热器的墙饰。

【标准依据】 无。

要点解析： 油浸自冷/风冷变压器室内布置时，考虑室内密闭空气流通性差，室内温度较高，受通风系统工况制约等问题，为提高散热器冷却散热效果，应采用散热器分体布置于位于室外。

散热器布置室外时应考虑三点：①散热器散热通风通道不应受影响。在土建设计时，应考虑散热器两侧墙体（又称防火墙）与散热器应有一定通风间隔，散热器顶部应无散热遮挡，如上方设计防雨顶板等，遮挡物距离越近则散热通风效果越差。②防止异物掉落砸伤散热器焊接部位而发生渗漏油，散热器间隔墙体不宜贴瓷砖等易掉落砸伤散热器的墙饰，如发现存在应及时整改拆除，防止墙饰老化脱落砸伤散热器。③应考虑散热器的安装及检修更换，散热器间隔墙体不应增加横梁等影响吊装散热器的情况。

【案例分析】 某站 3 号变压器因周围墙体瓷砖脱落砸伤散热器发生跑油。

（1）缺陷情况。2012 年 6 月，某站监控系统发出"3 号变压器本体油位低"报警信号，随后发出"3 号变压器本体轻瓦斯"报警信号，现场检查 3 号变压器本体油位表指针回零，散热器间隔周围墙体瓷砖脱落，散热器顶部有砸伤孔洞跑油，如图 6-3 所示，运维人员紧急将散热器上、下蝶阀关闭，防止变压器油继续泄漏。

（a）　　　　　　　　　　　　　　（b）　　　　　　　　　　　　　　（c）

图 6-3　墙体瓷砖脱落砸伤散热器

（a）散热器砸伤形成孔洞跑油；（b）墙体灰色瓷砖脱落；（c）墙体瓷砖脱落部位

（2）原因分析。室外散热器分体布置与室内本体连接时，散热器周边由门型墙体包围，部分散热器上方还装设横梁，墙体及横梁为了美观粘贴瓷砖，在瓷砖和水泥质量不良、安装工艺不良以及风吹雨淋日晒等综合影响下，瓷砖发生脱落并砸伤散热器发生跑油。

（3）分析总结。①梳理分体散热器布置间隔墙体是否存在贴瓷砖等易掉落砸伤散热器的墙饰，对墙砖存在损坏或突起现象应优先予以拆除；②在未拆除墙体瓷砖前加强巡检工作，在散热器上方临时增加金属格栅防护网措施；③基建期间提前介入验收，对于散热器周边墙体贴瓷砖等易掉落砸伤散热器的墙饰，在变压器投运前提前拆除。

6.3 强油循环风冷装置管控关键技术要点解析

6.3.1 强油循环变压器的潜油泵应选用转速不大于 1500r/min，禁止使用无铭牌、无级别的轴承，对运行中转速大于 1500r/min，振动噪音和温度检测异常的潜油泵应进行更换。

【标准依据】《国家电网有限公司十八项电网重大反事故措施（2018 年修订版）》9.7.1.2 新订购强迫油循环变压器的潜油泵应选用转速不大于 1500r/min 的低速潜油泵，对运行中转速大于 1500r/min 的潜油泵应进行更换。禁止使用无铭牌、无级别的轴承的潜油泵。

要点解析：变压器潜油泵是加速驱动变压器油进行循环流动，并使变压器线圈强迫冷却的一种设备，电动机直轴安装离心泵并全部浸没在一个充满变压器油的密封结构里面，而且它与变压器内部的油系统是直接相连的，因此称为潜油泵。

潜油泵的寿命取决于轴承。而轴承的寿命在相同材质和使用条件下取决于电动机的转速。设计时应通过降低转速来提高轴承的使用寿命。潜油泵的转速 n 是由所用电动机的极数 p 决定的，$n = 60p/f$（其中 f 为频率）。潜油泵分高速泵、中速泵和低速泵。高速泵用 2 极电动机，转速为 3000r/min，中速泵用 4 极电动机，转速为 1500r/min，低速泵用 6 极或 8 极电动机，转速分别为 1000 r/min 或 750r/min。转速与流量和扬程没有固定的关系，同样的转速情况下可以设计出较高的扬程，也可以设计出较高的流量。因此，转速的考虑仅仅是为提高轴承寿命而考虑的。

提高潜油泵使用寿命还应考虑以下几方面：

（1）提高轴承精密度，整体耐磨腐蚀性能。例如采用精密度较高的 D 级或 E 级轴承，禁止使用无铭牌、无级别的轴承的潜油泵。

（2）动平衡试验合格。在设计、试验和工艺手段上，加强叶轮和转子的动稳定平衡，防止叶轮和转子在运转时发生偏心晃动，造成轴承逐步磨损损坏，噪声增大等现象。

（3）加强潜油泵的日常维护工作，主要有：

1）加强潜油泵电动机电流检测。当管路堵塞或蝶阀关闭时，流量 Q 近似为零，此时轴功率 P 并不为零，电流 I 减小，I-Q 或 P-Q 曲线一般随着 Q 值的减小而减小，此功率主要消耗在油泵的机械损失上，其结果是壳体和轴承发热，严重时可导致泵壳的热应力变形，潜油泵零流量的情况下只允许短时间（2~3min）运行。当电流大于额定电流时，电动机发生过载现象，易造成电机线圈烧损，导致变压器油中烃类气体含量超标。此现象多发生在选型与变压器冷却回路不匹配，或者冷却系统仅仅启动一组潜油泵运行时，或者所内电源电压过低导致电流过大。如果电流合格的情况下还是频繁存在烧毁电动机的情况，那主要是轴功率选型不匹配，出现了"小马拉大车"的现象。

2）加强潜油泵红外测温。如果发现运行潜油泵温度明显高于其他运行潜油泵温度，往往是线圈过热或轴承过热引起，应尽快安排更换。

3）加强潜油泵振动噪声检测。运行中可通过钢棒触及监听，发生异音较大时往往是轴承磨损严重，或者叶轮存在扫堂的情况，应尽快安排更换，轴承磨损的金属颗粒物会进入器身会造成变压器运行异常，严重时这些金属颗粒在电场作用下形成小桥放电通道，造成变压器内部放电性故障。

6.3.2　强油循环变压器的油流计额定流量应与潜油泵流量相匹配，防止挡板机构轴承磨损金属颗粒物进入器身。

【标准依据】JB/T 8317《变压器冷却器用油流继电器》5.11 继电器应能承受 1.2 倍额定油流量、历时 15min 的过范围冲击试验，应无机械变形和损伤。DL/T 573《电力变压器检修导则》10.4.5 从冷却管上拆下继电器，挡板轴孔、轴承应完好，无明显磨损痕迹。挡板转动应灵活，转动方向与油流方向一致。

要点解析：油流计是用来监视潜油泵是否反转或运转，油路阀门是否打开和变压器油循环是否正常的部件。潜油泵启动时油流计挡板被吹动，此时与推动板同轴的磁铁也跟着旋转，并借助磁力作用带动隔一层薄壁指示部分的磁铁作同步转动，指针到达"工作"位置并使继电器接点动作，接通或断开相关控制或信号回路。潜油泵停止时无油流时，油流计挡板靠复位弹簧的作用力返回至"停止"位置。

强油循环变压器的油流计动作流量应与潜油泵流量相匹配，当油流计动作流量小于潜油泵额定流量时易发生挡板受力过大，油流计频繁动作易导致轴承磨损损坏；当油流计动作流量大于潜油泵额定流量时，油流计指针存在不动作或频繁抖动现象，频繁抖动加剧了转动挡板的机械磨损。挡板机构磨损产生的金属颗粒物进入线圈内部将发生放电性故障。

为此，在进行油流计选型时，油流计额定流量应与油泵额定流量相匹配，并应考虑夜间油温降低，黏度增大时流量减小的影响。确保油流计的可靠动作，其动作流量与返回流量应符合表 6-1 所示，误差应满足额定油流量的 ±5%。油流计挡板可选非金属材质，可有效防止金属颗粒物或挡板掉落器身的安全隐患。

表 6-1   油流计的动作流量与返回流量

管路标称直径	频定油流量 Q_e（m^3/h）	动作油流量 Q_d（m^3/h）	返回油流量 Q_f（m^3/h）
50	25，30，40，50	$15 \leqslant Q_d \leqslant 0.75Q_e$	$Q_f = 0.75Q_d$
80			
100	60，80，90，100，120，135，150	$40 \leqslant Q_d \leqslant 0.75Q_e$	
125			
150			
200			
250			

注　Q_e—额定油流量；Q_d—动作油流量；Q_f—返回油流量。

【案例分析】某站 3 号变压器 2 号油流计挡板故障导致本组冷却器切除。

（1）缺陷情况。2014 年 8 月，某站 3 号主变压器监控系统发出 2 号冷却器组故障切除并启动备用冷却器。

（2）处置情况。现场检查潜油泵绝缘电阻、直流电阻合格，传动该组冷却器时发现油流计指针不动作，仅听到油流计安装处管路发出异响，初步判断油流计损坏导致，将其拆下后发现油流计挡板转轴损坏，挡板有较大磨碎，如图 6-4 所示，为防止金属颗粒物对变压器运行产生影响，安排对变压器油进行循环过滤。现场对油流计挡板及冷却管路尺寸进行测量，如图 6-5 所示，经测量油流计挡板在动作位置时不存在磕碰蝶阀及其冷却管路现象。检查油流计型号 YJ1-150-80/60，额定流量为 $80m^3/h$，而潜油泵型号 4B2.135-4.5/3B，额定流速为 $135m^3/h$，潜油泵额定流量远大于 1.2 倍油流计额定流量，油流计挡板存在受力过大问题。

(a)   (b)

图 6-4　故障油流计挡板结构
（a）油流计挡板磨损；（b）油流计轴承损坏

（3）原因分析。油流计频繁启动使挡板受流量冲击力，轴承不断磨损导致挡板转动半径增大，最终导致挡板与蝶阀磨损损坏。

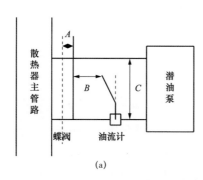 

(a)　　　　　　　　　　　(b)

图6-5　油流计安装位置测量

（a）油流计间距测量；（b）油流计更换后效果

A—3号变压器2组油流计本管路至蝶阀内部凹槽距离（25mm）；

B—3号变压器2组油流计"工作"至本管路外侧距离（68mm）；C—主管路蝶阀的内管径（直径）（155mm）

（4）分析总结。加强油流计的参数选型，安装前重点检查以下内容：①检查油流计挡板至安装法兰尺寸与冷却管路是否匹配，防止挡板动作半径与管道内壁发生刚蹭；②检查油流计参数是否与油泵流速相匹配；③检查挡板转动时指针及其辅助接点动作应一致。油流计挡板可选择绝缘材质，能有效防止油流计挡板故障脱落对本体器身的影响。

6.3.3　由多根冷却管簇构成的风冷式冷却器入风口宜配置不锈钢滤网，在每年度夏大负荷来临前进行1～2次水冲洗。

【标准依据】《国家电网有限公司十八项电网重大反事故措施（2018年修订版）》9.7.3.2 冷却器每年应进行1～2次冲洗，并宜安排在大负荷来临前进行。

要点解析：由多根冷却管构成的风冷式冷却器主要用于强油循环风冷变压器"油—空气冷却系统"和强油循环水冷变压器"水—空气冷却系统"。因它们的冷却器由许多根垂直或水平布置冷却管构成，为了提高每根冷却管的冷却效率，需要加强冷却管内部冷却介质（油/水）对钢管的传热，加强外部冷却器管对空气的传热效率。通常在冷却管的外表面增加翅片以增加空气侧的散热，冷却管与翅片紧密接触保持良好的热传导；由于冷却管长度很长，管内壁附近的油/水流速很低，为增加内表面的散热面积，在冷却管内有扰流丝，使油/水的流动变为湍流，加大油/水对冷却管的传热。

可以看出，由于许多根冷却管的翅片密集布置，在风扇的作用下，冷风通过翅片空隙并将热量带走吹出冷却器，这样就实现了冷却效果。但是往往运行时间较长的此类冷却器，外界的灰尘、毛絮、风沙等异物杂质会被风机带入翅片并堵塞，严重影响了翅片的散热效果，为此，在冷却器入风口处应加装不宜破损的不锈钢滤网。考虑度夏大负荷时冷却器滤网堵塞影响冷却器冷却效果,每年应在度夏大负荷来临前开展 1～2 次水冲洗,将堵塞冷却器滤网以及翅片中的杂质清洁干净。在油温异常过高时也可以通过冷却器的水冲洗达到降低变压器油温的目的。

6.3.4　强油循环变压器冷却器更换及注撤油工作后应分组启动潜油泵将绝缘油充分循环,静置 24h 并充分排气后方可带电运行。

【标准依据】GB/T 50148《电气装置安装工程电力变压器、油浸电抗器、互感器施工及验收规范》4.12.1 冷却装置应试运行正常,联动正确;强迫油循环的变压器、电抗器应启动全部冷却装置,循环 4h 以上,并应排完残留空气。

要点解析:对于强油循环风冷变压器,其使用的冷却器为多根冷却管组成,管径较小,在未真空注油的情况下,冷却管内易积聚气体;对于强油循环水冷变压器,在未真空注油的情况下,其油水热交换器部位空间较小也易积聚气体。如果它们的冷却器及其管路高于油箱顶部或者油泵顶部无排气阀时,冷却器回路内部也是易积聚气体,靠变压器静置并不能将积聚气体排除。

为此,强油循环变压器涉及冷却器更换及注撤油工作时,回油并第一次排气后应分组启动潜油泵将绝缘油充分循环,静置 24h 并排除冷却器内部积聚气体后方可投运,否则一旦冷却器运行,积聚在冷却器及其冷却管路死角的气体将随着油泵启动随油流带入器身绕组,并导致本体轻瓦斯动作,严重时会产生气泡放电或绕组放电性故障。

对于潜油泵和油流计的更换工作,如冷却器及其管路排气设计不合理,无法确保冷却器内部积聚气体排出时,宜结合停电更换并启动冷却器循环充分排气。

6.4　强油循环水冷装置管控关键技术要点解析

6.4.1　油水热交换器应使用双层管结构并装设泄漏仪,单层管结构应装设压差继电器监测油压大于水压 50kPa。

【标准依据】《国家电网有限公司十八项电网重大反事故措施(2018 年修订版)》9.7.3.3 单铜管水冷却变压器,应始终保持油压大于水压,并加强运行维护工作,同时应采取有效的运行监视方法,及时发现冷却系统泄漏故障。JB/T 8316 变压器用强迫油循环水冷变压器 5.4 油水压差(出口油压大于进口水压 50kPa)。

要点解析:强油循环水冷变压器油水热交换器是一个金属外壳的密封容器,本体是由一个油室和两个蓄水池构成,油室为一圆钢筒,两端为多孔端板,两端板间装有冷却铜管,管内为冷却液,管外为变压器油,冷却铜管按结构分为单管和双管结构两种,其双管结构如图 6-6 所示。

变压器热油自上面的法兰口流入油室,在油水热交换器冷却铜管外自上向下流动,且被数块横隔板阻隔形成曲折通道从而呈 S 形流动，并从下面的法兰口流出，到达变压器油箱的下部，其油的循环管路中增设油泵以实现油的加速循环冷却。油水热交换器的下部有两个供冷却水管路连接的法兰口，冷却水从底部蓄水池进入，底部蓄水池内设两隔板，水流由底部蓄水池进水口流入，沿多管区上升到顶部蓄水池，顶部蓄水池内设一个隔板，再从少管区向下流入底部蓄水池，并呈 n 形流动，经吸收热量后的冷却水再从出水口流出，并经水泵打压至"水—空气冷却系统"中的散热器与环境空气进行热交换。

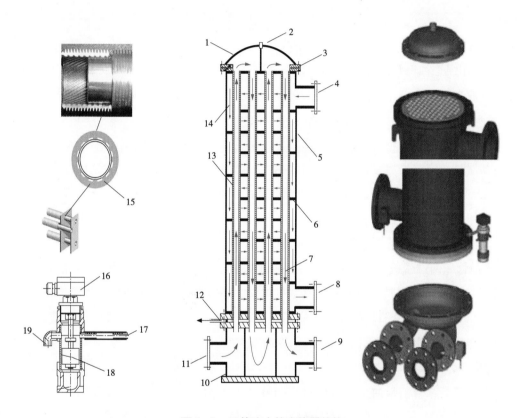

图 6-6　双管油水热交换器结构

1—顶部蓄水池；2—排气阀；3—顶盖法兰（密封垫）；4—进油口；5—外壳；6—油路隔板；
7—水流方向；8—出油口；9—出水口；10—下部蓄水池；11—进水口；12—连接泄漏仪口；
13—双层铜管；14—油流方向；15—双管之间的安全通道（连通泄漏仪）；16—泄漏仪端子盒；
17—泄漏仪连接管；18—泄漏仪浮子；19—排水或排油孔

　　双管油水热交换器管束有双管或双管板结构，当油侧或水侧发生渗漏时，渗漏的油或水直接进入双管之间的小毛细管或两管板之间的间隙，并流入泄漏仪中，液体的浮力将泄漏仪内部的浮子升起并动作于泄漏仪内部的微动开关发出报警信号，其结构如图 6-7 所示。

　　单管油水热交换器是指变压器油管路外即是变压器油，油水热交换器冷却管通常都

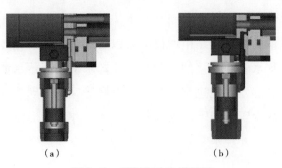

图 6-7　泄漏仪动作原理图
（a）未发生油或水泄漏；（b）发生油或水泄漏

是由铜材质制成的，当冷却液污染产生腐蚀性时易导致水侧管路泄漏，根据 JB/T 8316《变压器用强迫油循环水冷变压器》5.4 规定，单管油水热交换器应安装压差继电器，并做好油水热交换器出口压力与进口水压的差值监视，小于 50kPa 时发出报警信号，防止冷却管水侧泄漏至油侧发生绕组放电类故障。

为避免发生油水热交换器冷却管发生泄漏应采取的措施：①对于单管冷却器，开启冷却器时，应首先启动油泵，后启动水泵；停用冷却器时，应首先停止水泵，后停止油泵，防止水压升高。②结合停电工作对单管油水热交换器改造更换为双层铜管结构；③加强冷却液 pH 值的检测，防止酸性腐蚀性液体形成；④检修过程中确保承受压力及真空压力满足设备要求限值。根据 JB/T 8316《变压器用强迫油循环水冷变压器》5.6 冷却管和两端管板连接处应能承受 500kPa 的压力，历时 1h 无渗漏；冷却器应能承受住真空度为 65Pa、持续 10min 的真空度试验，不得有机械损坏和永久变形。

6.4.2　水冷变冷却装置冷却液应每年开展一次水质检测，pH 值呈酸性或运行周期满 6 年应进行水冷却管路清洗预膜和冷却液更换。

【标准依据】无。

要点解析：目前强油循环水冷变冷却液基本采用乙二醇溶剂，一种用乙二醇和蒸馏水以 2∶3 的比例配置成 -25℃冷却液，无其他添加剂；另一种是采用专业蓝星冷却液，它是在乙二醇和蒸馏水的基础上，添加了阻垢剂、防锈剂等药剂，在对水冷管路耐腐蚀方面优于前者。

冷却液的性能指标主要指外观、颗粒物杂质、pH 值和冷凝点等，其中外观主要检查有无异物、颜色是否呈现锈蚀色等；颗粒物杂质影响水泵轴承磨碎并产生渗漏水、自动排气阀阀口堵塞无法排气或无法关闭导致渗漏水；pH 值是测量冷却液的酸碱度，当 pH 值小于 7 时呈现酸性，对非耐腐蚀性金属具有腐蚀性；冷凝点是冷却液出现凝固现象的温度值，根据环境温度判断是否符合要求，防止冷却液结冰膨胀损坏管路及组部件。

当发现水冷装置冷凝点不符合当地环境温度且变压器停用时，为防止冷却液结冰导致管路爆裂损坏，应将冷却液全部撤出；当发现水冷装置颗粒物杂质较多，且水冷装置频繁发生水泵轴封漏水、自动排气阀渗漏水现象时，应尽快在过滤阀中将粗滤更换细滤进行水质过滤；当发现 pH 值显示酸性、外观锈蚀颜色较重时，为防止酸性液体对管道的腐蚀，应开展水冷装置管路清洗预膜和冷却液更换工作，其效果如图 6-8 所示。另外，考虑冷却液的使用年限较短，为防止冷却液失效变质，当冷却液运行周期满 6 年也应进行水冷管路清洗预膜和冷却液更换。

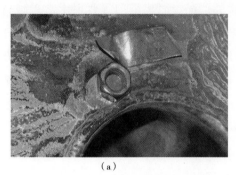

（a）　　　　　　　　　　　　　（b）

图 6-8　水冷管路清洗预膜前后对比

（a）水冷装置内部锈蚀污垢；（b）预膜、清洗前后对比（左至右）

6.4.3　水冷变压器水冷装置冷却液更换后应进行水冷系统传动调试，水泵电机工作电流和水流计指针不应出现波动和抖动。

【标准依据】无。

要点解析：强油循环水冷变压器冷却装置冷却液更换后应进行水冷系统传动调试。由于水冷变油水热交换器冷却管和水空气热交换的散热器管的管径细小，更换完冷却液后，这些部位将积聚较多气体，需分别开启各组冷却器组（水泵）将冷却液循环并通过自动排气阀将冷却装置内的气体慢慢排出。

当冷却装置内积聚气体较多时，水泵电机运行电流将会出现频繁数值波动，水流计指针会出现突然至"停止"位置，又突然至"工作"位置的抖动现象，此时控制回路判断为该组冷却器故障并切除，启动的备用冷却器也同样会判断故障并切除，最终导致变压器冷却器全停跳闸。当冷却管路内部积聚气体基本排完后，水泵电机运行电流较为稳定，不会出现数值波动现象，水流计指针稳定，不会出现指针抖动现象。考虑水冷变压器运行时会启动辅助冷却器组，此时将有两组冷却器组运行，为模拟实际运行情况，一是分组启动冷却器组进行水冷系统传动调试；二是轮替启动两组冷却器组进行水冷系统传动调试。

6.4.4 水冷变水冷却管路阀门应使用带手板把锁止功能的硬质密封不锈钢蝶阀，管路连接使用不锈钢波纹管，禁止使用带橡胶等易腐蚀或易脱落材质的真空蝶阀和尼龙橡胶波纹管。

【标准依据】JB/T 5345《变压器用蝶阀》10.4 蝶阀包装时应关闭，且每台蝶阀应有单独的包装，并附有产品使用说明书，包装应防潮、防腐蚀、防磕碰。

要点解析：因强迫油循环水冷变冷却液主要成分为乙二醇和水比例配置而成，根据 JB/T 8448.1《变压器类产品用密封制品技术条件》第 1 部分：橡胶密封制品 7.3 密封制品在运输中应严禁与腐蚀性物质、油脂类产品、有机溶剂等有损于密封制品的物品接触，还应避免阳光直射及雨雪浸淋的规定。如果使用真空蝶阀和尼龙橡胶波纹管，当冷却液 pH 值呈现酸性时对橡胶有腐蚀作用，另外在水中长时间浸泡也会发生鼓涨和软化现象，当阀门开闭数次后宜造成脱落，脱落的橡胶或塑料制品会堵塞冷却循环水管路，将会对水冷冷却装置产生不良后果：①影响变压器油温的冷却效果，变压器油温监测值比站内其他水冷变压器相比油温和水温较高。②水泵进出水量不稳定，混杂空气，运行电流不稳定。③会导致水管路水流循环不畅，水流计抖动频繁或不启动，严重时可造成冷却器故障或变压器冷却器全停跳闸。

为此，强油循环水冷变水冷却管路阀门应使用带手板把锁止功能的硬质密封不锈钢蝶阀，管路连接使用不锈钢波纹管，禁止使用带橡胶等易腐蚀或易脱落材质的真空蝶阀和尼龙橡胶波纹管。

【案例分析】某站 1 号水冷变压器因水冷却管路真空蝶阀橡胶脱落堵塞管路导致变压器冷却器全停跳闸。

（1）缺陷情况。2016 年 5 月某站监控系统发出"1 号变水流异常"频繁报警，经 1h 后发出"1 号变压器冷却器故障"和"1 号变压器冷却器全停"跳闸信号，延时 20min 后变压器跳闸。

（2）处置情况。现场对各组冷却器进行传动检查，发现第一组冷却器电流明显小于其他两组冷却器，判断内部存在堵塞造成电流减小，同时发现水流计存在抖动现象，由于冷却系统未装设自动排气装置，故在油水热交换器和散热器顶部排气口处进行排气，排出大量气体。后续对冷却装置加水压检查管路负压区存在漏水现象，密封不严密，对管路解体检修发现过滤器、油水热交换器入水口处有大量橡胶，已拆卸真空蝶阀发现橡胶全部脱落，如图 6-9 所示。

（3）原因分析。①冷却管路被真空蝶阀橡胶脱落堵塞，导致冷却管路水流流量减小，水流冲击力小于水流计挡板弹簧复位力，发生频繁抖动，发出水流异常频繁报警，当冷却管路全部堵塞时，水流计指针返回停止位置，发出冷却器故障信号，此时备用冷却器同样存在此问题，故备用冷却器也故障切除，发出冷却器全停跳闸信号；②冷

图6-9　真空蝶阀橡胶脱落堵塞冷却管路
（a）真空蝶阀橡胶脱落；（b）过滤阀处存在橡胶；（c）冷却管路清理出橡胶

却管路负压区渗漏点存在进气现象，同时冷却管路未设置自动排气装置，过多的空气也会影响到水流计的正常工作。

（4）分析总结。①将真空蝶阀拆除并更换为带手板把锁止功能的硬质密封不锈钢蝶阀，将尼龙橡胶波纹管拆除并更换为不锈钢波纹管；②对冷却管路加装自动排气装置，防止内部积聚气体导致水流计频繁抖动；③排查其他水冷变压器是否使用真空蝶阀和尼龙橡胶波纹管，后续安排大修更换；④对其他水冷变压器未装设自动排气装置的水冷管路定期开展人工排气。

6.4.5　水冷变压器水循环管路应在正压区安装自动排气装置，未装设时应定期对水冷却管路开展人工排气。

【标准依据】无。

要点解析：强迫油循环水冷变压器水管路内部聚集气体时，水流计指针将频繁抖动、水泵电机过热等现象，严重时导致冷却器故障或变压器冷却器全停跳闸。

水冷变压器水管路内部聚集气体的来源包括：①负压区因密封不严导致的进气现象，例如水泵进水侧的负压区；②水冷系统水枕严重缺水导致空气进入水循环管路；③水管路大修更换冷却液后未充分进行排气即将变压器投入运行。为解决以上问题，水冷却管路应在正压区安装自动排气装置（禁止在负压区安装，否则外界空气将源源不断进入水冷却管路），当管路内部有积聚气体时，气体将随着冷却液循环逐渐积聚在自动排气装置中，当积累一定量时排气孔打开进行排气，冷却液在正压下及时补充自动排气装置内腔，积聚空气排尽后排气孔自动关闭。室内安装的冷却管路自动排气阀装置，距离带电设备较近时，为防止水汽喷射现象，应在其顶部加装不锈钢罩。为防止发生冷却器故障或变压器冷却器全停跳闸，对于未装设自动排气装置的水冷管路应定期开展人工排气工作。

6.4.6　水冷变压器水循环管路负压区组部件不应出现渗漏水，防止水泵运转发生负压进气。

【标准依据】无。

要点解析：强油循环水冷变压器水循环管路由于有水泵加速冷却液流动，在水泵进水侧冷却管路及其组部件可能出现负压区，例如水泵进水侧、散热器出水侧以及它们连接管路的组部件。

冷却器组未运行时，由于水泵未启动运行，水泵的进水及出水口均为冷却液静止压力，在静压力作用下，如果组部件存在密封不严时将会出现渗漏水，此时应及时安排处理。冷却器组运行时，由于水泵强大离心力将水打入高扬程处，水泵的进水侧管路等组部件将形成负压区，此时如果渗漏部位未及时处理，那么此时环境中的空气将被源源不断的吸入冷却管路中，导致内部积聚气体，当每分钟积聚气体的体积大于自动排气阀排除气体的体积时，将造成冷却装置内部积聚气体逐渐增多，并造成水流计指针抖动，发出冷却器故障信号，严重时导致冷却器全停跳闸。

为此，在冷却装置及其系统设计时应考虑，在水泵进水侧管路等负压区尽量不装设组部件，例如自动排气阀、水温表、压力释放阀等，减少负压区进气的概率；在水泵两侧进水和出水管路应安装带真空数值的压力表，监视水泵进出水两侧的压力值；合适的水泵参数选型及冷却管路设计可确保水泵运行时水泵进水侧不出现负压区。

6.4.7　水流计挡板机构、水位计齿轮机构应选用防腐和防积污设计，防止转动机构锈蚀卡涩。

【标准依据】无。

要点解析：强油循环水冷变压器冷却液主要成分为乙二醇和水比例配置而成，但这些液体与管路内的某些杂质进行化学反后逐渐劣化，水质 pH 值逐渐成为酸性，在酸性物质、空气和水的共同催化作用下，水流计挡板机构、水位计齿轮机构等铜材质极易发生氧化锈蚀、积存污泥等现象。

如果水流计挡板机构不具备防腐和防积污垢功能时，对于长期未运行的水流计，水冷管路中的污泥或腐蚀性杂质将会在挡板机构内积聚，导致挡板机构卡涩无法转动。此时若工作组冷却器发生故障时，启动备用冷却器时由于水流计转动机构卡涩未转动，水冷计仍指示在"停止"位置，水冷控制系统误认为该组冷却器存在故障而切除，并发出"冷却器故障"信号，当水冷变失去全部冷却装置时，水冷控制系统将发出"冷却器全停"跳闸信号，并经延时 20min 后变压器跳闸。

当水枕水位计及其连杆部位损坏锈蚀卡涩，或者浮球长期浸泡冷却液膨胀脱落后，水位计齿轮卡涩，指针将停留在原指示不缺水位置，无法上送"水枕水位低"信号。当冷却装置发生漏水现象时未及时发现，水冷管路积聚气体逐渐增多，水流计出现频繁抖动现象，水泵电机运行电流不稳定，当水管路缺水过多时，水流再无法冲击挡板至"工作"位置时，水冷控制系统切除本组冷却器，并发出"冷却器故障"信号，严重时其他冷却器组同样无法启动运行，水冷控制系统将发出"冷却器全停"跳闸信号，并经延时 20min 后变压器跳闸。

运行经验表明，用于变压器油中的油流计挡板机构和油位计齿轮机构等部件材质均为铜材质，在全密封的变压器油中不会出现锈蚀及积污现象，但用于水冷管路内将随着运行时间逐渐出现锈蚀及积污现象，为此，应禁止将铜材质的油流计和油位计用于水冷变水管路冷却系统。

【案例分析】某站 3 号水冷变压器因水流计无防积污设计导致挡板转动机构卡涩。

（1）缺陷情况。2019 年 12 月，某站 3 号主变压器冷却器运行方式为"3＋1"，运行人员倒换冷却方式为"1＋2"时（第 1 组冷却器运行、第 2 组冷却器辅助、第 3 组冷却器备用），水泵油泵起动后过几秒钟就跳开，备用油水泵投入运行，监控系统发出"3#变压器冷却器故障"信号。

（2）处置情况。现场首先对水泵、油泵进行绝缘检查，绝缘均无问题，判断不是由于其故障造成。对水流继电器进行检查，调节水流继电器松紧弹簧后再次传动冷却器仍不成功，后拆下水流计手拨动挡板存在卡涩现象。为分析内部卡涩问题，对其解体检查，发现内部转轴处有大量杂质沉积，判断为杂质大量沉积卡涩水流计挡板转轴致使指针无法偏转，如图 6－10 所示。

（a） （b） （c） （d）

图 6－10　水流计带法兰挡板机构解体结构
（a）外观；（b）带法兰挡板机构；（c）挡板机构局部；（d）挡板机构内部

（3）原因分析。水流计与冷却液的接触面、转轴根部有大量脏污和污垢。用手拨动水流计挡板可感觉初始有明显卡涩，拨动几次后卡涩逐渐减弱。判断为冷却水中的杂质进入到转轴处造成转动阻力变大，最终导致水流计转轴卡涩不能转到正常位置。

（4）分析总结。①加强水流计的选型工作，确保选用防腐材质和防积污设计，对不满足要求的水流计逐步安排更换；②加强冷却液水质检测，发现水质脏污较差时应安排冷却液更换；③结合冷却系统季节性轮换工作，观察水流继电器指针偏转是否正常，发现异常及时处理。

6.4.8　水流计挡板机构与指针式表盘继电器任一组件故障时宜整体更换，防止磁耦合不匹配导致水流计接点拒动。

【标准依据】无。

要点解析：强油循环水冷变水流计的功能主要是监视水泵是否运转、水流循环是否正常和水冷却管路蝶阀是否开启等，它由带安装法兰的挡板机构与带指针式表盘继电器组成，挡板转动与指针转动通过磁耦合原理实现。当水泵停止运转时，冷却液停止流动，水流计挡板借助复位弹簧返回至停止限位点，表盘指针指示"停止"位置；当水泵工作运转时，水流冲击挡板的力大于复位弹簧力时，挡板旋转至工作限位点，表盘指针指示"工作"位置。水流计在"工作"和"停止"位置时，其辅助接点均会变动并发出声响。

目前，水流计基本都为挡板机构与指针式表盘继电器组装设计，在检修过程中发生过型号不一致，或者表盘继电器开槽螺孔与带法兰的挡板机构不匹配，导致仅仅更换某一部件，表盘指针指示位置不正确，或者继电器接点未动作。因此，如发现水流计某部件损坏或继电器接点失效，应整体更换水流计。

6.4.9　水流计挡板转动方向应与水流方向相匹配，从停止至工作位置的挡板受力面积应逐渐增大且接点动作正确。

【标准依据】无。

要点解析：由于水冷管路分布有垂直安装和水平安装，水流方向有垂直流向和水平流向，且流动方向也不一样，因此，在安装和选型时应注意水流计挡板安装方向，确保水流计在"停止"位置时挡板与水流方向一致并有一定水流冲击启动角度，当水泵启动水流冲击时，挡板能顺水流方向转动，水流计指针到达"工作"位置时，挡板与水流方向受力面积应逐步增至最大，如图 6-11 所示。

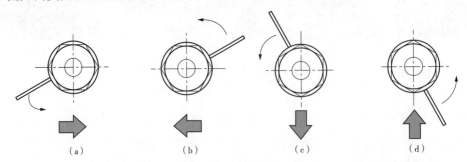

图 6-11　水流计安装方向（挡板旗子在水泵未运转条件下；箭头表示水流方向）
(a) 水平安装，水流自左向右；(b) 水平安装，水流自右向左；(c) 竖直安装，水流自上向下；
(d) 竖直安装，水流自下向上

从图 6-11 可以看出，图（a）为水平安装方向，水流方向为自左向右，挡板由"停止"转向"工作"；图（b）为水平安装方向，水流方向为自右向左，挡板由"停止"转向"工作";图（c）为竖直安装方向，水流方向为自上向下，挡板由"停止"转向"工作";图（d）为竖直安装方向，水流方向为自下向上，挡板由"停止"转向"工作"。

当将图 6-11（d）所示挡板方向安装在水平管路，水流方向为自左向右时，虽然挡板会转动，挡板受水流冲击力面积逐渐减小，此时挡板一会返回一会动作，指针也跟着频繁抖动，其辅助接点也同样发生频繁开断，冷却系统将发出"水流计动作异常"信号，当超过水流计动作延时整定时间时，切除该组冷却器并发出"冷却器故障"信号。当将图 6-11（b）所示挡板方向安装在水平管路，水流方向为自左向右时，当启动水泵时挡板不会动作，冷却控制系统将判断该组冷却器存在故障而切除，发出"冷却器故障"信号。

对于水流计具备挡板弹簧扭矩调节功能时，安装完成后应进行调节以适应水流流量，无此功能时应选配与水泵流量相匹配的水流计。水流计弹簧扭矩调节时，如果弹簧扭矩过大时，水流冲击力小于弹簧扭矩力，挡板无法冲动或出现抖动现象，当弹簧扭矩过小时，当水泵停止运行时，因弹簧扭矩过小会发生挡板无法返回现象，此种情况相当于水流计失去监视水泵是否正常运转的功能。水流计安装后应传动检查辅助接点二次接入冷却系统控制回路是否正确，如果冷却器组启动一会即切除该组冷却器，或者监控系统发出"水流计异常"信号时，说明其辅助接点二次接线错误。

6.5 强气循环冷却装置管控关键技术要点解析

6.5.1 SF$_6$ 气体绝缘变压器的气泵应满足 $N+1$ 冗余配置要求，当一台气泵故障退出运行时，其他运行气泵不应出现电机过载现象。

【标准依据】 无。

要点解析： SF$_6$ 气体绝缘变压器配置的气泵是本体气室冷却循环系统的重要部件，它是通过驱动 SF$_6$ 气体循环实现与散热器热交换的，其结构如图 6-12 所示。SF$_6$ 气体绝缘变压器有 30% 的自冷容量，冷却方式为气体自冷/强气风冷（GNAN/GDAF），气泵设计时应满足 $N+1$ 冗余配置要求，其冷却方式通常设计为全部 $N+1$ 台气泵工作模式，气泵故障后直接停用，或者 N 台气泵工作模式，1 台备用模式，运行气泵故障后启动备用气泵。但无论以上哪种运行方式，运行气泵均不应出现电机过载现象，这是因为，运行气泵发生过载现象将会导致电机线圈过热，严重时导致电机烧损，变压器被迫停运，为此，SF$_6$ 气体绝缘变压器气泵应满足 $N+1$ 冗余配置要求。

运行气泵的工作电流是受 SF$_6$ 气体密度和流量影响的，根据有效功率 $P_e = rQH$（$r = \rho g$ 表示容重，Q 表示流量，H 表示扬程）分析，一方面，当 SF$_6$ 气体密度增大时，气体

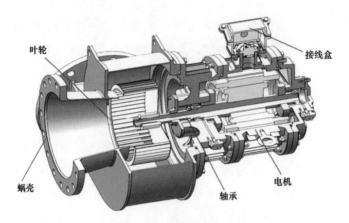

图 6-12　气泵剖视结构图

容重 r 增大，有效功率 P_e 也将随之增大，电机电流也随之增大，试验表明，在空气气室气泵电机电流明显小于在 SF_6 气体气室。另一方面，气泵投入的数量影响到气体的流量 Q，当气泵投入数量少时必然导致有效功率 P_e 需求较大，进而导致电机电流增大。为此，SF_6 气体绝缘变压器本体气室在额定压力下还应考虑气泵的最少投入数量，也就是说数字 N 是气泵设计的至少投入数量。

6.5.2　SF_6 气体绝缘变压器应设计防止气泵叶片损坏脱落进入器身的措施。

【标准依据】无。

要点解析：SF_6 气体绝缘变压器气泵有顶部安装方式和底部安装方式，如图 6-13 所示。

对于顶部安装方式，气泵的进风口连接管路至器身（有的直对器身绕组上方），出风口侧通过管路连接散热器，其 SF_6 气体循环路径为：本体气室→气泵连接散热器主管路（气泵→气流计）→散热器上主汇流管路→散热器管路→散热器下主汇流管路→本体气室。

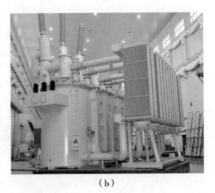

（a）　　　　　　　　　　　　　（b）

图 6-13　气泵安装位置图

（a）底部安装方式；（b）顶部安装方式

对于底部安装方式，气泵的进风口连接散热器过来的管路；出风口通过管路连接器身。其 SF_6 气体循环路径为：本体气室→气室连接散热器主管路→散热器上主汇流管路→散热器→散热器下主汇流管路→散热器连接气泵主管路（气流计→气泵）→本体气室。

无论何种方式，若气泵叶片损坏掉落时，在 SF_6 气体循环路径下，均存在叶片进入器身绕组并发生放电故障的隐患。故变压器厂家都应采取气泵叶片损坏掉落进入器身的措施，防止金属叶片进入器身破坏绝缘，并造成绕组放电类故障。

6.5.3 气泵安装前应检查叶轮转动灵活、叶片与叶轮固定牢靠无裂纹，平衡片由内向外与叶片固定牢靠，防止气泵失去动平衡稳定性。

【标准依据】 无。

要点解析：气泵是 SF_6 气体绝缘变压器冷却系统的核心部件，它的可靠运行不仅仅影响散热冷却，还影响到器身绝缘的可靠性，为此，气泵在安装前应检查气泵型号、参数、安装尺寸等参数符合要求外，还应重点检查影响气泵动平衡是否合格的一些关键部位：

（1）检查叶轮转动灵活无卡涩，这主要是防止轴承存在晃动磨损导致气泵运行时产生动平衡不稳定，为此，在安装前应在轴承添加口处添加润滑脂，提高气泵轴承使用寿命。

（2）检查叶片与叶轮铆接或焊接固定牢靠无裂纹。这主要是考虑在生产时叶片与叶轮轮廓的铆接或焊接存在瑕疵或裂纹，当气泵运转时，受离心力的影响，裂纹处极易扩大并导致叶片折断，此时气泵叶轮失去动稳定平衡，叶轮发生晃动并使叶片偏心旋转并触碰壳体，最终导致叶片变形及折断。

（3）检查平衡片必须由内向外固定牢靠。由于离心力均为由内向外，平衡片夹片从内向外加持紧固，可防止平衡片掉落引起气泵的动平衡不稳定。

【案例分析】 某基建站 3 号强气循环风冷变压器因气泵叶片损坏导致工作冷却器组切除。

（1）缺陷情况。2019 年 6 月，某基建站监控机发"3 号变压器气流异常报警"信号，现场检查 3 号气流计指示停止位置，其他气泵及气流计指示正常。

（2）处置情况。现场将 3 号气泵手把倒至"工作位置"时，该气泵接触器吸合，但气流计指针未启动，仍在"停止"位置，气泵运行时噪音很大，用钳形电流表测量气泵工作电流为 2.1A，而正常运行的 1 号气泵工作电流为 6.7A，气泵输出功率变小，初步判断气泵叶片与轴承发生脱落所致，经停电检查发现气泵叶片全部变形并从叶轮上掉落，如图 6-14 所示，现场检查叶片平衡片固定良好，转子轴承转动灵活，排除轴承问题。

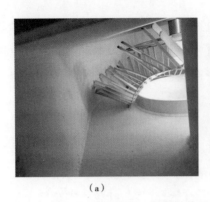

（a）　　　　　　　　　　　　　　　（b）

图6-14　气泵叶轮及叶片结构图

（a）损坏的气泵叶片；（b）气泵叶片上的平衡片

（3）原因分析。经现场解体分析判断，气泵叶片与叶轮的铆接固定质量存在裂纹或固定不牢固，在气泵运行离心力作用下导致叶片发生向外飞溅，损坏的叶片触碰其他叶片，最终导致所有叶片均与叶轮脱离。

（4）分析总结。①结合停电工作对同批次气泵进行开仓检查，检查叶片与叶轮的铆接质量以及平衡片的位置；②将气泵安装纳入隐蔽性工程，并做好专项检查记录，做好影像留存；③加强其他运行气泵的状态监测工作，定期开展气泵轴承添加润滑脂、电机电流、振动噪音和温度检测；④怀疑气泵内部存在异常或故障时应立即将变压器停电转检修，防止叶片掉落器身内部发生放电故障。

6.5.4　气泵应选用转速不大于1500r/min的优质产品，运行期间应定期对气泵轴承添加润滑脂并做好气泵电机电流、振动噪声和红外成像测温的检测，发现异常及时停电处理。

【标准依据】无。

要点解析：影响气泵运行寿命的主要部件为气泵的轴承、叶轮和叶片，其中气泵转速是影响其寿命的主要因素，为此，选用的气泵气泵轴承转速应不大于1500r/min。另外，为加强气泵运行中的可靠性，不发生气泵轴承或叶轮损坏故障，运行中应做好以下工作：

（1）定期开展气泵轴承添加润滑脂，一般可结合变压器停电工作开展。

（2）加强气泵运行时电机电流的检测，电机电流应工作平稳无波动，并记录好本体仓室压力值。同时还要做好与其他变压器同位置气泵工作电流检测的对比分析，当发现工作电流较小时，可能存在叶轮叶片脱轴隐患，应及时将变压器转检修并拆卸气泵检查。

（3）加强气泵运行时噪音检测。如果噪声明显较大，可能是轴承磨损较为严重，气泵动稳定平衡存在异常，应尽快安排气泵更换。

（4）加强气泵运行时红外测温工作。如果气泵轴承连接处或者电机线圈处温升明显高于其他气泵时，如图 6 – 15 所示，可判断轴承磨损或电机线圈绝缘老化导致的发热，如果发热还伴随着噪声等异常时，应及时安排气泵更换。

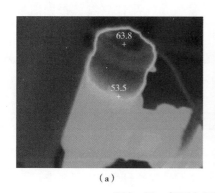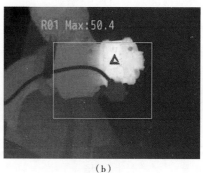

（a）　　　　　　　　　　　　　　　（b）

图6-15　气泵电机及轴承红外测温图谱

（a）气泵电机轴承测温异常；（b）气泵电机轴承测温正常

6.5.5　每台气泵均应配置气流计用于监视其运行状态，气泵未运转时气流计不应动作，气泵故障时气流计应提供报警信号。

【标准依据】 DL/T 1810《110（66）kV 六氟化硫气体绝缘电力变压器使用技术条件》8.3.3 气体变压器运行中，气流计应在气泵故障时提供报警信号。

要点解析： 每台气泵均应配置气流计用于监视其运行状态，且每台气泵及气流计应独立布置在主管路中，彼此气流互不影响。

当气泵运转时，强大的气流吹动气流计挡板转动，通过气流计的动合触点发出"气泵启动"告知信号。当气泵停转时，用于监视该气泵的气流计挡板不应动作，表盘的指针应指示在"停止"位置，其二次触点返回。气流计监视气泵是否故障可通过气流计的动断触点实现，为避免气泵未运转，气流计动断触点误发"气泵故障"信号，可通过气流计动断触点与气泵接触器动合触点串联实现，当气泵接触器吸合而气泵不运转时，此时，气流计与气泵接触器二次触点均为闭合状态，这样就发出了"气泵故障"信号。"气泵故障"信号代表两层含义，一是气泵故障损坏；二是气流计挡板不动作或二次触点不变位。另外，用于监视气泵故障的报警信号还应考虑气泵空开跳闸，气泵接触器带电并不吸合等情形。

运行气泵对 SF_6 气体的循环不应影响停转气泵及气流计的管路，即各气泵在不同运行方式下，未运转气泵所在管路的气流计不应动作。这是因为，如果气泵所在管路的气流计因其他气泵运转影响该管路出现气体循环时，当气泵故障时，用于监视该气泵的气流计挡板将会吹起（二次触点不返回），它是发不出"气泵故障"信号的。为此，SF_6 气体绝缘变压器的气泵及气流计的参数选型、管路走向以及安装位置等应合理选型和设计，气泵未运转时气流计挡板及二次触点均不应动作。

【案例分析】某站 3 号变压器因 1 号气流计挡板掉落发出"3 号变气泵气流计故障"报警信号。

（1）缺陷情况。某站监控系统发出"3 号变气泵气流计故障"报警信号，运维人员到达现场检查 1 号、3 号和 4 号气泵接触器吸合，气泵均可靠运行，2 号气泵因处于备用位置未启动（该冷却方式气流计仅发报警信号，不切除该气泵），发现 1 号气流计表针指示"停止"位置，与 1 号气泵运转不相符，而其他气流计指示与气泵运行状态对应一致。

（2）处置情况。现场测量 3 号变压器 1 号气泵工作电流正常，运行声音正常，但 1 号气流计指针不动作。后续依次传动 2 号、3 号、4 号气泵，测量气泵工作电流正常，运行声音正常，气流计指针指示正常，初步判断 1 号气流计内部发生故障。

现场撤出气流计连同相关管路中 SF_6 气体，拆除 1 号气流计发现气流计挡板断裂，根据 SF_6 气体循环路径查找，在散热器下汇流管至本体气室的主管路中发现挡板，如图 6-16 所示。后续更换新合格气流计，对已开仓的气室一同抽真空 24h，再注入 SF_6 合格气体，包扎检漏测水分。

 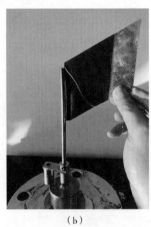 

图 6-16　故障气体计外观结构检查
(a) 气流计叶片断裂处；(b) 气流计叶片断裂复原；(c) 叶片掉落位置

（3）原因分析。根据故障气流计叶片断裂纹理分析，故障气流计最先开裂位置位于挡板连接的最顶端，其原因是：①设计有安装槽的转轴杆与叶片进行焊接固定，叶片未完全插入槽底，叶片高于转轴杆 1cm，而新品气流计设计上叶片与转轴杆是平行的，如图 6-17 所示；②叶片与转轴杆处承受的风应力最大，该处属于叶片断裂的初始点；③怀疑叶片此处存在质量缺陷，但外观无法辨析，长期受力导致此处金属疲劳，在承受最大应力下发生裂纹，在风力作用下逐步撕裂。

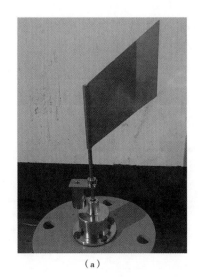

（a） （b）

图6-17 故障气体计外观结构检查

（a）叶片包绕转杆焊接；（b）叶片插入转杆焊接

（4）分析总结。①将变压器其他气流计均拆除，并更换新设计型式气流计；②加强"气泵气流计故障"报警信号的监视，发现此信号时应判断故障部件为气泵还是气流计。判断气泵及气流计故障时，应尽快安排变压器停电检修，防止掉落叶片在 SF₆气体风压下进入器身，发生绕组放电故障；③加强新品气流计的选型工作，同时检查焊接质量可靠，确保叶片与转杆平齐，高度一致，防止叶片高出转杆部分应力过大发生断裂。

6.6 冷却控制系统管控关键技术要点解析

6.6.1 变压器冷却系统应配置两个相互独立的电源且接于不同的站用电低压母线上，并具备自动切换功能。

【标准依据】《国家电网有限公司十八项电网重大反事故措施（2018 年修订版）》9.7.1.4 变压器冷却系统应配置两个相互独立的电源，并具备自动切换功能。《国网防止变电站全停十六项措施》9.1.3 站用电系统重要负荷（如主变压器冷却器、直流系统等）应采用双回路供电，且接于不同的站用电母线段上，并能实现自动切换。9.1.1变电站应至少配置两路不同的站用电源，不同外接站用电源不能取至同一个上级变电站。

要点解析：涉及提供变压器冷却系统电源的冷却方式主要有油浸风冷、强迫油循环风冷、强迫油循环水冷和强迫气体循环风冷，后三种冷却方式冷却系统电源失去将导致变压器冷却器全停跳闸。

为确保变压器冷却系统供电电源的可靠性，要求冷却系统应配置两个相互独立的电源，且接于不同的站用电 0.4kV 低压母线段上，如图 6-18 所示。当某一站用电电源发生异常时（例如缺相、过电压或欠电压、失电等），冷却系统将通过电源自动投切回路（或 ATS 装置）将异常电源切除并投入正常电源。如果两路电源均接于同一站用电低压母线段上，则会出现变压器冷却系统同时失电的现象，那么涉及冷却器全停跳闸的变压器将会发生跳闸停电，这种现象是不允许发生的。

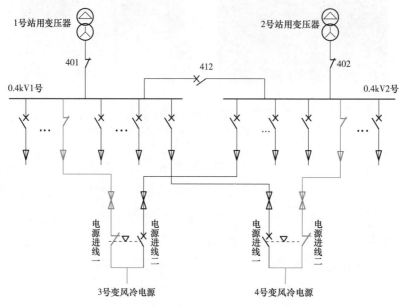

图 6-18 变压器冷却系统双电源布置方式

图 6-18 中，站用电源 401 和 402 开关合着，412 开关拉开，正常时 3 号变压器风冷电源由低压 0.4kV1 号母线供电，异常时切换至低压 0.4kV2 号母线供电；正常时 4 号变压器风冷电源由低压 0.4kV2 号母线供电，异常时切换至低压 0.4kV1 号母线供电。

理想情况下，越多的供电电源越能保证变压器冷却系统供电的可靠性，但是这增加了低压 0.4kV 回路设计的复杂性，例如电源自动投切、防止低压并列等，而对于500kV 及以上变电站、地下变电站或重要的变电站可考虑第三电源设计，一般第三电源为外接备用电源（非本站电源），外接电源不能取至同一个上级变电站，当本站站用电源失电并切除后自动投入外接备用电源。

6.6.2　强油/气循环变压器应通过任一电源侧断路器辅助接点实现冷却器的自动投入与退出。

【标准依据】《国家电网有限公司十八项电网重大反事故措施（2018 年修订版）》9.7.1.5 强迫油循环变压器内部故障跳闸后，潜油泵应同时退出运行。DL/T 572《电力变压器运行规程》6.4.2 装有潜油泵的变压器跳闸后，应立即停油泵。

要点解析：涉及冷却器全停跳闸的变压器冷却系统通常通过变压器高、中压侧断路器辅助触点实现冷却系统的自动投入与退出，一般通过断路器辅助触点串联回路启动中间继电器，由中间继电器的辅助触点串接在各冷却器组的启动控制回路中实现。

这样的设计通过冷却控制系统实现变压器投运即不失去冷却装置运行，有效降低绕组短时过温；减少运维人员对冷却装置的维护量，不需在变压器投运前先启动冷却装置运行，停电后再退出冷却系统的操作；变压器内部故障跳闸后冷却装置应能自动退出运行，防止在变压器发生油箱或套管爆炸起火恶性故障时，潜油泵或风机等冷却装置加速火灾蔓延，另外，若器身内部发生故障时，若油泵继续运转将影响绕组故障点现象，不利于后续变压器器身解体分析。

6.6.3 强油/气循环变压器冷却系统应设一组备用冷却器组，当运行冷却器组故障切除后备用冷却器组应自动投入运行，备用冷却器组故障切除后辅助冷却器组应自动投入运行。

【标准依据】DL/T 572《电力变压器运行规程》3.1.4c）强油循环变压器，当切除故障冷却器时应发出音响、灯光等报警信号，并自动（水冷的可手动）投入备用冷却器。

要点解析：涉及冷却器全停跳闸的变压器，冷却系统一般对冷却器组工作模式设计为"工作位置""辅助位置""备用位置"和"停止位置"，并通过控制手把实现工作位置的调整，其中冷却器组在"工作位置"时，指变压器带电运行即启动工作冷却器组；当冷却器组在"辅助位置"时，指变压器油温（不宜采取负荷控制）超过设定值时启动辅助冷却器组；当冷却器组在"备用位置"时，指已运转的冷却器组（工作或辅助冷却器组）故障切除后启动备用冷却器组。当冷却器组在"停止位置"时，指冷却器组停止运转。

涉及冷却器全停跳闸变压器的冷却系统应设一备用冷却器组，提高冷却容量裕度设计，在运行冷却器组故障时可启动备用冷却器组，故障冷却器组可有充分检修时间，若无备用冷却器组，那运行冷却器组故障后极有可能导致其他冷却器组过载；强油循环变压器不宜投入过多冷却器组，防止发生油流带电现象；可实现冷却器组的轮换工作模式调整，防止冷却器组长期运行影响使用寿命。

为确保各冷却器组在故障时能实现将正常的冷却器组投入运行，对冷却器组故障切换模式规定为：当运行冷却器组故障切除后备用冷却器组应能自动投入运行，备用冷却器组故障切除后辅助冷却器组应能自动投入运行。

以强迫油循环水冷变压器冷却系统为例分析，冷却器组共计三组，分别位于工作、辅助和备用模式，冷却系统控制回路以往设计仅仅是运转的冷却器组故障启动备用冷却器组，假设油温未达到启动辅助冷却器组时，当工作和备用冷却器组均故障无法启动时，此时变压器可运行的冷却器组仅剩下辅助冷却器组，此时变压器油泵全部停转（因全停跳闸回路串联油温接点，并不会引起冷却器全停跳闸），若变压器存在绝缘弱点时，当绕组热点温升逐步增加时极有可能导致绝缘弱点的继续裂化，这样就带来变压器的运行风险。为此，在备用冷却器组故障时启动辅助冷却器组运行就解决了此问题。

6.6.4 强油/气循环变压器应结合停电开展冷却系统切换试验。

【标准依据】《国家电网有限公司十八项电网重大反事故措施（2018年修订版）》9.7.3.1 对强迫油循环冷却系统的两个独立电源的自动切换装置，应定期进行切换试验，有关信号装置应齐全可靠。

要点解析：涉及冷却全停跳闸的变压器应结合停电工作开展冷却系统切换试验，冷却系统切换试验能及时发现冷却装置、冷却系统二次回路及其元器件存在的异常和遗留问题，可有效杜绝变压器冷却系统带隐患运行。

冷却系统切换试验一般检查内容有：①检查各冷却器组的运转情况；②检查冷却系统二次元器件动作情况；③检查冷却系统电源自动投切功能；④检查冷却器组故障自动投切功能；⑤检查冷却器组工作模式切换及启动功能；⑥检查冷却器全停跳闸启动及返回功能；⑦检查冷却系统异常信号上送全面性、与监控系统光字牌描述对应一致性等。

运行经验表明，在冷却系统切换试验中往往发现很多问题，例如：①风扇轴承卡涩、噪音较大，电流测量过载，现场更换风扇后恢复正常；②水流计指针存在不启动、不返回和抖动频繁的现象，现场更换水流计后恢复正常；③电源切换回路无法切换，现场检查发现断相继电器损坏，现场更换断相继电器后恢复正常；④空开试验跳闸按钮无法跳闸，现场更换空开后恢复正常；⑤辅助冷却器组无法启动，现场检查发现油温表接点损坏，现场更换油温表后恢复正常；⑥现场传动冷却器故障信号时，监控系统发出电源故障信号，现场更改光字牌描述后恢复正常。可见，定期开展变压器冷却系统切换试验提高了变压器冷却系统运行可靠性。

6.6.5 强油/气循环变压器发生冷却器全停应有冷却器全停瞬时告警和延时跳闸信号，延时跳闸时间整定值应通过保护装置设置，严禁通过二次回路串接延时继电器实现。

【标准依据】 无。

要点解析：强油/气循环变压器发生冷却器全停应有冷却器全停瞬时告警和延时跳闸信号，当冷却器全停故障时，冷却系统先发出"冷却器全停瞬时告警"信号（发出告警信号的同时启动冷却器全停跳闸回路），待保护装置延时到达整定时间后发出"冷却器全停延时跳闸"信号，变压器各侧断路器跳闸。

冷却器全停瞬时告警信号的设置优势：对于有人变电站，运维监控人员能第一时间知晓变压器已发生冷却器全停，可尽快通知运维人员现场检查处理；对于无人变电站，可通过远方监控系统进行系统方式调整，将变压器负荷倒出并远方拉开变压器。如果在冷控箱二次回路通过串接延时继电器实现，那么当冷却器发出冷却器全停跳闸信号的同时变压器也发生跳闸。

为此，强油/气循环变压器发生冷却器全停应有冷却器全停瞬时告警和延时跳闸信号，冷却器延时跳闸时间整定值应通过保护装置设置。在厂家未做特殊规定时，一般运行规定，对于强油循环风冷/水冷变压器，当失去全部冷却器时，非电量保护经20min 延时动作跳开变压器各侧开关。对于 SF_6 气体绝缘变压器，在强气循环风冷模式下，当失去全部冷却装置时，非电量保护经 15min 延时跳开变压器各侧开关。

6.6.6　强油/气循环变压器冷却器全停跳闸启动回路应接入保护装置非保持开入接点。

【标准依据】 无。

要点解析： 强油/气循环变压器冷却器全停跳闸启动回路应接入保护装置非保持开入接点，其原因是：①考虑冷却系统发生全停故障在延时时间以内紧急恢复正常后，冷却器全停跳闸命令应立即返回；②考虑系统电源扰动瞬时启动冷却器全停，冷却器全停跳闸命令应立即返回。如接入保护装置保持开入接点，一旦保护装置接收到冷却器全停跳闸启动命令，那么延时时间一到，变压器立即跳闸，这是不允许的。

因系统电源扰动导致风冷全停误启动的情形主要有：①系统线路发生接地短路故障时，站用电所在低压母线发生电压跌落，站用电提供的 0.4kV 冷却系统电源也同时发生瞬间跌落；②运维人员开展周期性冷却系统工作电源轮换方式；③断相继电器老化故障损坏，这种老化概率一般运行 10 年后比较突出；④站用电一次设备故障跳闸，冷却系统工作电源完全失电。以上四种情况均会导致断相继电器判断工作电源故障，并通过自动切换功能切换至备用电源，电源切换的那一时刻即会启动冷却器全停跳闸回路。

6.6.7　强油循环水冷变压器"水—空气热交换系统"的风扇及电源故障不应启动冷却器全停跳闸回路。

【标准依据】 无。

要点解析： 强油循环水冷变压器冷却系统由油—水热交换系统和水—空气热交换系统组成，如图 6 - 19 所示。油—水热交换系统将变压器热油与水通过油水热交换器实现热交换，并最终实现降低油温的作用，油路系统中的油泵和水路系统中的水泵分别驱动油和水各自循环流动。水—空气热交换系统是指油水热交换器中被加热的冷却液通过散热器与外界环境进行热交换，实现降低水温的作用，风扇用于可加速散热器的散热效果。

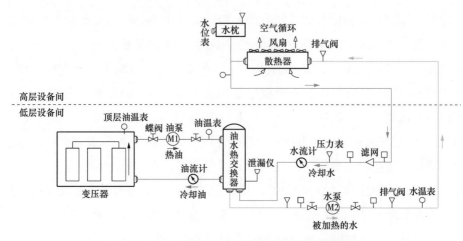

图6-19　强油循环水冷变压器冷却装置循环回路

强迫油循环变压器冷却系统中油泵运转时器身内部油就会循环流动，此时监测变压器顶层油温未到达变压器温升限值即可满足变压器持续运行要求，若油泵全部停止运转将导致绕组热点温升超限值，此时监测变压器顶层油温已失去意义，故应启动冷却器全停跳闸回路。以上分析可知，对于水—空气热交换系统中的散热风扇是否运转对于变压器能否持续运行并不起决定作用，因此，强油循环水冷变压器"水—空气热交换系统"的风扇及电源故障不应启动冷却器全停跳闸回路。

6.6.8　强油/气循环变压器冷却器全停跳闸启动回路不应采用重动继电器（中间继电器）辅助触点实现。

【标准依据】无。

要点解析：强油/气循环变压器冷却器全停跳闸启动回路应通过总电源空开、油泵/水泵/气泵接触器、油流计/水流计/气流计等辅助触点的串并联回路实现（并联的每一支路不宜为一个辅助触点），不应通过串联重动继电器（中间继电器），再通过重动继电器的辅助触点发出冷却器全停跳闸命令。其原因是：①重动继电器主要用来解决触点数量不够或者是触点容量不够而加装的中间继电器，而对于强油/气循环变压器冷却器全停跳闸启动回路而言，没有必要增设重动继电器。②重动继电器启动电压和启动功率过低时，在电磁干扰、直流接地或二次电缆分布电容的影响下极易发生误动，且定期要对其进行校验，维护工作量较大；③重动继电器本身触点故障会直接启动冷却器全停跳闸回路，这与冷却器是否发生全停没有直接关系；④冷却器全停跳闸启动回路通过总电源空开、油泵/水泵/气泵接触器、油流计/水流计/气流计等辅助触点的串并联回路实现时，即使某一元器件及其辅助触点故障，并不会启动冷却器全停跳闸回路，提高冷却器全停跳闸启动回路的可靠性。

6.6.9 强油/气循环变压器冷却系统电机回路的空气开关或接触器未正确工作时，应发出报警信号。

【标准依据】 无。

要点解析：强油/气循环变压器冷却系统电机回路的空气开关或接触器的工作状态应进行监视，防止空气开关手动拉开或者接触器故障不吸合导致油泵、水泵或气泵不运转。

电机电源空气开关辅助触点有两类，一类是故障触点，只有故障过流跳空气开关后，触点才变位发出信号，手动拉空气开关并不发信号，一般以此信号表示电机故障；另一类是位置触点，只要空气开关断开就发出信号，一般以此信号表示开关位置异常。目前，变压器冷却系统二次回路只使用空气开关故障触点，报警信号为"电机故障"，存在电机电源空气开关手动拉开，检修后未及时合上的隐患。

电机接触器主要通过控制回路控制电磁铁线圈首端 A1 和尾端 A2 通电的吸合，当电磁铁线圈吸合后，其辅助触点发生变位，主要涉及动合触点和动断触点两类。若电机接触器电磁铁线圈带电未吸合时，其辅助触点将不变位，无法监视接触器是否正确动作，这是目前变压器冷却系统二次回路普遍存在的问题。为此，应通过启动元器件的辅助触点与电机接触器动断触点串联实现对接触器是否工作正常的监视。

6.6.10 变压器冷控箱低压大电流多股导线应使用与导线截面匹配的接线端子压接镀锡工艺，与二次元器件连接宜为 1 根且牢固可靠。

【标准依据】 GB 50171《电气装置安装工程盘、柜及二次回路接线施工及验收规范》5.0.2 接线端子应与导线截面匹配，不得使用小端子配大截面导线。6.0.1 导线与电气元件间应采用螺栓连接、插接、焊接或压接等，且均应牢固可靠。多股导线与端子、设备连接应压终端附件。盘、柜内的导线不应有接头，芯线应无损伤。每个接线端子的每侧接线宜为 1 根，不得超过 2 根；对于插接端子，不同截面的两根导线不得连接在同一端子中；螺栓连接端子接两根导线时，中间应加垫片。

要点解析：变压器冷控箱二次回路采用多股导线时，接线端子处应使用与导线截面匹配的接线端子压接牢固后方可接入电气元件。由于低压大电流二次回路的多股导线载流（负载电流）较大，在接线端子压接部位存在接触不良导致的发热问题，运行经验表明，因二次电缆接头压接工艺不良导致绝缘老化以及发热短路故障较多，例如出现散股、断股、压接不实、入槽深度不够、导线脱落等，为提高多股导线压接工艺，多股导线先压接再镀锡工艺可使得端子固化一体，可以解决接线端子耐热温度限值，解决接线端子散股、压接不实和导线脱落等隐患。二次电缆接线端子与元器件接线应为 1 根，不得超过 2 根，这主要是防止接线端子接触不良导致接头发热等问题。

【案例分析】 某站 2 号变压器因冷控箱二次接线端子烧灼导致冷却器全停跳闸。

（1）缺陷情况。2017 年 3 月，某站监控机发"2 号变冷却器电源故障"信号，"2 号变冷却器全停跳闸"信号，全站事故总动作复归信号。检查 2 号主变压器风冷电源的所内开关均合着，未存在所内失电现象；检查 2 号变压器室内"油—水冷却系统"冷控箱内电源空开跳闸，第 1 组水泵电源开关接线端子上口 C 相断线且有烧灼痕迹，如图 6-20 所示，控制第 1 组油水泵启动的接触器无法释放。2 号主变压器散热器设备区"水—空气冷却系统"冷控箱内冷却器电源空气开关跳闸，交流一路空气开关跳闸，自动切至交流二段运行。

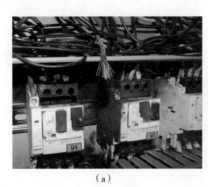

（a）　　　　　　　　　　　　　（b）

图 6-20　油—水冷却系统冷控箱空气开关烧灼

（a）空气开关烧灼整体图；（b）空气开关烧灼局部图

（2）原因分析。现场将故障水泵电源空气开关连同接线端子拆解，发现上口 B、C 相烧灼严重，二次线硬化严重，打开 C 相压线端子，其内部均为铜粉末，通过铜粉末体积量可判断为其 C 相压线端子接触量很少。另外，其上口 A 相压线端子上端存在断股现象，拆解时 19 芯断裂 3 芯，可判断为其二次线在进行剥离绝缘皮时造成，如图 6-21 所示。

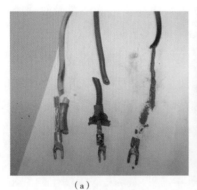

（a）　　　　　　　　　　　　　（b）

图 6-21　冷控箱烧灼二次接线端子

（a）二次线烧灼断裂整体；（b）二次线烧灼断裂局部图

根据解体结果初步判断：由于故障水泵电源空开上口接线端子 C 相压线端子与二次线接触面积小，在工作电流作用下长期发热，导致压线端子根部过热，导线出现硬化和脆化现象，最终导致二次线从压线端子根部断裂，二次线断裂瞬间搭接至开关上口 B 相，造成 B、C 相瞬间短路故障。由于瞬间短路电流过大，远远超过上级空气开关瞬时动作电流，导致冷却控制箱总电源也同时跳闸，冷却器全部停止运转，随即启动冷却器全停跳闸命令。

（3）总结分析。对已投运的强油循环风冷（水冷）和强气循环风冷变压器冷控箱开展一次专项红外测温排查，发现异常及时处理；结合停电对冷控箱低压大电流回路二次线接头工艺完善，接线端子采用压接镀锡工艺；加强变压器冷控箱基改扩建的验收工作，确保二次线压接端子处不存在断股、接触量不足、压接不实等现象。

6.6.11 变压器冷控箱应定期进行低压大电流回路红外测温工作。

【标准依据】 无。

要点解析：变压器冷控箱运行中，为确保冷控箱低压大电流二次回路接线端子连接可靠，应结合变电站红外测温周期一同开展测温工作，在负载电流相同的情况下，若同一元器件接线端子上下口各相红外测温温度大于 8～10℃时应引起注意并检查原因及时处理。

6.6.12 变压器冷却系统进线电压应配置三相电压监视继电器，欠压设定值宜不低于 342V、过压设定值宜不高于 418V，三相电压应基本平衡。

【标准依据】 DL/T 5155《变电站站用电设计技术规程》附录 B 站用电电压调整计算中，低压母线电压以 380V 为基准电压，低压母线允许的电压波动范围最大电压不大于 1.05 倍基准电压，最小电压不小于 0.95 倍基准电压。GB 50052《供配电系统设计规范》5.0.4 正常情况下，用电设备端子处的电压偏差允许值宜符合下列要求：电动机为 ±5% 额定电压，照明一般工作场所为 ±5% 额定电压，难以满足要求时，可为 +5%，−10% 额定电压。5.0.2 低压配电电压宜采用 220/380V。GB 50055《通用用电设备配电设计规范》2.2.2 交流电机频繁启动时，配电母线电压不宜低于额定电压的 90%，电动机不频繁启动时不宜低于额定电压的 85%。

要点解析：变压器冷却系统进线电压应配置三相电压监视继电器，防止电压异常波动造成用电设备或二次控制回路的异常，禁止仅监测一相电压或两相电压，这是因为，若此相电压用于控制回路且无监视时，当该相电压缺相时将会造成接触器不吸合，电源所带冷却器组停转。若此相电压不用于控制回路时将造成电动机缺相运行，电动机无法转动，冷却器组停转。同时应做好欠压、过压、延时整定值的要求，及时将不合格的电源切除，投入合格的电源。

变压器冷却系统进线电压应满足电动机设备以及二次回路元器件的工作要求。对于电动机而言，理想情况下是在 ±5% 额定电压下工作，这是电动机设计的最佳电压，过高的电压会影响到其使用寿命甚至损坏设备，过低的电压将会使灯泡发光不亮或电动机疲倒和堵转，同时可能伴随电动机电流增大并出现过载现象，根据 GB 50055 等相关标准，电动机的供电电压宜不低于 90% 额定电压。对接触器或继电器而言，过低或过高的电压不能满足线圈可靠吸合，可以肯定的是在 85% ~110% 额定电压之间的任何值是没问题的。

综上考虑，变压器冷却系统进线电压欠压和过压设定值宜为低压配电额定电压380V 的 0.9 和 1.1 倍，即欠电压设定值 342V，过电压设定值 418V。

变压器冷却系统进线电压影响因素较多，主要有：①站用电设备一侧 10kV 或35kV 电压的波动；②调整站用变压器分接头位置影响二次电压输出；③站用变压器负荷侧系统阻抗压降导致用电端电压过低；④站用变压器三相负载不平衡，220V 用电负荷均集中在某相上时导致该相电压特别低。

6.6.13　强油/气循环变压器冷却装置当地电源电压应满足 380 ~400V 范围，否则应进行站用变分接头调整。

【标准依据】无。

要点解析：变电站站用 0.4kV 电源系统通常出口运行电压整定为 400V，二次电缆较长时将产生较大压降，最总导致强油/气循环变压器冷却装置当地电源电压过低，这是目前较为突出的问题。

强油/气循环变压器冷却装置当地电源电压应满足 380 ~400V 范围，其原因是：①冷却装置当地实际运行电压接近相序继电器临界动作电压时，当电压出现轻微波动时即会导致相序继电器动作并切除冷却装置总电源，甚至导致冷却装置两路电源全部断开，最总导致变压器冷却器全停跳闸，这是坚决不允许发生的；②冷却装置实际运行电压过低或过高时，将影响油泵、水泵或气泵的流量或扬程运行工况参数，甚至出现过载烧损现象。

强油/气循环变压器冷却装置当地电源电压不满足 380 ~400V 时，应进行站用变分接头调整，但不应使站内其他设备电源电压超过其运行电压要求，防止长期过电压运行而损坏。当站用变压器分接头调整无法满足电源电压要求时，在不影响电机或接触器正常工作前提下，可适当放宽相序继电器的最低动作电压值。

6.6.14　变电站 0.4kV 电源系统涉及站用变压器、低压配电柜及其电缆更换后，在发电带负荷前应检查电源相位正确且为正相序，以确保强油/气循环变压器冷却系统电机运转正常。

【标准依据】无。

要点解析：变电站 0.4kV 电源系统涉及站用变压器、低压配电柜及其电缆更换后，在发电带负荷前应检查电源相位正确且为正相序，如果错误会导致配电设备因相序错误导致电机反转而拒动，例如强油循环变压器油泵拒动导致油流不启，进而导致冷却器全停跳闸；在某特殊条件下一旦发生低压并列，相位不一致将形成很大的短路电流，烧毁整个 0.4kV 电源系统。

在电源相位及相序检查上，较为复杂的是站用变压器及其电缆的更换，原则上同一站内的站用变压器联结组标号应一致，但运行中也存在一些站内同时使用 Dyn11，Yy0 两种联结组标号的情况，如图 6-22 所示。

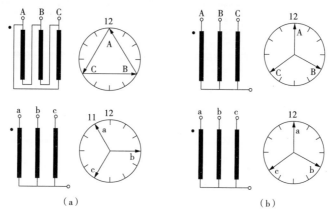

图 6-22　变电站常用站用变联结组标号
（a）Dy11 联结组标号；（b）Yy0 联结组标号

从 Dyn11 和 Yy0 两种联结组标号可以看出，以 A 相为例，Dyn11 二次侧线电压 U_{ab} 和相电压 U_a 均落后一次侧线电压 U_{AB} 和相电压 U_A 30°相位角，故称 Dyn11；Yy0 二次侧线电压 U_{ab} 和相电压 U_a 均与一次侧线电压 U_{AB} 和相电压 U_A 同相位，相位角为 0，故称 Yy0，相量图如图 6-23 所示，其中带'的为 Dyn11，不带'的为 Yy0。图 6-23 中可以看出，它们的一次电源相同，故 $U_A = U_{A'}$，联结组标号 Dyn11 相电压或线电压均分别超前 Yy0 相电压或线电压 30°相位角，这也是变电站严禁低压并列的原因之一。

在发电带负荷前检查两者之间电源相位及相序的判别方法为：第一步用相序表测量应为正相序，即 A（a）相超前 B（b）相 120°，B（b）相超前 C（c）相 120°，C（c）相超前 A（a）相 120°。第二步以 U_a' 为基准，用万用表测量 U_a' 与 U_a、U_a' 与 U_b、U_a' 与 U_c 的线电压值可以间接推测相位是否一致，即：$2U_a \sin15°$、$2U_a \sin75°$、$2U_a \sin45°$，当基准电压 $U_a = 230V$ 时，那么线电压值分别为：119、444、325V，其他各相之间计算方法可根据相量图依次推导。

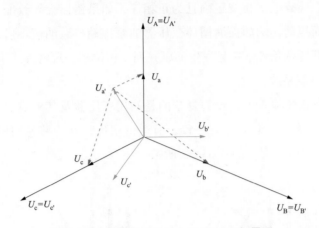

图6-23 联结组标号 Dyn11 和 Yy0 相量图

7

变压器箱体及呼吸系统运维检修
管控技术要点解析

电力变压器运维检修管控关键技术
要点解析

7.1 油箱管控关键技术要点解析

7.1.1 油浸变压器油箱及其组部件管路阀门应选用硬质密封蝶阀，撤油阀门及管径不大于 DN25 的连管均应使用球阀，禁止使用真空蝶阀及截止阀。

【标准依据】无。

要点解析：油浸变压器油箱及其组部件管路阀门应选用硬质密封蝶阀，它是通过纯钢板阀片与阀体间形成密封并关闭油流，在变压器组部件的检修更换时，基本不存在关闭不严密漏油的问题，而真空蝶阀是在阀板外缘套一个密封胶圈，变压器运行中，此密封胶垫长期浸泡在热油中，容易老化、变形或脱离，会造成变压器油的污染，蝶阀无法起到正常的关闭功能。而对于气体变压器阀门而言，硬质密封钢板蝶阀的密封效果不如真空蝶阀，考虑气体压力密封的可靠性，其阀门要求采用优质真空蝶阀，这是与油浸变压器的不同之处。

变压器的撤油阀门、油箱顶部的管径不大于 DN25 的连管阀门、油色谱装置连接本体阀门等均应使用球阀，不应选用手轮式截止阀，如图 7-1 所示，其原因一是截止阀应按受压方向确定安装朝向，截止阀在"关闭"状态下，如安装朝向错误将导致渗漏油；二是截止阀轴密封螺栓紧固不合适宜发生渗漏油，紧固过紧导致手轮操作费劲；三是长期处于关闭或开启状态的截止阀一经操作，已老化的截止阀轴封密封将破坏进而引起渗漏油，而球阀并不存在以上问题。

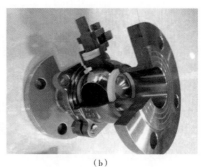

(a)   (b)

图 7-1 截止阀与球阀的截面图
(a) 截止阀截面图；(b) 球阀截面图

7.1.2 变压器及其附属装置法兰对接面应采用"凹槽 + 平面"机加工密封结构，凹槽应倒圆角无毛刺，密封件材质应满足使用环境要求，压缩量应控制在 15% ~ 30%，禁止采用螺栓穿过带孔密封件的密封结构。

【标准依据】JB/T 8448.1《变压器类产品用密封制品技术条件 第 1 部分：橡胶

密封制品》附录 A.8 在可以保证密封的情况下，压缩率应尽量取较小值，其中丁晴基橡胶、氟橡胶、氟硅橡胶最大压缩率不宜超过 35%，丙烯酸酯橡胶最大压缩率不宜超过 40%。压缩率过大会缩短密封制品的使用寿命，同时增加早期损坏的概率。

要点解析：油浸变压器及其附属装置，例如气体继电器、压力释放阀、油位计、冷却装置及其管路、油色谱在线监测装置、有载开关在线滤油装置等法兰对接面应采用"凹槽+平面"密封结构，禁止采用"平面+平面"密封结构。凹槽的外边缘及内棱角等均应倒圆角且槽内无毛刺，凹槽中安装密封胶垫，平面应精细机加工平整无凹凸现象，这是因为，密封垫受压时将会接触到凹槽的内外边缘，如存在棱角或毛刺将造成密封垫损伤。

对于方型凹槽，密封垫宜选用双线性密封垫，通常凹槽截面大于密封垫截面；对于圆形凹槽，密封垫宜选用 O 形密封圈，其密封方式有两种，如图 7-2 所示，一种是压缩后密封件有余量，即 O 形密封圈的截面比凹槽大 15%～30%，密封槽的宽度比 O 形圈的直接略小 0.1～0.3mm，以便 O 形圈能固定在密封槽内，当法兰紧固后，变形的 O 形圈使法兰对接面之间存在 0.2～1mm 缝隙；第二种压缩后密封槽有余量，即密封槽的截面比 O 形圈大，O 形圈压缩 15%～30% 后，密封槽的压缩量只有 85%～90% 被填充，此时法兰对接面间距基本 0 mm 缝隙。

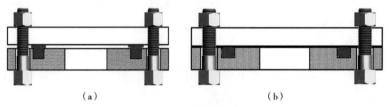

图 7-2　圆形凹槽密封垫密封方式
(a) 密封件有余量；(b) 密封槽有余量

密封件压缩量的计算公式为：(密封垫自然状态下的截面直径－槽的深度)/密封垫自然状态下的截面直径。压缩量不宜低于 15%，其原因是：①环境温度变化时密封垫具有可靠的回弹率，防止密封失效；②增加密封垫的内应力，内应力较大利于密封的可靠性。压缩量不宜大于 30%，其原因是：①压缩率过大会缩短密封制品的使用寿命，同时增加早期损坏的概率；②内应力过大导致弹性失效，无回弹效果，在环境温度变化时易发生渗漏油。

法兰对接面禁止采用螺栓穿过带孔密封件的密封方式，应使用非穿孔密封件，这是因为对于孔间距较大的法兰使用该密封方式时，螺栓之间的密封件易受力不均导致褶皱，密封效果较差，老式变压器经常使用带孔密封垫的位置主要涉及部位包括：10kV 套管方箱密封，油箱人孔密封和胶囊安装口密封等。

变压器密封制品应根据环境合理选用，在环境温度不低于－25℃环境下，变压器通常采用耐油性能良好的丁腈橡胶（NBR）材质。而低温高海拔地区宜选用氟硅橡胶材质，禁止选用丁腈橡胶材质，这是因为较低的环境温度易造成丁腈橡胶加速老化和龟裂，变压器用各类密封制品性能指标对比如表 7-1 所示，其外观如图 7-3 所示。

表 7-1 变压器用密封制品性能指标

序号	项目	性能指标						
		丁晴基橡胶		丙烯酸酯橡胶		氟橡胶	氟硅橡胶	低介损减振橡胶
		丁晴基橡胶 1	丁晴基橡胶 2	丙烯酸酯橡胶 1	丙烯酸酯橡胶 2			
1	适用的温度范围（℃）	-30 ~ 105	-45 ~ 105	-30 ~ 150	-40 ~ 150	-10 ~ 200	-60 ~ 200	-30 ~ 105
2	邵氏硬度（A）度	70±5						
3	拉伸强度（MPa）	≥15	≥12	≥12	≥10	≥10	≥7	≥12
4	撕裂强度（kN/m）	≥30	≥25	≥25	≥20	≥25	≥15	≥30
5	拉断伸长率（%）	≥250	≥200	≥200	≥200	≥200	≥200	≥250
6	脆性温度（℃）	-30	-45	-30	-40	-15	-60	-30
7	耐臭氧龟裂静态拉伸	无龟裂						
8	热空气压缩永久变形（压缩 25%，125℃，24h）（%）	≤35	≤35	≤35	≤35	≤15	≤15	—
9	低温空气压缩永久变形（压缩 25%，-30℃，24h）（%）	—	≤50	—	≤50	—	≤50	
10	浸变压器油压缩永久变形（压缩 25%，125℃，168h）（%）	≤50	≤50	≤50	≤50	≤40	≤40	—

注 该表源于 JB/T 8448.1《变压器类产品用密封制品技术条件 第 1 部分：橡胶密封制品》。

（a）　　　　　　　（b）　　　　　　　（c）　　　　　　　（d）

图 7-3 变压器用密封制品外观

（a）丁腈橡胶（黑色）；（b）丙烯酸酯橡胶（灰色）；（c）氟橡胶（绿色）；（d）氟桂橡胶（蓝色）

7.1.3 变压器油箱应在长轴两侧分别通过铜排与不同地网接地，铜排载流量应满足接地短路电流动热稳定要求，油箱螺栓连接处应加装跨接铜排。

【标准依据】《国家电网有限公司十八项电网重大反事故措施（2018 年修订版）》

14.1.1.4 变压器中性点应有两根与地网主网格的不同边连接的接地引下线，并且每根接地引下线均应符合热稳定校核的要求。主设备及设备架构等应有两根与主地网不同干线连接的接地引下线，并且每根接地引下线均应符合热稳定校核的要求。连接引线应便于定期进行检查测试。

要点解析： 变压器油箱应在长轴两侧分别通过铜排与不同地网接地，这主要是提高变压器接地的可靠性，当变压器内部故障电弧与油箱内壁接触时，接地电流能可靠通过接地网流入大地，防止因接地铜排烧损或地网异常等原因导致接地电流无法流通。同时，铜排载流量应满足接地短路电流动热稳定要求，接地短路电流应考虑本站最大短路电流容量。热稳定校验可参考 GB/T 50065《交流电气装置的接地设计规范》，接地导体（线）的最小截面应符合式（7-1）要求，即

$$S_g > \frac{I_g}{C} \sqrt{t_e} \qquad (7-1)$$

式中　S_g——接地导体（线）的最小截面，mm^2；

　　　I_g——流过接地导体（线）的最大接地故障不对称电流有效值，A，按工程设计水平年系统最大运行方式确定；

　　　t_e——接地故障的等效时间，s；

　　　C——接地导体（线）材料的热稳定系统，根据材料的种类、性能及最大允许温度和接地故障前接地导体（线）的初始温度确定（取40℃）。

对于钢和铝材的最大允许温度分别取400℃和300℃。钢和铝材的热稳定系数 C 值分别取70和120。铜和铜覆钢材的热稳定系数 C 值可按表7-2选取。可以看出，在同等运行环境下，接地导体（线）选用铜和铜覆钢材的截面积需求最小。

表7-2　　　校验铜和铜覆钢材接地导体（线）的热稳定系数 C 值

最大允许温度 （℃）	铜	导电率40%铜覆钢绞线	导电率30%铜覆钢绞线	导电率20%铜覆钢棒
700	249	167	144	119
800	259	173	150	124
900	268	179	155	128

热稳定校验用的时间 t_e 应考虑主保护、后备保护以及断路器开断固有时间等，对于变压器而言，无论何种保护，其接地故障的持续时间均应满足在2s以内，故在进行变压器的接地导体（线）时间校验时，可选择 $t_e = 2s$。

变压器油箱螺栓连接处应加装跨接铜排，实现法兰连接两侧等电位（地电位），防止因电位悬浮发生放电。漏磁场分布较为集中的区域可以通过加装跨接铜排解决螺栓

发热，避免密封垫受热老化加速。通过跨接铜排避免上节油箱的接地短路故障电流通过螺栓传递至下节油箱（一般下节油箱与地网接地）。从这方面考虑，油箱螺栓连接处跨接铜排同样应满足接地短路电流动热稳定要求。

7.1.4 变压器油箱因漏磁导致涡流损耗产生局部过热可采取加装磁屏蔽或电屏蔽，电屏蔽与磁屏蔽均应与油箱可靠绝缘并一点接地。

【标准依据】 无。

要点解析： 当变压器漏磁较大时，磁通会在夹件结构件或油箱壁上产生较大的涡流和附加损耗而引起发热，因此，对于设计存在漏磁较大的变压器，夹件结构件或油箱壁上需采取磁屏蔽或电屏蔽措施。

磁屏蔽是在油箱内壁设置由硅钢片条竖立叠装组成磁屏蔽，硅钢片的导磁性能比制作油箱的普通钢板高，单位损耗小，使漏磁沿硅钢片流通而不再进入油箱壁，用以对来自绕组端部的漏磁通起疏导作用，减小在油箱壁产生涡流损耗，磁屏蔽一般布置在靠近绕组周围漏磁场强较高的部位，磁屏蔽的高度应高于绕组的高度，否则漏磁会绕过磁屏蔽进入油箱壁，降低磁屏蔽效果，在降低损耗方面用于油箱壁的磁屏蔽优于电屏蔽。硅钢片磁屏蔽需要将硅钢片与油箱良好绝缘并可靠一点接地。如果磁屏蔽发生两点接地，则形成一个闭环，闭环耦合磁通，感应电动势并产生换流，会引起局部过热现象，由于变压器运行中磁屏蔽振动，意外接地点与油箱接触是不稳定的，当意外接触点虚接虚断时，则会发生放电现象，导致油裂解并产生以乙炔为主的特征气体。

电屏蔽是在夹件或油箱壁上焊接厚度为 5mm 左右的铜板或 15mm 左右的铝板（焊接线不允许出现断点），由于铜（铝）板具有良好的导电率（电阻很小，所以损耗也小），当漏磁进入铜（铝）板产生涡流，涡流产生的反磁通对漏磁通起去磁作用，从而减少在夹件或油箱壁产生的涡流损耗。电屏蔽同样不允许多点接地，否则它将与夹件或油箱形成局部环流而发热，失去电屏蔽的效果。

7.1.5 变压器电缆仓油—油套管法兰两侧联管阀门宜为开启状态，各电缆仓应加装采油样阀。

【标准依据】 无。

要点解析： 当变压器电缆仓油—油套管法兰两侧联管阀门关闭状态时，本体和电缆仓中的油仅能通过油箱及顶部连管连通，两者之间的油循环或油扩散是相当慢的，经验表明，当电缆仓内部元器件异常产生特征气体时，本体油中的特征气体含量将远远低于电缆仓，为此，变压器本体油箱及各电缆仓均需定期采油样化验。不过，联管阀门关闭也有优势，它可避免与本体油的污染，同时，电缆仓电缆头故障导致跑油时，本体不会出现因绕组缺油而发生放电故障。当变压器电缆仓油—油套管法兰两侧联管阀门为开启状态时，变压器本体与电缆仓的油循环相对较快，通过对本体油采样即可兼顾电缆仓油样情况（电缆仓和本体油中特征气体含量还是有区别的），尤其发挥了安装油色谱在线监测装置变压器的优势。综合多方面因素，变压器电缆仓油—油套管法兰两侧联管阀门宜为开启状态。

无论变压器电缆仓油—油套管法兰两侧联管阀门位置如何，本体与电缆仓的特征气体增长趋势是不一样的，为考虑异常部位的定位，变压器电缆仓应加装采油样阀，这样，①在变压器本体油色谱异常时，可通过本体及电缆仓油中特征气体含量值的高低来判断异常部位在本体还是电缆仓；②变压器直阻超标、各电缆仓间温差大于 5K 以上时，通过电缆仓油化验来判断是否为电缆仓侧引线接线端子接触不良所致。

7.1.6　变压器电缆仓油—油套管引出线应通过绝缘件夹持固定，防止短路电动力作用下引出线移位发生对电缆仓箱体放电。

【标准依据】 无。

要点解析： 由于变压器电缆仓油—油套管引出线在变压器漏磁区域，在变压器短路或存在穿越短路电流时，引出线易在漏磁影响下产生短路电动力，易导致引出线移位，如未采取绝缘件夹持固定，极易导致引出线移位发生对电缆仓箱体放电。

7.1.7　SF_6 气体绝缘变压器气泵至本体侧、散热器汇流管至冷却主管路侧均应安装真空蝶阀，散热器、气泵（或气流计）的冷却管路上应分别安装用于抽真空的阀门。

【标准依据】 无。

要点解析： SF_6 气体绝缘变压器本体器身所在气室与 SF_6 气体冷却装置循环回路是一体的，其冷却装置主要构成部件为气泵、气流计和散热器。为了冷却装置的组部件损坏时不需撤出本体过多气体即可实现更换，要求气泵至本体侧、散热器汇流管至冷却主管路侧均应安装真空蝶阀，且散热器、气泵（或气流计）的冷却管路上应分别安装用于抽真空的阀门，这样当气泵或气流计损坏时，不需将本体及散热器内的气体撤出即可实现更换，当散热器异常时，不需将本体气体、气泵及气流计管路气体撤出即可实现更换。为便于已撤气的管路能实现抽真空环节，要求散热器、气泵（或气流计）的冷却管路上应分别安装用于抽真空的阀门，变压器运行时，用于抽真空的阀门应可靠关闭。

7.1.8　SF_6 气体绝缘变压器电缆气室应安装用于吸附水分的干燥剂，安装前应检查干燥剂密封完好性，干燥剂长期运行不应粉化。

【标准依据】 DL/T 1810《110（66）kV 六氟化硫气体绝缘电力变压器使用技术条件》6.10.5 气体变压器连接用电缆箱宜装有用于吸附水分的干燥剂。

要点解析： SF_6 气体微水超标将会造成变压器内部导体绝缘性能下降，腐蚀元器件，根据 SF_6 气体绝缘变压器运行中各气室微水检测数据分析，电缆气室基本均存在微水超标现象，其主要原因是电缆气室 SF_6 气体体积较小，微弱的水分渗入即可导致微水超标，导致微水超标的因素是：①注入的 SF_6 气体本身不合格，存在微水超标问题；②气室内部绝缘件带入的水分，绝缘件未干燥或干燥处理不合格，多发生在新品变压器投运后；③检修过程中，绝缘件暴露时间过长，抽真空时间短，绝缘件仍旧存在受潮问题；④水分通过密封不良部位或箱体沙眼处渗入，这是因为气室外部的水分压远大于气室内部的水分压，尤其是在外界环境湿度较大的情况下；⑤新购干燥剂安装前已失效，其吸附的水分扩散至 SF_6 气体中。

为避免或缓解电缆仓频繁微水超标问题，电缆气室应安装用于吸附水分的干燥剂，为防止劣质干燥剂长期运行出现粉化现象，干燥剂一般安装于电缆气室侧面安装法兰的存放隔层，可防止干燥剂粉化掉落导体上方而发生放电。干燥剂安装前应先检查干燥剂的密封完好性，密封失效禁止使用，在安装及检修中通常在法兰封仓时打开干燥剂密封袋，将干燥剂放入存放隔层。

7.1.9 SF_6 气体绝缘变压器电缆终端气室与本体气室应通过盆式绝缘子或干式套管隔离，盆式绝缘子机械强度应满足本体或电缆终端气室单独抽真空时，相邻气室不需进行减压。

【标准依据】 无。

要点解析： SF_6 气体绝缘变压器电缆终端气室与本体气室应通过盆式绝缘子或干式套管隔离，各气室相互独立，这主要是便于电缆头穿仓工作，避免电缆终端头更换需本体气室也要撤气的问题。为提高各气室的独立性，要求盆式绝缘子机械强度满足本体或电缆终端气室单抽真空时，相邻气室不需进行减压，目前已运行的气体变都是按此设计的。这是与组合电器盆式绝缘子有所区别的，组合电器某仓室开仓检修时应对临仓采取减压措施，防止盆式绝缘子因相邻气室压差过大，导致机械强度不高的盆式绝缘子破裂。

7.1.10 SF_6 气体绝缘变压器电缆终端气室表压值低于电缆终端绝缘运行最低要求时，应通过 SF_6 气体密度继电器动作于变压器跳闸。

【标准依据】 无。

要点解析： SF_6 气体绝缘变压器电缆终端气室可采取两种方式，一种是高、中电缆终端三相共气室布置；另一种是高、中电缆终端分相独立气室布置。无论何种方式，电缆与电缆壳体的绝缘距离都是通过 SF_6 气体实现的，气室 SF_6 压力越大绝缘强度越大。对于三相电缆共仓的电缆终端头，其相间绝缘间距远小于对壳体的间距，往往在气室压力降低到一定限值时，将导致电缆三相短路放电。

为此，SF_6 气体绝缘变压器电缆终端气室表压值低于电缆终端绝缘运行最低要求时，应通过 SF_6 气体密度继电器动作于变压器跳闸。

7.1.11 SF_6 气体绝缘变压器有载开关气室气体压力不允许超过 0.1MPa，防止真空开关管发生损坏。

【标准依据】 无。

要点解析：SF$_6$ 气体绝缘变压器有载开关气室内的压力一刻也不能超过 0.1MPa，这是因为气室内有载开关配置有真空开关管，过高的压力将导致真空开关管损坏，如果此时有载开关发生切换操作时，切换开关将发生燃弧爆炸。

当监控系统发出"有载开关气室高压力报警"时（整定值一般为 0.07MPa），调控人员远方应及时将有载开关 AVC 功能退出运行，禁止有载开关调压操作。运维及检修人员及时赶赴现场退出有载开关电机电源空开，将有载开关气室撤气并调整压力至正常范围，避免有载开关气室压力持续升高并超过开关真空管耐受压力值而损坏，同时应持续加强监测，查明原因并处理。

7.2 储油柜管控关键技术要点解析

7.2.1 本体储油柜与有载开关储油柜的中心高度应一致，本体储油柜宜优先选用胶囊密封式结构，禁止使用卧式金属波纹储油柜。

【标准依据】《国家电网有限公司十八项电网重大反事故措施（2018 年修订版）》8.2.1.2 换流变压器及油浸式平波电抗器应配置带胶囊的储油柜，储油柜容积应不小于本体油量的 10%。

要点解析：变压器运行时，通常要求有载储油柜油位应低于本体储油柜油位，这主要是避免一旦有载开关发生内渗，有载储油柜中的油压入本体油箱而导致本体油污染，为便于观察本体及有载开关储油柜油位的高低，要求本体储油柜与有载开关储油柜设计时，其中心高度应一致。

本体密封式储油柜按结构型式主要分为胶囊式、隔膜式和金属波纹式。其中隔膜式储油柜分为隔膜密封式和双密封隔膜式，金属波纹式分为金属波纹（内油）密封式、金属波纹（外油卧式）密封式和金属波纹（外油立式）密封式。本体储油柜宜优先选用胶囊式结构，对于运维检修半径较远的变压器，可尝试金属波纹（内油）密封式结构（它具有节省使用呼吸器部件的优势），隔膜式结构宜淘汰使用，金属波纹（外油卧式）密封式应禁止使用，另外，在高寒地区，应慎重选用金属波纹式结构储油柜，其分析如下：

（1）胶囊破损并不会导致储油柜漏油，而波纹芯体漏油将导致储油柜缺油且对变压器周边环境产生污染。

（2）胶囊破损更换程序相比于隔膜式和金属波纹式简单，隔膜式需要将上下半圆壳体拆卸方可更换，且存在密封不良负压进气问题，而波纹芯体漏油需整体更换，工作量较大。

（3）胶囊式储油柜排气方便，而隔膜式储油柜排气口设计在隔膜处，需进入储油柜方可排气。

（4）胶囊式储油柜不受外界环境影响，而金属波纹外油式在寒冷地区宜发生轨道结冰、锈蚀等卡涩现象，故应结合停电定期检查导轨、滚轮等是否存在卡涩问题，防止卡涩突然恢复造成油流涌动引起本体气体继电器误动，尤其应禁止使用金属波纹（外油卧式）密封式，它的膨胀趋势与油的自重方向不一致，相对于立式金属波纹储油柜，它的机械卡涩很高。

（5）隔膜与金属波纹芯体运行寿命较低于胶囊，隔膜与储油柜密封处容易疲劳而撕裂，金属波纹芯体由于焊缝较多，频繁动作也易疲劳发生渗漏油。

7.2.2 新品变压器储油柜耐受真空度应不大于50Pa，抽真空前应核实储油柜机械强度，防止储油柜抽真空或真空注油时发生变形损坏。

【标准依据】JB/T 6484《变压器用储油柜》6.2.3 橡胶密封式储油柜在不带胶囊的情况下，应能承受真空度不大于50Pa，持续5min的强度试验，而无永久变形。6.3.4 波纹芯体在闭合高度下应能承受真空度不大于50Pa，持续30min的强度试验，观察真空压力回升应小于70Pa，解除真空后，波纹芯体及端板应无永久变形。DL/T 573《电力变压器检修规程》11.8.2c）变压器的储油柜是全真空设计的，可将储油柜和变压器油箱一起进行抽真空注油（对胶囊式储油柜需打开胶囊和储油柜的连通阀，真空注油结束后关闭）；d）变压器的储油柜不是全真空设计的，在抽真空和真空注油时，必须将通往储油柜的真空阀门关闭（或拆除气体继电器安装抽真空阀门）。

要点解析：储油柜耐受真空度应不大于50Pa，即全真空产品，全真空储油柜与本体油箱应可以一同抽真空或真空注油，这在相关招标技术标准中已明确要求。而对于20世纪80～90年代制造的或电压等级低于66kV的变压器，储油柜在制造时大多未设计加强筋、壁厚较薄，不具备抽真空或真空注油条件，为此，对于不满足真空度要求的储油柜，在抽真空或真空注油时应将储油柜隔离，防止储油柜发生变形损坏。

例如：某站220kV电压等级的老式变压器，在抽真空时未查看储油柜是否为全真空产品，在抽真空10min后突然发生储油柜压缩变形损坏，如图7-4所示。

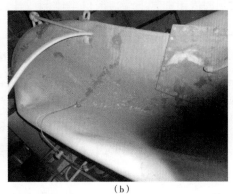

（a）　　　　　　　　　　　　　　（b）

图7-4　储油柜抽真空变形损坏

（a）整体变形视图；（b）局部变形视图

综上分析，变压器抽真空及真空注油前，检修人员应核实变压器储油柜及其他组部件说明书是否符合抽真空要求，在抽真空过程中关注真空度数值，防止储油柜或其他组部件因不符合真空要求而变形损坏。

7.2.3 有载储油柜应设计独立的注/撤油引下管，禁止通过切换开关油室的注油或撤油引下管进行注油。

【标准依据】 无。

要点解析： 有载开关储油柜一般设计一个同时具备注油和撤油的引下管（简称注/撤油引下管），切换开关一般在头盖部位设计一个注油引下管和撤油引下管，它们的作用是不同的，而很多厂家省去了有载储油柜的注/撤油引下管，有载储油柜注油通过切换开关的注油管或撤油管进行，这是不允许的，其原因是：①开关油室注油速度过快易造成油流速动继电器挡板误动，此时需手动复位油流速动继电器，若带电距离较近时还需停用变压器；②当错误使用开关油室撤油引下管注油时，易搅拌开关油室的油，导致底层高含量碳素污油上浮，进而导致油中颗粒物密度增大，降低油的耐压强度，若开关油室底部由于某种原因存在游离水分时，此时若伴随有载开关调压操作易产生恶劣后果。

为此，有载储油柜应设计独立的注/撤油引下管，禁止通过切换开关油室的注油或撤油引下管进行注油，若需要对切换开关油室的油进行耐压及含水量检测，应通过切换开关的撤油引下管取油。

7.2.4 本体储油柜设计集气室结构时应定期检查内部不存在积聚气体，防止储油柜无法补油至本体油箱。

【标准依据】 无。

要点解析： 储油柜集气室具有集气和集污功能，安装于气体继电器与储油柜之间，并位于储油柜底部，集气室的视窗可观察内部是否积聚气体，气体继电器进油口高于储油柜的进出油管下端，来自本体侧或注油管的气体会被截流在集气室顶部，排气管位置较高，可排除集气室内部积聚的气体，撤油管（又称排污管）位置较低，可排除集气室底部的游离水和油泥，如图7-5所示。

虽然此设计能有效解决本体气体进入储油柜，防止发生假油位，但当集气室由于某种原因出现气体积聚时，气体体积含量逐渐累积，当集气室气体压强大于储油柜油柱压强时，储油柜中的油将无法补充至本体油箱，本体油箱存在缺油的风险。为此，变压器应定期检查集气室内部不应存在积聚气体，当变压器大修、更换冷却装置油泵或油流计等工作时，当未排尽的气体跑至集气室时，除了在气体继电器处充分排气外，还应将集气室内部的气体排出。

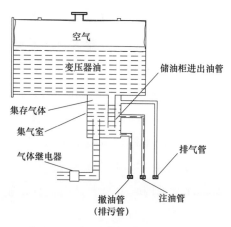

图 7-5 变压器储油柜集气室结构

7.2.5 胶囊安装口应采用圆形法兰一体结构，法兰对接面宜采用双道密封，防止与储油柜密封不良导致空气进入储油柜油侧。

【标准依据】《国家电网有限公司十八项电网重大反事故措施（2018 年修订版）》9.2.3.1 结合变压器大修对储油柜的胶囊、隔膜及波纹管进行密封性能试验，如存在缺陷应进行更换。

要点解析： 胶囊式储油柜通过胶囊将储油柜分为油侧和空气侧，并通过储油柜顶部的两个挂点固定，胶囊安装口（呼吸口）通过法兰与储油柜顶部安装口密封，胶囊呼吸口通过管路连通呼吸器实现内部气压的调节（油的膨胀与收缩），如图 7-6 所示。

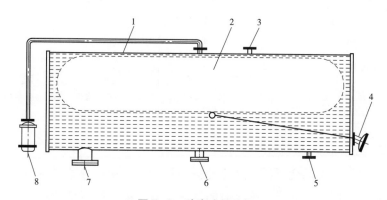

图 7-6 胶囊式储油柜

1—柜体；2—胶囊；3—放气管接口；4—油位指示装置；5—注放油管接口；
6—气体继电器接口；7—集污盒；8—呼吸器

胶囊安装口应与储油柜可靠密封，密封不良将导致空气进入胶囊油侧，这会导致：①油中含水量和含气量等指标超标；②储油柜油位指示形成假油位；③变压器油气挥发易造成呼吸器上层硅胶呈黑色。

胶囊安装口与储油柜密封影响因素主要涉及两点：①密封接触面的影响。老式的胶囊呼吸口制作为带安装螺孔的橡胶，通过单独的安装法兰将其与储油柜顶部法兰密封紧固，为带孔面密封方式；新式的胶囊呼吸器口制作带安装法兰的一体胶囊，使其与储油柜顶部通过密封槽和定型胶棒密封，为线密封方式，两者相比，线密封的效果较好于带孔面密封。②安装法兰结构的影响。胶囊呼吸口安装法兰制作形式有椭圆形、方形或圆形，通过紧固均衡受力分析，圆形安装法兰更便于处理密封胶垫平衡受力及压缩量问题，对于椭圆或方形结构，螺栓位置设计不合理、紧固力不均衡等均会导致密封胶垫错位、褶皱或不平整等现象。为此，胶囊安装口应采用圆形法兰一体结构，为提高密封可靠性，法兰对接面宜采用两道凹槽（内置 O 形密封垫）＋平面密封结构。

空气进入储油柜油侧的途径不仅包括胶囊安装口的密封不良，还可能波及：①胶囊发生破损；②储油柜顶部排气口密封不良；③呼吸管路蝶阀关闭不严或者管路密封不良；④储油柜人孔安装法兰上边缘密封不良；⑤储油柜壳体顶部存在沙眼。

【案例分析】某站 500kV1 号变压器因储油柜胶囊安装口密封不良导致变压器油含气量超标。

（1）缺陷情况。自 2010 年开始，某站 500kV1 号变压器油中含气量跟踪检测均存在超标现象（注意值为 3%），且持续呈增长趋势，具体检测数值如表 7-3 所示。

表 7-3　　　　　　　　某站 500kV1 号变压器油中含气量检测数值

检测日期	1 号 A	1 号 B	1 号 C
2009. 4. 2	2. 1	1. 2	2. 4
2010. 10. 11	3. 1	1. 6	5. 8
2010. 10. 19	3. 8	2. 0	5. 6
2010. 10. 29	3. 4	2. 1	3. 0
2011. 2. 11	4. 1	2. 4	6. 3
2011. 2. 23	4. 2	2. 6	6. 3
2011. 7. 5	6. 7	3. 5	7. 6

（2）处置情况。根据变压器含气量超标趋势分析，初步判断变压器油存在空气接触现象，储油柜不具备全密封效果，现场停电对储油柜各密封部位检查：①胶囊内部检查无渗漏油现象；②对储油柜加气压 0.02MPa，储油柜顶部排气阀处无漏气现象；③储油柜胶囊油侧排除气体至排气阀出油后，关闭排气阀，观察气压表数值的变化，30min 后气压表压力降低至 0.01MPa，此时打开排气阀发现胶囊油侧空气释放很多，判断胶囊法兰安装口与储油柜密封不良，现场打开胶囊法兰安装口发现密封面发生褶皱，存在密封不严并产生漏气现象，如图 7-7 所示。

（3）原因分析。胶囊安装口使用螺栓穿过密封垫的紧固密封结构是导致密封不良

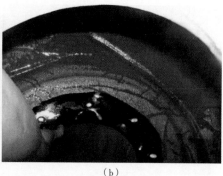

（a）　　　　　　　　　　　　　　　　　（b）

图7-7　胶囊内部及安装口检查

（a）胶囊内部无油；（b）胶囊安装口密封褶皱

的主要原因，另外，椭圆安装法兰结构存在紧固受力不均现象，使得螺栓间密封垫褶皱出现空隙的概率较大，密封垫长期运行老化影响下加剧密封不良，进而导致变压器油与空气长期接触，致使变压器油中含气量超标。

（4）分析总结。①对变压器油中含气量超标的变压器进行真空热油循环，直到油中含气量合格为止；②对此类胶囊结构进行改造，将胶囊安装口法兰设计为圆形结构，且密封为双道胶棒线密封结构，严禁使用螺栓穿过密封垫的紧固密封结构；③在未实施改造前，可通过涂抹密封胶加强密封，如图7-8所示；④加强新品变压器储油柜胶囊安装口结构的验收，胶囊安装口应采用圆形法兰一体结构，法兰对接面宜采用两道凹槽（内置O形密封垫）+平面密封结构，如图7-9所示。

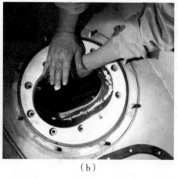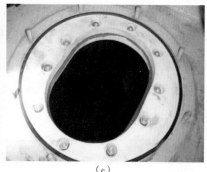

（a）　　　　　　　　　　（b）　　　　　　　　　　　（c）

图7-8　胶囊法兰安装口临时加强密封措施

（a）胶囊法兰安装口；（b）涂抹密封胶；（c）整体密封效果

7.2.6　胶囊应采用热硫化一体成型工艺且涂覆织物厚度不小于1mm，严禁采用胶粘贴成型工艺。

【标准依据】《国家电网有限公司十八项电网重大反事故措施（2018年修订版）》9.2.3.1 结合变压器大修对储油柜的胶囊、隔膜及波纹管进行密封性能试验，如存在缺陷应进行更换。

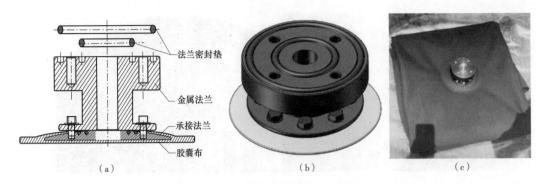

图 7-9　胶囊圆形安装法兰一体结构
(a) 法兰结构；(b) 法兰对接面双道凹槽密封；(c) 法兰一体胶囊

要点解析：胶囊式储油柜胶囊位于储油柜中，不受阳光紫外线照射、温度也不会过高或过低，呼吸器硅胶可过滤空气中的潮气，总体运行工况良好，橡胶老化的速率明显低于暴露于环境的橡胶密封材料，但运行中往往发现很多胶囊存在破裂的现象，而且破裂位置基本位于橡胶材料黏合部位。

为了更好地提高其使用寿命，胶囊除了具备耐油、抗气透、防油扩散、抗拉强度高及耐老化性能良好等要求外，针对胶囊损坏的因素提出以下管控措施：①新品胶囊应采用热硫化一体成型工艺，严禁采用胶粘连成型工艺，从一定程度上降低粘合部位发生破损的概率；②加强胶囊涂覆织物机械强度，防止胶囊剐蹭损坏，胶囊涂覆织物厚度由 GB/T 24142 标准 4.1.2 涂覆织物厚度要求 0.5～0.8 mm 的标准提高到至少 1mm；③根据 GB/T 24142 标准 5.3.2 规定进行气密性能试验，在室温和无约束状态下向胶囊和隔膜内缓慢充入压缩空气，停放 20min 稳压至（1.0±0.01）kPa，并推荐浸水或酌情在其外表面涂上肥皂水，观察有无气泡，检查可疑漏点；④在储油柜抽真空或真空注油时，应在胶囊内、外侧同时抽真空；⑤在储油柜加压试漏时，储油柜油位不宜低于 1/2 位置，防止胶囊剐蹭油位计浮球杆而损坏；⑥加强储油柜内表面光滑度的检查，消除毛刺，对管路及挂点等尖锐部件进行倒角处理，防止胶囊触碰尖锐部位发生破损。

【案例分析】某站 1 号变压器因储油柜胶囊破损发生本体呼吸器喷油。

（1）缺陷情况。2019 年 8 月，某站 1 号变压器投运仅 3 个月，运维人员例行巡检时发现本体呼吸器发生跑油现象，硅胶全部浸油且油杯满油，本体油位计指示在 4 位置，通过 U 形连通原理实测储油柜油位在 9 位置。

（2）处置情况。根据缺陷现象初步判断储油柜胶囊破损，1 号变压器停电转检修后，打开储油柜顶部胶囊法兰安装口，发现胶囊内部全部是变压器油，将储油柜中的油全部撤出，然后再将胶囊从储油柜中取出，对胶囊施加 1.0kPa 气体压力检查发现多处胶囊黏连部位发生漏气，如图 7-10 所示。

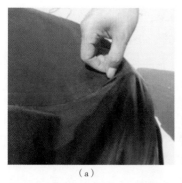 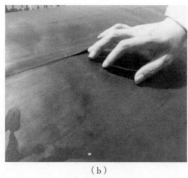 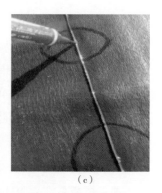

（a） （b） （c）

图 7-10 胶囊黏连部位工艺

（a）未加气压前；（b）加气压后；（c）渗漏部位

（3）原因分析。胶囊黏连部位采用胶粘贴工艺，工艺质量不良导致存在多处漏点，储油柜中的油逐步进入胶囊内部，此时油位计指示的为假油位，导致储油柜补油误判而补油过多，变压器运行后，在夏季油温持续升高体积膨胀影响下，油位高于储油柜顶部并发生本体呼吸器喷油现象。

（4）分析总结。①对同批次变压器配置胶囊开展专项检查，不满足密封要求的统一进行更换；②新品胶囊采购应采用热硫化一体成型工艺且涂覆织物厚度不小于 1mm，严禁采用胶粘贴成型工艺；③新品变压器安装或胶囊大修更换时，应对新品胶囊施加 1.0kPa 气压检查其密封性能；④运行中发现呼吸器顶部浸油现象的应结合停电工作开展胶囊密封性能检查工作；⑤运行中发现实际油位与油位表指示偏差较大时，应检查储油柜胶囊和油位计的完好性。

7.2.7 橡胶或金属波纹外油式储油柜整体抽真空或真空注油时应打开橡胶或波纹芯体油侧及空气侧连通阀一同抽真空，运行前应将连通阀可靠关闭且密封良好。

【标准依据】 JB/T 6484《变压器用储油柜》6.2.4 橡胶密封式储油柜如需真空注油，应在胶囊或隔膜内、外侧同时抽真空。6.3.10 66kV 及以上变压器用波纹式储油柜应能与变压器同时抽真空。金属波纹式储油柜如需真空注油，一般应在波纹芯体内、外侧同时抽真空。

要点解析： 橡胶或金属波纹外油式储油柜整体抽真空或真空注油时应打开橡胶或波纹芯体油侧及空气侧连通阀一同抽真空，这主要是防止橡胶或金属波纹两侧压力差较大，导致橡胶或金属波纹损坏。对于金属波纹内油式储油柜结构，由于波纹芯体即为储油柜外壳且波纹芯体具备闭合高度下的耐受 50Pa 真空度，因此不涉及上述要求。

变压器运行前应将橡胶或波纹芯体油侧及空气侧连通阀可靠关闭且密封良好，否则，当变压器油温升高时，储油柜的油会通过连通阀流出，当连通阀连通呼吸器管路时，呼吸器会发生跑油现象；当变压器油温降低时，连通阀处形成负压区，外界空气将进入储油柜油侧形成假油位，同时造成变压器本体油的污染。

7.2.8　橡胶式或金属波纹外油式储油柜加压试漏时，储油柜油位宜不低于1/2位置，金属波纹内油式储油柜加压试漏前应检查限位装置的可靠性。

【标准依据】JB/T 6484《变压器用储油柜》6.3.3波纹芯体在高度（长度）限位的情况下，充气加压50kPa，持续15min不应有渗漏，压力解除后不应有永久变形；6.3.7储油柜油腔充气后，波纹芯体应能在额定行程内稳定工作，所需气压应越小越好，其最大稳定气压值：内油式一般应不大于15kPa，外油式一般应不大于8kPa。

要点解析：在橡胶式储油柜（胶囊式或隔膜式）加压试漏时，储油柜油位宜不低于1/2位置，其原因是：①确保胶囊或隔膜在加压时不接触储油柜内壁毛刺、油位计连杆及转轴齿轮等尖端部位而发生破损；②避免油位计连杆受胶囊压迫导致弯曲或折断。

在金属波纹式储油柜加压试漏时应考虑芯体的行程范围，如超行程将造成波纹芯体焊缝开裂或伸缩性能减退，为此，波纹芯体应设计高度（或长度）限位装置。金属波纹外油式加压试漏需要储油柜有一定油位主要是防止限位不良导致波纹芯体损坏；金属波纹内油式加压试漏时，一般应缓慢加油压或气压，等到达波纹芯体的高度（长度）限位时，油压才能逐渐升高。

7.2.9　储油柜注油前应拆除呼吸器并确保呼吸管路畅通，注油时应缓慢注入，防止变压器内部油压过大造成压力释放阀喷油。

【标准依据】DL/T 573《电力变压器检修规程》11.8.3变压器补油（二次注油）。变压器经真空注油后进行补油时，需经储油柜注油管注入，严禁从下部油箱阀门注入，注油时应使油流缓慢注入变压器至规定的油面为止（直接通过储油柜联管同步对储油柜、胶囊抽真空结构并一次加油到位的变压器除外）。

要点解析：储油柜注油前应拆除呼吸器并确保呼吸管路畅通，这主要是确保在注油速度过快时，储油柜油侧压力过大而胶囊内部空气无法及时通过呼吸器排出时，易导致变压器内部油压过大造成压力释放阀误动喷油，在呼吸器释放压力一瞬间可能发生油流瞬间冲击挡板导致本体气体继电器或油流速动继电器误动跳闸。这也是为什么进行变压器储油柜注油时，应首先将本体气体继电器或油流速动继电器由"跳闸"改投"信号"。

7.2.10　本体储油柜注油后应通过储油柜油侧放气阀排净空气并确保油位符合"油温—油位曲线"，防止出现假油位。

【标准依据】DL/T 573《电力变压器检修规程》10.2.1胶囊密封式储油柜注油时没有将储油柜抽真空的，必须打开顶部放气塞，直至冒油立即旋紧放气塞，再调整油位。如放气塞不能冒油则必须将储油柜重新抽真空（储油柜抽真空必须是胶囊内外同时抽，最终胶囊内破真空而胶囊外不能破真空），以防止出现假油位。10.2.2 隔膜式储油柜注油后应先用手提起放气塞，然后将塞拔出，缓慢将放气塞放下，必要时可以反复缓慢提起放下，待排尽气体后塞紧放气塞；10.2.3 打开放气塞，待排尽气体后关闭放气塞。对照油位指示和温度调整油量。

要点解析：本体储油柜注油后应通过储油柜油侧放气阀排净空气，防止空气与变压器油的接触，且防止储油柜油位指示出现假油位。在变压器大修时，变压器本体储油柜通过真空注油后一般不需再进行储油柜顶部排气工作，而非真空注油时需通过储油柜油侧放气阀排净空气；变压器运行时，可通过储油柜注油阀直接注油，并确保注油管路内不存在空气，防止空气进入储油柜内部。

当储油柜油侧存在空气时，对于隔膜式储油柜，由于隔膜油侧的空气顶起了隔膜，隔膜上装设了连杆式油位计，进而导致储油柜实际的油位低于油位计的指示油位；对于金属波纹（内油）式储油柜，由于波纹芯体油侧的空气顶起了波纹芯体，波纹芯体顶部装设了油位指示标识，进而导致储油柜实际的油位低于波纹芯体指示油位。而对于胶囊式储油柜，由于浮球式油位计是通过浮球原理设计的，因此，其油位计指示的油位与实际油位基本无较大偏差。

7.2.11 装有排油注氮装置的变压器本体储油柜与气体继电器间应增设断流阀，以防因储油柜中的油下泄而致使火灾扩大。

【标准依据】《国家电网有限公司十八项电网重大反事故措施（2018 年修订版）》9.8.4 装有排油注氮装置的变压器本体储油柜与气体继电器间应增设断流阀，以防因储油柜中的油下泄而致使火灾扩大。

要点解析：储油柜至本体油箱之间管路加装的截流阀是排油注氮保护装置的重要组成元件，可以快速截断储油柜中的油继续流入油箱，缩短油箱撤油时间并快速充氮灭火，其安装在气体继电器至储油柜之间，如图 7-11 所示。

（a） （b）

图 7-11 排油注氮保护装置组件截流阀
（a）截流阀位置；（b）截流阀外观

当变压器发生火灾时，排油注氮保护装置如处于自动运行状态时，当变压器本体重瓦斯保护、主变压器断路器跳闸、油箱超压开关（火灾探测器）同时动作时启动排油充氮保护；装置如处于手动运行状态，在观察到火灾时，按控制单元触摸屏面板上的手动启动按钮后装置立即启动。装置启动后，首先快速排油阀打开使变压器油箱顶部部分热油通过排油管排出，释放压力，防止二次燃爆，同时断流阀关闭切断油枕至油箱的补油回路，防止火上浇油，排油数秒后，充氮阀打开使氮气从油箱底部注入搅拌，强制热冷油的混合，进行热交换，使油温降至闪点以下，同时充分稀释空气中的含氧量，达到迅速灭火的目的，其工作原理如图 7-12 所示。

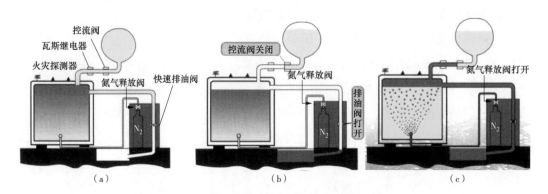

图 7-12 排油注氮保护装置工作原理
(a) 监视状态；(b) 启动排油状态；(c) 注氮搅拌冷却状态

未采用排油注氮保护装置的变压器不应加装断流阀，原因是：①断流阀仅是排油注氮保护装置的组件；②未采用排油注氮保护装置的变压器即使变压器着火，虽然储油柜中的油下泄存在火上浇油的现象，但是变压器着火的结果并不能改变，只能依靠外围的水喷雾或泡沫灭火装置进行；③断流阀主要分为电动截流阀和机械截流阀，它们均存在误关闭的风险，且不具备远方监测功能，当其误关闭将导致本体气体继电器拒动，使变压器失去一项重要的保护措施；④断流阀没有油流速度的动作值规定，也没有检验标准及检测设备，不宜大规模使用。

综上所述，采用排油注氮保护装置的变压器，本体储油柜与气体继电器间应设断流阀，其他形式的变压器不应安装断流阀。

7.3 呼吸器管控关键技术要点解析

7.3.1 呼吸器应确保呼吸顺畅，集油杯及内玻璃筒均应采用透明材质，当油温变化较快时油杯内应有可见气泡。

【标准依据】《国家电网有限公司十八项电网重大反事故措施（2018 年修订版）》

9.3.3.3 吸湿器安装后，应保证呼吸顺畅且油杯内有可见气泡。

要点解析：变压器油温降低时，油体积收缩减小，储油柜或胶囊内空气扩容压力减小，此时储油柜内部压力将通过呼吸器吸入外界大气来平衡，呼吸器集油杯内玻璃筒内部将出现气泡。空气流动过程：外界大气→气孔→集油杯→油封片→内玻璃筒→玻璃罩（内装硅胶）→呼吸器连管→储油柜或胶囊，如图 7-13（a）所示。

变压器油温升高时，油体积膨胀增大，储油柜或胶囊内空气压缩压力增大，为维持储油柜内油面压力基本等于大气压力，此时储油柜内部空气通过呼吸器排出至外界，呼吸器集油杯内将出现气泡。空气流动过程：储油柜或胶囊→玻璃罩（内装硅胶）→内玻璃筒→油封片→集油杯→气孔→外界大气，如图 7-13（b）所示。

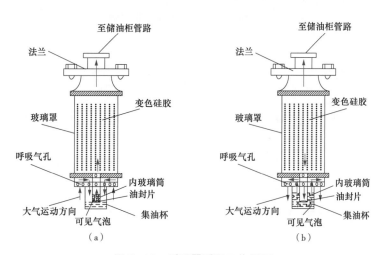

图 7-13 呼吸器呼吸工作原理
（a）呼吸器吸气工作原理；（b）呼吸器呼气工作原理

通过以上分析可知，如果通过气泡来观察呼吸器是否呼吸顺畅，需要满足呼吸器的集油杯及内玻璃筒均为透明材质，否则无法观察到可见气泡，因此需要对此类呼吸器进行整体更换，而免维护呼吸器因无集油杯结构，因此无法通过气泡来监测其呼吸顺畅性，如图 7-14 所示。另外，必须在变压器油温变化较大时才会出现可见气泡，不会每时每刻发生。通常，我们可以选择午间负载及环境温度均升高时段，或夜间负载及环境温度均降低时段进行观察。如果长时间观察未出现气泡现象，其原因是：①呼吸器至储油柜连管密封不良，大气不经过呼吸器直接进入储油柜或胶囊内；②储油柜呼吸管路系统存在堵塞现象，例如呼吸器堵塞、呼吸器至储油柜阀门关闭或储油柜至本体阀门关闭等。

7.3.2 寒冷地区的冬季，应检查本体及有载呼吸器油杯无进水结冰现象，硅胶受潮达到 2/3 时应及时进行更换，防止硅胶全部潮解导致无法吸潮而结冰。

【标准依据】《国家电网有限公司十八项电网重大反事故措施（2018 年修订版）》

（a） （b） （c） （d）

图 7-14 变压器常用呼吸器结构

（a）无法观察气泡；（b）可观察气泡；（c）无法观察硅胶变色比例；（d）免维护呼吸器

9.3.3.3 寒冷地区的冬季，变压器本体及有载分接开关吸湿器硅胶受潮达到 2/3 时，应及时进行更换，避免因结冰融化导致变压器重瓦斯误动作。

要点解析： 本体呼吸器通过连管与本体储油柜内部胶囊或隔膜连接，与变压器本体油隔离。在胶囊或隔膜完好情况下，即使硅胶全部潮解，对变压器油含水量及耐压值基本无影响。而有载呼吸器通过连管直接与有载储油柜连接，有载储油柜内部未设置胶囊或隔膜，因此，有载呼吸器如果均潮解，可影响有载开关油室中油的含水量升高和耐压值降低。从这个角度分析，对于有载分接开关呼吸器硅胶受潮达到 2/3 时应及时进行更换。

由于在寒冷地区的冬季，室外布置呼吸器硅胶温度低于 0℃，硅胶吸潮率随温度的降低而降低，当硅胶潮解量及呼吸器吸入潮气同时较大时，大气通过呼吸器硅胶不易吸潮，当潮解量基本全部潮解时，潮气中的水分可能存在一定概率的结冰现象导致呼吸器堵塞。从这个角度分析，本体及有载呼吸器硅胶受潮达到 2/3 时应及时进行更换，或者更换为免维护呼吸器。

【案例分析】 某站 1 号变压器本体呼吸器集油杯因进水结冰导致呼吸器堵塞。

（1）缺陷情况。2011 年 12 月 7 日，室外环境最低温度为 -6℃，运维人员巡视时发现室外某站 1 号变压器本体呼吸器集油杯内部存在结冰现象，监控系统未发"压力释放动作"及"本体轻瓦斯动作"信号。

（2）原因分析。通过呼吸器解体发现，呼吸器硅胶玻璃外罩与下金属法兰密封不良导致密封处水气进入集油杯并在低温天气结冰，如图 7-15 所示。

（3）分析总结。寒冷地区的冬季，入冬前以及在雨、雪和大雾等寒冷天气期间，应对室外变压器呼吸器的密封状况进行专项排查，并及时处理硅胶玻璃外罩破裂、硅胶玻璃外罩与下金属法兰密封不良、集油杯法兰呼吸孔设计不合理易进水等缺陷，防

 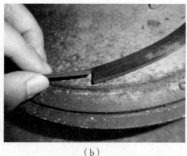 

（a）　　　　　　　　　　（b）　　　　　　　　　（c）

图7-15　本体呼吸器下法兰密封不良进水结冰

（a）呼吸器集油杯结冰；（b）呼吸器下法兰密封垫损坏；（c）呼吸器油杯结冰

止雨水或融雪进入集油杯导致呼吸器结冰堵塞。在寒冷季节，当环境温度低于0℃时应开展呼吸器油杯是否存在进水结冰的特巡工作，发现问题应立即安排处理。

7.3.3　呼吸器硅胶颗粒应采用无碎裂无粉化，直径5～8mm的优等品，安装时应拆除呼吸器硅胶内防潮密封膜（垫），集油杯中油清洁、无浑浊积水及杂质，防止呼吸器堵塞引起变压器重瓦斯误动。

【标准依据】 DL/T 573《电力变压器检修导则》10.24吸附剂宜采用变色硅胶，应经干燥，颗粒大于3mm；吸附剂不应碎裂、粉化。DL/T 1386《电压变压器用吸湿器选用导则》8.2用筛孔为ϕ3mm和ϕ5mm的试验筛筛分，ϕ3mm试验筛的筛下物和ϕ5mm试验筛的筛下物之和应小于10%。

要点解析： 本体呼吸器堵塞对变压器产生的不良影响主要有：①变压器油温下降或本体存在大量跑油时，储油柜内部油面形成负压，无法补充至本体，此时油位计的油位指示为假油位，将会导致本体缺油、本体轻瓦斯报警，严重时可造成器身线圈裸露内部发生放电；②变压器油温升高时，储油柜内部油面压力升高，若超过压力释放阀开启压力值，可引起压力释放阀动作喷油，若此时呼吸器瞬间被储油柜内部过大压力冲开呼吸器堵塞处时，器身中的油流涌动流向本体瓦斯挡板，进而引起本体重瓦斯动作跳闸；③变压器内部发生故障时，对变压器故障油流涌动速度有一定的减弱，有一定概率造成本体气体继电器拒动。

为此，我们提出了几点防止呼吸器堵塞的管控要求：①呼吸器硅胶颗粒直径应选用5～8mm优等品，圆形颗粒直径越大，其呼吸器内填充的硅胶颗粒彼此间隙也越大，提高呼吸顺畅率；②高温暴晒、吸潮量过大等影响下，硅胶不存在碎裂、粉化现象，在更换硅胶时，必须通过4mm滤网筛子进行筛选，如图7-16所示，将小颗粒硅胶及粉末滤除；③呼吸器安装及验收环节，应确检查呼吸器上下口密封膜（垫）应拆除，而在图7-17所示的集油杯并未拆除密封垫；④呼吸器集油杯及油封片油清洁、无杂质、无积水结冰现象，当油发生浑浊或者分层现象时，应及时处理。

图7-16 呼吸器硅胶滤网专用筛

图7-17 呼吸器油杯密封垫未拆除

【案例分析】某站1号变压器因本体呼吸器堵塞导致本体轻瓦斯动作报警。

(1) 缺陷情况。2012年1月12日夜间，某站监控系统发出"1号变本体轻瓦斯动作"报警信号，现场检查本体气体继电器视窗显示油位在1/2位置，内部存在积聚气体，试验人员现场采气样发现本体气体继电器放气阀向内吸气，无法采集气样，储油柜的油也无法补充至气体继电器。

(2) 原因分析。经现场检查分析，初步判断呼吸器存在堵塞，当拆除本体呼吸器后，打开气体继电器放气塞，储油柜中的油逐步补充至气体继电器，由于补油时间较长，判断本体油箱也存在缺油现象。对本体呼吸器解体检查发现，呼吸器集油杯在油封片基础上设计较细密的滤网，如图7-18所示，滤网极易被异物堵塞，使储油柜及本体气体继电器处于负压状态，温度下降变压器油收缩后，本体气体继电器处油位下降并导致本体轻瓦斯动作。

(a)

(b)

(c)

图7-18 呼吸器滤网被异物堵塞
(a) 呼吸器外观；(b) 呼吸器内集油杯；(c) 呼吸器滤网

由于此类呼吸器设计了专用硅胶更换孔盖，在更换呼吸器硅胶工作中不需摘掉油封杯，进而并没有清理集油杯及油封片，油杯中的油长期与外界粉尘及硅胶粉末作用，最终堵塞油封片通气孔。

（3）分析总结。①针对此类型呼吸器，在安装、验收及处缺过程中，应拆除封油片上的细密滤网，更换孔适宜的封油片，如图 7－19 所示；②对涉及此类型的呼吸器开展专项巡检工作，尤其是重点检查呼吸器油杯油是否浑浊，是否含有杂质，发现异常立即安排检查处理；③淘汰使用该类型呼吸器，更换新型呼吸器。

（a）　　　　　　　　　　　（b）　　　　　　　　　　　（c）

图 7－19　呼吸器油杯滤网拆除并清洁

（a）呼吸器集油杯滤网堵塞；（b）呼吸器集油杯滤网拆除；（c）呼吸器油杯整体清洁

7.3.4　呼吸器硅胶不应出现自上而下潮解现象，硅胶上层变为黑色应检查储油柜油位及胶囊的完好性，硅胶上层潮解应检查呼吸器至储油柜管路的密封性。

【标准依据】DL/T 572《电力变压器运行规程》5.1.4f）呼吸器完好，吸附剂干燥。

要点解析：呼吸器硅胶正常吸附外界潮气后，其硅胶变色应自下而上，一般国产变色硅胶正常潮解变色规律为蓝色变成粉红色，进口硅胶从黄色变成深绿色。当发生硅胶变色异常且更换新硅胶后频繁发生时应做好相关检查工作：

（1）呼吸器硅胶自上而下潮解，主要检查呼吸器至储油柜各管路法兰及蝶阀的密封性是否存在异常。

（2）呼吸器硅胶上层呈现黑色，主要检查储油柜油侧与胶囊呼吸管路的连通蝶阀是否关闭（密封）不严，胶囊或隔膜是否存在破损，当油温较高时，呼吸器向外界呼气，热油气先被呼吸器硅胶上层吸收，进而导致硅胶上层变黑。

（3）呼吸器硅胶下层呈现黑色，主要检查呼吸器油杯中的油是否高于油封上限，呼吸器从外界吸气时将油杯中的油吸入并浸渍下层硅胶，进而导致硅胶下层变黑，如图 7－20 所示。

7.3.5　呼吸器发生喷油、结冰等导致储油柜呼吸系统堵塞时应及时将重瓦斯保护由"跳闸"改投"信号"，防止继电器误动跳闸。

【标准依据】DL/T 572《电力变压器运行规程》5.3.1c）当油位计的油面异常升高或呼吸系统有异常现象，需打开放气或放油阀门时，应将重瓦斯改投信号。

（a）　　　　　　　　　　（b）　　　　　　　　　　（c）

图 7-20　呼吸器硅胶变色异常

（a）呼吸器上层硅胶变黑；（b）呼吸器上层及下层硅胶变黑；（c）呼吸器整体硅胶变黑

要点解析：呼吸器发生喷油、结冰等现象时，储油柜呼吸系统已发生堵塞，运维人员应及时申请将重瓦斯保护由"跳闸"改投"信号"，本体呼吸器堵塞时应将本体瓦斯由"跳闸"改投"信号"，有载呼吸器堵塞时应将有载瓦斯保护由"跳闸"改投"信号"，并尽快采取更换呼吸器，这主要是防止在某种情况下，本体油箱或开关油室油压过大，储油柜呼吸系统瞬间由"堵塞"变为"畅通"时，本体油箱或有载开关油室的油会瞬间涌动冲击本体气体继电器或有载油流速动继电器挡板，导致继电器误动跳闸。

7.3.6　呼吸器油杯中的油位应以略高于内油杯封油片为合格标准，不应参照油杯油位标记线。

【标准依据】 DL/T 573《电力变压器检修导则》10.24 检查油杯应清洁完好，油位标志鲜明，将油杯清洗干净，注入干净变压器油，加油至正常油位线，并将油杯拧紧（新装呼吸器应将内口密封垫拆除）必须观察到油杯冒泡。

要点解析：呼吸器油杯中的油位主要是对环境空气中的粉尘和水分进行过滤，防止粉尘和水分进入储油柜内部，根据呼吸器的呼吸工作原理可知，只要油杯中的油位应略高于内油杯封油片即可，为什么油杯油位不能以油位标记线为参照，这是因为，油杯的油位线是指油杯添加油的参考线，油杯安装后，呼吸器吸气工作时，油杯中的油吸入内油杯，此时油杯油位将低于标记线，这是正常现象。另外，呼吸器厂家对油杯油位线设计不合理，存在油杯注油过多或过少问题：①油位过低（较少）且未没过油封片时，油杯中的油将失去过滤作用；②油位过高（过多）时，会导致呼吸器下层硅胶浸油变黑或者呼吸器喷油，严重时可堵塞呼吸管路并造成压力释放阀动作喷油。

为此，呼吸器油杯中的油位只要确保呼吸器油杯中的油位略高于内油杯封油片即可、也可间接通过观察内油杯中存在吸油现象或者油杯中观察到可见气泡来验证油杯油位是否正常。

8

变压器中低压出口运维检修管控关键技术要点解析

电力变压器运维检修管控关键技术
要点解析

8.1 出口端子连接及过电压管控关键技术要点解析

8.1.1 变压器绕组通过套管引出实现三角形联结时，投运前应检查绕组三角形联结正确且未发生开环现象。

【标准依据】无。

要点解析：变压器绕组联结组别应考虑有一侧绕组为三角形联结，当电网运行需要全星形绕组联结方式时，变压器应设立单独的角形接线的平衡绕组，原因分析如下：

变压器绕组联结组别如未设计角形联结，那么变压器将受三次谐波的影响，而角形联结可以消除三次谐波。当变压器铁芯不饱和时，变压器一次电流和由它产生的铁芯磁通成正比关系，即电流和磁通随时间按正弦波的规律变化。但当变压器在额定电压作用下铁芯已处于饱和状态时，一次电流是正弦波，磁通则为平顶波（非正弦波），非正弦波中占比最大的是三次谐波。三次谐波的特点是三相相量相同，幅值相等，铁芯中将会产生三次谐波。磁通形成的回路与磁路有关，对于三相三柱式变压器，三个铁芯柱里的三次谐波磁通均朝一个方向，无法形成回路，所以只能互相排挤，从铁轭散去并以铁轭、绝缘油、油箱、空气等构成回路，磁阻很大，为此变压器油箱因涡流损耗产生发热，导致油温升高，降低变压器效率，对于大容量变压器这个问题比较严重。对于三相五柱式、三相壳式变压器和由 3 个单相变压器组成的三相变压器组，三次谐波磁通均可在铁芯柱内形成回路，磁阻很小，由于三次谐波磁通的叠加影响，总磁通波形的平顶程度更为严重，三次谐波电压可能较高，以致中性点出现位移现象。因此，三次谐波问题比三相三柱式变压器更为严重。

变压器如果有一侧绕组接成角形接线即可避免此问题。当一次侧接成角形接线时，假设一次侧电流为正弦波，因铁芯饱和而磁通为平顶波时，铁芯磁通将出现三次谐波，三次谐波磁通又反能在一次角形绕组中感应起三次谐波的反电动势，在这三次谐波反电动势的作用下，一次侧绕组流过三次谐波电流，此三次谐波电流又在铁芯中产生一个与原来三次谐波磁通相反的三次谐波磁通，从而保证了铁芯中的磁通为正弦波。而由于一次侧电流叠加了一个三次谐波电流，其波形变成了尖顶波。由于铁芯磁通里消除了三次谐波，因此，这种接线的变压器也就不存上述问题。当二次侧接成角形接线时，由于一次侧为星形接线，三次谐波电流流不通，在铁芯饱和的情况下，磁通是平顶波并可分解出基波磁通、三次谐波磁通等，此三次谐波磁通能在二次侧角形中感应出三次谐波电势，并产生三次谐波电流，这个三次谐波电流又在铁芯中产生三次谐波磁通抵消原来的三次谐波磁通，这样，铁芯中的主磁通仍保持正弦波。

为此，大容量变压器运行时不应失去绕组角形连接方式，它可通过内部连接实现也可通过外部连接实现，其中对于外部实现绕组角形连接方式的变压器应考虑防止失去绕组角形连接而投入变压器的风险，这里主要涉及三类：①三相一体变压器将待连接角形的各相绕组首末端通过6只套管引出（由于载流过大需要），并根据变压器联结组别方式进行外部角形连接；②由3台单相变压器组成的三相变压器组，每台变压器将待连接的角形绕组首末端通过2只套管引出，三台变压器根据变压器联结组别方式进行外部角形连接。例如，当变压器角形侧出线因设备检修需断弓子（开路）时，此时应确定变压器角形绕组连接是否受影响，如无法形成绕组角形连接，变压器不能投入运行；③当电网运行需要，变压器采用全星形绕组联结方式时，变压器应设立单独的角形接线的平衡绕组。

8.1.2　全星形联结变压器的平衡绕组宜采用两只套管引出，外部短接后应通过接地铜排或电缆一点接地。

【标准依据】GB/T 50064《交流电气装置的过电压保护和绝缘配合设计规范》5.4.3 应在与架空线路连接的三绕组变压器的第三开路绕组或第三平衡绕组以及发电厂双绕组升压变压器当发电机断开由高压侧倒送厂用电时的二次绕组的3相上各安装一支MOA，以防止由于变压器高压绕组雷电波电磁感应传递的过电压对其他各相应绕组的损坏。

要点解析：对于全星形联结变压器，当变压器绕组未设计三角形联结供电系统时，变压器应增加平衡绕组（又称稳定绕组），通常联结组标号中以＋d表示，例如YNyn0yn0＋d，YNa0yn0＋d，它也是三角形联结绕组，但是它不与外部做三相连接，一般设计成10kV级，根据GB/T 17468《电力变压器选用导则》4.4.6.2规定，稳定绕组额定容量一般不能低于变压器额定容量的35%。平衡绕组的作用是：①提供高次谐波通道，改善感应电动势波形，进而保证变压器输出电压为正弦波，确保供电质量，防止继电保护误动；②改善变压器零序阻抗，这是因为对于没有任何三角形联结绕组的变压器中，零序阻抗可随电流和温度变化，对于零序保护的动作可靠性有很大影响。

平衡绕组在变压器上的出线方式主要有：①平衡绕组悬空不引出；②一只套管引出直接接地；③两只套管引出并外部短接直接接地；④三只套管引出并分别通过避雷器接地。以上方式优缺点如下：

（1）平衡绕组悬空不引出。平衡绕组在变压器内部连接成封闭的三角形并不不引出，该接线方式不能避免平衡绕组电位悬浮和传递过电压的问题，同时对该绕组也无法进行试验及监测。

（2）一只套管引出直接接地。该方式不能通过避雷器接地，这是因为该避雷器仅能保护到连接绕组的一端，未连接绕组并不能起到保护，该方式虽能解决电位悬浮和传递过电压的问题，但是对于绕组的直流电阻试验无法进行，故障后无法判别。

（3）两只套管引出并外部短接直接接地。使用时应首先采用铜排将两个端子短接，铜排的截面积按不小于套管导电杆的截面积选取。为避免电位悬浮和传递过电压的问题，开口三角在外部短接后应通过接地铜排或电缆一点与地网接地（引下线截面积只需考虑机械强度即可）。该方式不仅能进行绕组直流电阻试验，同时还可进行绕组的其他相关试验，同时可增设电流互感器测量封闭三角形中的循环电流，且不存在外部相间短路的风险，是目前国内广泛采用的接线方式。

（4）三只套管引出并分别通过避雷器接地。该方式最大的缺点是易发生外部短路故障，同时不能像前者一点接地，否则相当于将绕组短路，为防止雷电传递过电压，该平衡绕组引出三个端子要分别经避雷器引至接地网进行可靠接地。

综上所述，全星形联结变压器的平衡绕组宜采用两只套管引出，外部短接后应通过接地铜排或电缆一点接地，不允许接任何电阻或电容等。

8.1.3 变压器中（低）压侧套管接线端子与出口母线桥应采用铜质软连接，受力均衡不应过大，铜铝接线端子应采用铜铝过渡连接。

【标准依据】无。

要点解析：变压器中（低）压侧套管接线端子与出口母线桥连接处常存在套管头渗漏油和套管接线端子发热两大问题。

套管头渗漏油原因有：①套管头部密封结构设计不合理；②密封垫老化或紧固不良；③母线桥接线端子拉力不均衡或过大。其中原因③占比较大，为防止后者问题发生，受母线排重量较大因素影响，套管接线端子与出口母线桥应采用铜质软连接，且连接应在自然状态下连接，接线端子受力方向应与接线端子平面垂直，确保套管头部整体受力均衡，没有明显拉拽受力不均现象，否则将导致套管头部密封压力不均衡而发生渗漏油。套管接线端子与出口母线桥采用铜质软连接时可以避免热胀冷缩以及振动、拉拽力对套管头部密封的影响，铜质软连接包扎冷缩带或热缩带时应留有各片间的伸缩裕度。

套管接线端子发热原因包括：①螺栓紧固力矩不到位；②套管与外接引线接线端子材质不同，例如一个铝材质，一个铜材质。其中后者占比较大，为防止后者问题发生，铜铝接线端子应采用铜铝过渡连接，防止长期铜铝在电池腐蚀原理作用下导致接触电阻过大而发热。为提高接线端子导电性能和防氧化耐热性能，室外铜与铜的连接应在压接的两面镀银或镀锡，紧固之前宜均匀涂抹导电膏。

8.1.4 变压器各绕组的进线或出线侧近端均应安装避雷器，防止绕组遭受过电压而损坏。

【标准依据】《国家电网有限公司十八项电网重大反事故措施（2018年修订版）》14.3.3 对低压侧有空载运行或者带短母线运行可能的变压器，应在变压器低压侧装设避雷器进行保护。对中压侧有空载运行可能的变压器，中性点有引出的可将中性点临时接地，中性点无引出的应在中压侧装设避雷器。

要点解析：变电站内设备避雷器安装主要是防止雷电过电压和操作过电压的，也就是说在雷电天气或断路器分合闸不同期时，均可能发生雷电过电压或操作过电压，根据 GB/T 50064《交流电气装置的过电压保护和绝缘配合设计规范》4.2.5 规定，为防止投切空载变压器产生的操作过电压，可采用 MOA 限制。

线路侧避雷器保护线路入口处安装的断开的断路器和其他设备（如 CVT）；母线避雷器用于保护母线设备，如断开的断路器、隔离开关等；变压器与断路器之间的避雷器保护变压器及断路器，当变压器某进线或出线侧断路器断开时，此时站内的与之电气相连母线避雷器和线路避雷器就失去了作用，为此，变压器各绕组的进线或出线侧均应安装避雷器。可以看出，变电站内在一个电气连接部分上有很多组避雷器实现了并联，它的最大优势就是，当雷击线路或站内母线时，一部分雷电电流通过线路或母线避雷器分流，流过变压器避雷器的雷电流比没有安装线路或母线避雷器时的雷电流要小，使得保护变压器的避雷器残压降低，同时变压器承受雷电过电压也降低，所以线路或母线避雷器改善了变压器的过电压保护。

根据 GB/T 50064《交流电气装置的过电压保护和绝缘配合设计规范》5.4.3 规定，为防止感应传递过电压，在中、低压绕组出线上同样应安装 MOA，低压侧避雷器通过吸收磁能也能保护变压器的高压侧。尤其是当变压器中、低压绕组侧开路运行时，它完全失去了避雷器保护，且中、低压侧母线避雷器或线路避雷器都无法对其进行辅助保护。为此，变压器各绕组的进线或出线侧近端均应安装避雷器保护。

8.1.5 分级绝缘变压器中性点宜采用单独间隙保护，全绝缘变压器中性点宜采用相同电压等级的相—地避雷器保护。

【标准依据】《国家电网有限公司十八项电网重大反事故措施（2018 年修订版）》14.3.2 为防止在有效接地系统中出现孤立不接地系统并产生较高工频过电压的异常运行工况，110～220kV 不接地变压器的中性点过电压保护应采用水平布置的棒间隙保护方式。对于 110kV 变压器，当中性点绝缘的冲击耐受电压≤185kV 时，还应在间隙旁并联金属氧化物避雷器，避雷器为主保护，间隙为避雷器的后备保护，间隙距离及避雷器参数配合应进行校核。间隙动作后，应检查间隙的烧损情况并校核间隙距离。

要点解析：变压器绕组中性点主要承受雷电导致的雷电过电压，投切变压器产生的操作过电压或者由于某些电感和电容分布匹配产生的谐振过电压，电网发生单相接地或在非全相运行时的工频过电压。为此，每一个不接地的变压器中性点均应采取过电压保护。

根据 GB/T 50064《交流电气装置的过电压保护和绝缘配合设计规范》4.1.4 相关规定，对于 110kV 及以上分级绝缘变压器宜采用间隙保护，分级绝缘变压器中性点不应单独采用避雷器保护，其原因是：①避雷器主要用于限制雷电和操作过电压，不用于保护工频和暂时过电压；②避雷器即使承担工频过电压，它也是在规定最高工频过电压 10s 以内，否则将导致避雷器热崩溃，甚至爆炸，其常见工频过电压如 GB/T 50064《交流电气装置的过电压保护和绝缘配合设计规范》表 11 所示；③单独采用间隙保护具有结构简单，维护简单，即可保护雷电和操作过电压，也可以保护工频过电压等优点，缺点是放电分散性比较大；④采用避雷器和间隙组合使用以避免工频过电压对于避雷器的损害，其缺点是两者选型（避雷器参数及间隙距离）与中性点绝缘配合困难（过电压限制在绝缘强度的 85% 以下），另外，大部分雷电冲击放电电压下间隙也都会动作，导致变压器通过间隙电流互感器跳闸，不如直接采用间隙保护。若采用金属氧化物避雷器与间隙保护并联使用时，它们的参数选型要求如下所示：

避雷器的选择要求是：避雷器的冲击残压应低于变压器中性点雷电冲击耐压，并有一定裕度（一般取 1.05~1.15），避雷器的峰值等效额定电压应不低于中性点可能出现的最大工频过电压，否则需并联间隙（保护避雷器因工频过电压损坏或爆炸）。间隙保护的选择要求是：间隙的工频平均放电电压应低于中性点的工频耐压，高于有效接地系统单相接地时中性点的最高工频过电压；间隙的雷电 50% 放电电压（负极性）应低于变压器中性点雷电冲击电压，并留有一定裕度，在保证裕度的情况下，应尽量增大间隙距离，以减少间隙误动。

分级绝缘变压器中性点采用单独间隙保护时，棒电极直径对间隙放电影响不大，可采用 ϕ（16±4）mm 的圆钢，棒间隙一般采用水平布置方式（禁止垂直布置，防止冬季冰凌发生间隙击穿），间隙距离值考虑的因素可参考 GB/T 50064《交流电气装置的过电压保护和绝缘配合设计规范》4.1.3 相关规定，一般情况下，220kV 中性点可取间隙 260~310mm，110kV 中性点可取间隙 110~145mm，间隙距离偏小，保护裕度大，但动作频繁。间隙距离大，保护裕度小，变压器中性点的绝缘会受威胁。

对于 35kV 及以下全绝缘变压器，由于中性点对地绝缘水平与端绝缘一致，完全满足工频过电压和暂态过电压的要求，根据 GB/T 50064《交流电气装置的过电压保护和绝缘配合设计规范》4.1.2 相关规定，全绝缘变压器中性点宜采用相同电压等级的相—地避雷器保护。

8.2 出口环境管控关键技术要点解析

8.2.1　室外变压器间隔架构横梁应采用封闭式圆钢结构，防止鸟类筑巢掉落导电异物发生变压器出口短路故障。

【标准依据】 无。

要点解析：变压器间隔架构顶梁不应采用非封闭架构，这主要是防止鸟类搭建鸟窝过程中，导电杂物，如铁丝等发生掉落，当掉落在相间空气绝缘间隙较小6～35kV中（低）压侧引线（或母线桥）上极易发生相间出口短路，为防止此类问题发生，室外变压器间隔架构横梁应采用封闭式圆钢结构。对于不满足要求的可采取加装变频激光驱鸟装置、机械驱鸟装置或生物驱鸟措施、封闭横梁等临时措施，但应防止此类装置掉落的次生灾害。

【案例分析】某站220kV1号变压器因间隔架构鸟类筑巢掉落铁丝发生10kV出口短路故障。

（1）缺陷情况。2018年6月，某站监控系统发出"1号主变压器差动保护出口"，变压器三侧断路器2201、101、201跳闸，145、245断路器自投成功，同时伴随10kV4号、5号母线消弧线圈"母线接地报警动作"。

现场检查1号主变压器及三侧断路器保护范围内一、二次设备、1号消弧线圈、2号消弧线圈及145、245等设备情况，发现1号主变压器10kV侧套管至10kV母线桥（1m左右）A、B、C相有放电痕迹，1号变压器上方架构上有未搭好的鸟窝，散热器汇流管上有铁丝，10kV侧出口母线桥发现三相均有放电痕迹，9只支柱绝缘子瓷釉发黑，母线排有9处放电点，如图8-1所示。

图8-1 变压器间隔架构鸟类筑窝掉落铁丝发生出口短路
（a）铁丝掉落发电点；（b）变压器10kV出口母线桥；（c）间隔架构横梁存在鸟窝

（2）处置情况。变压器转检修后对1号主变压器油色谱分析、变形、绝缘、直阻试验无问题。对母线桥支柱绝缘子进行耐压试验，5只不合格，现场对故障段母线桥及支柱绝缘子进行更换。

（3）原因分析。根据变压器顶部掉落导电异物，判断变压器间隔架构上鸟类筑窝过程中，铁丝掉落，根据故障录波数据及波形分析，首先A相接地，持续4min后转为AB相短路，进而导致变压器差动保护动作跳闸。

（4）分析总结。①对室外变压器架构鸟窝类缺陷进行专项排查及评估，存在掉落风险较大的应尽快安排停电处理；②基建变电站，变压器间隔架构应选用封闭式圆钢结构，对于已使用非封闭架构结构，宜采取加装变频激光驱鸟装置、机械驱鸟装置或生物驱鸟措施、封闭横梁等临时措施，条件具备时可对间隔架构进行更换；③变压器 6～35kV中（低）压侧出口由母线桥可采取更换电缆或绝缘管母线方式，可有效避免变压器出口短路故障。

8.2.2 变电站站内及周边铝箔、铝板等易漂浮导电异物的应定期开展排查及治理，防止大风天气导电异物飘落至变压器出口发生短路故障。

【标准依据】无。

要点解析：为防止变电站站内及周边易漂浮导电异物在大风天气飘落至站内带电设备，尤其是变压器出口母线桥，应定期做好站内及周边易漂浮导电异物的隐患排查，站内应检查是否存在铝箔、铁丝、塑料、树木等，建筑物屋顶天线、油毡等是否牢靠等，站院周边应检查是否存在垃圾厂、塑钢板简易房、敞开式金属加工厂或建材厂等。站内隐患应及时做好清理和固定措施，站院周边隐患应采取沟通与防范措施，4级以上大风天气应及时与周边存在隐患的单位取得沟通，防止导电异物漂落至站内设备区。

【案例分析】某站110kV1号变压器因屋顶油毡掉落110kV侧引出线上导致差动保护动作跳闸。

（1）缺陷信息。2015年4月，某站监控系统发出"1号变差动保护动作"跳闸信号，变压器三侧断路器跳开，母联245、345自投成功，站内检查1号变压器101-4刀闸至主变压器引线上挂有油毡，如图8-2所示，其他设备未见异常。

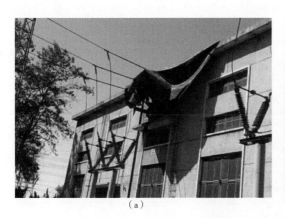 

（a） （b）

图8-2 屋顶油毡掉落在变压器进线上

（a）油毡搭挂带电导线；（b）其余油毡掉落地面

（2）原因分析。由于屋顶油毡老化及破裂，风刮油毡至101-4刀闸至1号变压器110kV套管引出线间，导致1号变压器差动保护动作跳闸。

（3）分析总结。①拆除站内屋顶存在问题的油毡并对其余油毡采取加固措施，完善屋顶防雨措施；②梳理类似此类站院设备布局变电站，并对此类变电站开展屋顶防雨措施专项排查，发现问题及时采取加固措施；③对站内及周边存在导电异物的隐患进行排查整改。

8.3 出口短路管控关键技术要点解析

8.3.1 变压器 6～35kV 中（低）压侧出口母线桥应平行等高布置并满足外绝缘空气距离，母线桥支柱绝缘子瓷套无裂纹及破损，瓷套与水泥胶状密封良好，爬电距离符合运行要求，防止发生污闪、雨闪或冰闪。

【标准依据】《国家电网有限公司十八项电网重大反事故措施（2018 年修订版）》9.1.4 220kV 及以下主变压器的 6～35kV 中（低）压侧引线、户外母线（不含架空软导线型式）及接线端子应绝缘化；500（330）kV 变压器 35kV 套管至母线的引线应绝缘化；变电站出口 2km 内的 10kV 线路应采用绝缘导线。

要点解析：变压器 6～35kV 中（低）压侧出口母线桥各相不应垂直分层布置，这主要是考虑在雨雪天气，母线桥各相间形成雨滴下落，遇寒冷天气在垂直方向形成冰凌，母线桥相间空气绝缘强度降低，极易发生母线桥相间短路故障，因此，变压器 6～35kV 中（低）压侧出口母线桥各相应平行等高布置，带电导体满足外绝缘空气距离，如表 8－1 所示，防止发生污闪、雨闪或冰闪。

表 8－1 空气绝缘介质各相导体间与地净距 （mm）

适用范围	系统标称电压（kV）				引用标准
	10	20	35	66	
带电部分至接地部分（室内）	125	180	300	550	GB 50060
带电部分至接地部分（室外）	200	300	400	650	GB 50060
不同相带电部分之间（室内）	125	180	300	550	GB 50060
不同相带电部分之间（室外）	200	300	400	650	GB 50060
网状遮拦至带电部分之间（室内）	225	280	400	650	GB 50060
网状遮拦至带电部分之间（室外）	300	400	500	750	GB 50060

母线桥支柱绝缘子爬距或绝缘强度不满足要求时，在雨、雪或潮湿天气，母线桥对地绝缘不良易发生闪络现象，主要影响因素是：①瓷套破裂导致绝缘爬电距离降低，例如：存在裂纹质量问题，受外力砸裂，或进水结冰瓷套胀裂；②支柱绝缘子瓷套与法兰水泥胶状密封不良，支柱绝缘子内部空腔与外界潮气呼吸，导致内部潮气过大绝

缘强度降低,在母线桥过电压条件下发生内闪放电。例如某站 2 号变压器 10kV 出口母线支柱绝缘子存在纵深裂纹,在大雨天气时发生接地短路并发展为相间短路,变压器差动保护动作跳闸,支柱绝缘子因短路电流发生炸裂,如图 8-3 所示。

（a） （b）

图 8-3 支柱绝缘子瓷裙破裂雨天爬距不足发生放电
（a）支柱绝缘子碎片；（b）支柱绝缘子炸裂

8.3.2 变压器 6～35kV 中（低）压侧出口、接线端子及母线桥（含金属固定夹）应绝缘化,套管接线端子及穿墙套管接线端子宜采用冷缩带包扎,防止发生出口短路故障。

【标准依据】《国家电网有限公司十八项电网重大反事故措施（2018 年修订版）》9.1.4 220kV 及以下主变压器的 6～35kV 中（低）压侧引线、户外母线（不含架空软导线型式）及接线端子应绝缘化；500（330）kV 变压器 35kV 套管至母线的引线应绝缘化；变电站出口 2km 内的 10kV 线路应采用绝缘导线。

要点解析:由于变压器 6～35kV 中（低）压侧出口各相间带电导体绝缘空气间隙较小,其中 10kV 和 35kV 带电导体绝缘空气间隙分别为 200mm 和 400mm,存在导电异物或小动物搭接母线桥发生相间短路的隐患,如图 8-4（a）所示,为解决此隐患,变压器 6～35kV 中（低）压侧出口母线桥及接线端子（含支柱绝缘子金属固定夹）应绝缘化,绝缘化措施宜采用绝缘冷缩带包扎。

套管接线端子及穿墙套管接线端子部位不宜采用绝缘盒包扎,绝缘盒主要是通过绝缘锁扣紧固,长期运行易发生脱落,如图 8-4（b）所示,另外绝缘盒安装孔隙较大存在搭鸟窝现象,为此,套管接线端子及穿墙套管接线端子部位宜采用绝缘冷缩带包扎,对于套管接线端子与母线排铜质软连接不宜包扎太紧,防止失去柔性连接效果。采用冷缩带包扎与绝缘盒相比,在周期性检修试验时需拆除方可进行低压绕组的相关试验,虽增加了维护成本,但整体考虑该措施能有效降低变压器出口短路的风险。

（a）　　　　　　　　　　　　（b）　　　　　　　　　　　　（c）

图 8-4　变压器中（低）压侧出口母线桥及接线端子

（a）小动物触碰出口母线桥；（b）热缩套开裂；（c）冷缩套绝缘化

8.3.3　变压器 6~35kV 中（低）压侧出口至配电装置宜采用单芯电缆或绝缘管母线，不应采用三相统包电缆，出口母线电压频繁跌落时应加强电缆或绝缘管母线对地绝缘监测。

【标准依据】《国家电网有限公司十八项电网重大反事故措施（2018 年修订版）》9.1.5 变压器中、低压侧至配电装置采用电缆连接时，应采用单芯电缆；运行中的三相统包电缆，应结合全寿命周期及运行情况进行逐步改造。

要点解析：变压器 6~35kV 中（低）压侧至配电装置连接的方式主要有母线桥（铜排或铝排）、电缆或绝缘管母线。由于母线桥是带电导体，即使包扎外绝缘，随着运行年限外绝缘的老化影响，仍然存在导电异物搭挂造成出口短路的风险，同时还存在支柱绝缘子绝缘降低发生对地放电的隐患。

与母线桥相比，电缆或绝缘管母线外绝缘为地电位，不允许过载运行，而绝缘管母线同样占用外部空间，其虽大优势即发生相间故障的概率极低，但是仍旧存在因电缆或绝缘管母线质量问题发生单相对地放电故障的情况，为此，对于变压器 6~35kV 中（低）压侧出口至配电装置采用电缆或绝缘管母线时不应使用三相统包电缆，当发生母线电压跌落时，也应重点做好电缆或绝缘管母线是否存在绝缘不良的接地排查，防止接地故障扩大为相间短路故障，导致变压器遭受短路电流冲击或损坏。

【案例分析】某站 220kV1 号变压器因 10kV 出口绝缘管母线接地导致 10kV 母线频发电压低信号。

（1）缺陷情况。2019 年 8 月，某站监控系统频发"10kV6 号母线接地报警"动作复归信号（1 号变压器带 10kV6 号母线负荷），现场发现 203 开关柜上主变压器侧 B 相带电显示器灯灭，用万用表测量 TV 二次电压及验电器证实 10kV6 号母线 B 相接地，发现 3 号变压器低压侧 10kV 绝缘管母线 B 相靠近变压器侧外绝缘突发明显烧损痕迹，如图 8-5 所示。

（2）原因分析。初步判断绝缘管母线工艺质量存在问题，屏蔽层接地引出线与屏

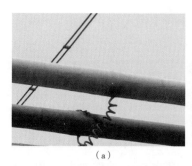

（a） 　　　　　　　　　　　（b）

图8-5　10kV出口绝缘管母线烧灼

（a）绝缘管母线烧灼整体；（b）绝缘管母线烧灼局部

蔽层连接不可靠，仅靠半导体纸进行缠绕，且屏蔽层接地引出线处密封不良，内部进水受潮。

（3）分析总结。①梳理同厂家批次产品，并尽快安排停电进行更换，在未实施更换前，加强绝缘管母线的在线检测工作；②不停电开展绝缘管母线红外测温、超声波等在线监测工作；③对于变压器6~35kV中（低）压侧出口采用电缆或绝缘管母线连接时，出口母线电压频繁跌落时应加强电缆或绝缘管母线对地绝缘监测。

8.3.4　变压器绕组三角形联结侧小电流接地系统应定期检测系统对地电容电流，发生单相接地故障应及时排除，防止单相接地发展为相间短路故障。

【标准依据】DL/T 572《电力变压器运行规程》5.6.1 容性电流超标的35（66）kV 不接地系统，宜装设有自动跟踪补偿功能的消弧线圈或其他设备，防止单相接地发展成相间短路。

要点解析：变压器绕组三角形联结侧小电流接地系统发生单相金属接地时，接地相电压降低为零，非故障相电压升高为线电压，如单相高阻接地，其故障相电压幅值在零值与相电压值之间，非故障相电压幅值在相电压与线电压之间。但对变压器而言，并不影响其输出侧的线电压，仍可正常运行，但不允许一相接地长期运行，如果另一相因绝缘等问题又发生接地故障时，就会形成相间接地短路，产生很大的短路电流并流经变压器绕组，如短路电流过大将造成绕组变形，严重时可烧损变压器。

系统对地电容电流的大小也对接地电流熄弧至关重要，当接地电容电流过大时难以灭弧，很容易造成单相接地故障发展为相间短路故障。根据 GB/T 50064《交流电气装置的过电压保护和绝缘配合设计规范》3.1.3 规定，当单相接地故障电容电流不大于10A 时，可采用中性点不接地方式，当大于 10A 又需在接地故障条件下运行时，应采用中性点谐振接地方式，且通过消弧线圈补偿后，系统接地故障残余电流不应大于10A，否则应采用中性点低电阻接地方式，中性点电阻器的电阻在满足单相接地继电保护可靠性和过电压绝缘配合的前提下宜选较大值。

8.3.5 全电缆线路禁止采用重合闸，对于含电缆的混合线路应根据电缆线路距离出口的位置、电缆线路的比例等实际情况采取停用重合闸等措施，防止变压器连续遭受短路冲击。

【标准依据】《国家电网有限公司十八项电网重大反事故措施（2018 年修订版）》9.1.6 全电缆线路禁止采用重合闸，对于含电缆的混合线路应根据电缆线路距离出口的位置、电缆线路的比例等实际情况采取停用重合闸等措施，防止变压器连续遭受短路冲击。DL/T 572《电力变压器运行规程》5.6.3 电缆出线故障多为永久性，不宜采用重合闸。例如：对于 6～10kV 电缆或短架空出线多，且发生短路事故次数多的变电站，宜停用线路自动重合闸，防止变压器连续遭受短路冲击。

要点解析：电缆与架空线路相比，电缆具有外绝缘护套，各相间及对地绝缘；而架空线路为带电裸导线，各相间及对地需保持可靠的绝缘空气间隙，可以看出，架空线路发生瞬时性故障概率占比较大，而电缆发生故障基本都是永久性故障，即使间歇性的放电也是绝缘不断恶化所致，但最终也会发展为永久性故障，为此，当检测到电缆线路电流或电压量异常（含间歇性）现象时，应及时切除故障段电缆进行异常或故障排查，这也是全电缆线路禁止采用重合闸的原因之一。

全电缆线路采用自动重合闸时，断路器自动重合永久性故障后立即断开，此时相当于对全线设备再一次短路冲击，两次冲击时间间隔较短，变压器绕组产生的电动力叠加势必影响到绕组抗短路变形能力。为此，针对目前运行变压器抗外部短路能力较差的变压器或者中低压侧出口短路频发的变电站，应考虑系统短路故障后自动重合对变压器冲击的不利影响，全电缆线路停用重合闸也是提高变压器抗短路能力的一项有效措施。

8.3.6 变压器后备保护整定时间不应超过变压器短路承受能力试验承载短路电流的持续时间（2s）。

【标准依据】《国家电网有限公司十八项电网重大反事故措施（2018 年修订版）》9.3.2.2 变压器后备保护整定时间不应超过变压器短路承受能力试验承载短路电流的持续时间（2s）。

要点解析：变压器后备保护的作用主要是防止外部故障引起的变压器过电流，可以作为相邻元件的后备保护，也可以作为变压器内部故障主保护的后备。变压器后备保护包括相间短路和接地故障的后备保护。考虑变压器抗短路能力是按照 GB 1094.5 设计计算的，变压器应能承受外部短路的热稳定和动稳定效应而无损伤，其中承受短路的耐热能力 4.1.3 规定，用于计算承受短路耐热能力的电流 I 的持续时间为 2s；承受短路的动稳定能力 4.2.5.5 规定，对于 Ⅰ 类变压器持续时间应为 0.5s，对于 Ⅱ 类和 Ⅲ 类变压器持续时间应为 0.25s，其允许偏差为 ±10%。

综合考虑变压器承受外部短路的热稳定和动稳定效应，变压器后备保护整定时间不应超过变压器短路承受能力试验承载短路电流的持续时间（2s），这是确保变压器具备抗短路能力的一项重要管控措施。

为尽量避免系统故障未及时切除，变压器承受短路电流时间过长问题，其措施为：①做好保护装置的校验及维护工作，变压器本体及差动区内故障时，差动保护和瓦斯保护能瞬时可靠动作；变压器区外穿越性故障时，故障点相邻元件主保护应快速切除，避免通过变压器后备保护延时启动跳闸；保护装置的压板投退、定值整定等应正确，防止出现保护拒动越级跳闸现象；②做好直流电源系统检修维护工作，防止失去直流电源而出现保护拒动越级跳闸现象；③做好断路器的检修维护工作，防止发生断路器拒动越级跳闸现象。

8.3.7 定期开展抗短路能力校核工作，根据设备的实际情况有选择性地采取加装中性点小电抗、限流电抗器等措施，对不满足要求的变压器进行改造或更换。

【标准依据】《国家电网有限公司十八项电网重大反事故措施（2018 年修订版）》9.1.7 定期开展抗短路能力校核工作，根据设备的实际情况有选择性地采取加装中性点小电抗、限流电抗器等措施，对不满足要求的变压器进行改造或更换。DL/T 572《电力变压器运行规程》5.6.2 采取分裂运行及适当提高变压器短路阻抗、加装限流电抗器等措施，降低变压器短路电流。

要点解析： 变压器抗短路能力校核是对变压器线圈在极大短路电流通过时，产生的磁场作用下所引起的巨大电磁作用力进行分析计算，进而考虑包括线圈、垫块、端绝缘、压板、夹件和拉板等部件在作用力下的机械强度、结构稳定性，从而形成对变压器承受短路能力的校核判断。

对于高中运行、高低运行、中低运行不同运行方式，依据 GB 1094.5 给出的不同电压等级系统短路视在容量 S，通过计算获得系统阻抗 Z_s，结合变压器自身阻抗（可通过变压器磁场计算获得）Z_t，从而获得变压器稳态短路电流（均方根值）I，进而考虑标准要求的冲击系数 $k \times \sqrt{2}$，从而获得短路电流峰值 I_{peak}。其本质是按照最严格条件下，获得暂态短路电流的第一个波峰的峰值。短路电流峰值将作为后续磁场计算的输入条件，通过考虑线圈连接，如自耦或非自耦等方式，获得流经线圈的短路电流值。

另外，对于偏严格进行考虑时，也可以将系统按照无穷大处理，即不考虑系统阻抗，仅按照变压器自身阻抗来求取短路电流值。

在明确具体变压器结构和使用电磁线等校核参数前提下，可按照 GB 1094.5 要求为限值，反向推算变压器可承受的短路电流值，这为在运变压器所处安装位置的适应性分析提供了基础，即通过变压器抗短路能力的逆向计算获得自身可承受短路电流 I_t（与变压器自身相关），与电网系统短路计算中获得该变压器安装位置的不同运行方式下的最大系统短路电流值 I_s（与系统和自身阻抗相关）进行比较，因此，在变压器抗短路能力校核过程除了考虑是否满足 GB 1094.5 要求的同时，进而通过短路电流值 I_t 和 I_s 比较，考虑是否满足变压器安装位置的运行要求。

变压器承受外部过电流故障主要分为相间故障和接地故障，其中相间故障以三相故障为最严重考核方式，接地故障为金属单相接地故障为最严重考核方式。

对于变压器中低压侧出口发生相间短路故障时，变压器将承受较大的过电流，其中以高—低或中—低运行方式最为严重，限制相间短路电流的措施可以通过提高运行安装处变压器的短路阻抗值，方法是：①调整变压器并列运行方式，将并列变压器调整为分列变压器运行方式；②中、低压侧出口增加限流电抗器方式；③更换短路阻抗值较大的变压器，可通过更换高阻抗变压器或者对于某处变压器运行位置抗短路能力不满足的情形，将其调换至母线短路容量较小的位置，确保此安装位置满足运行时变压器的抗短路要求。

随着系统容量的日渐增大，单相短路电流不断增大，仍有可能超过三相短路电流，影响断路器的遮断容量，更重要的是还会影响变压器绕组的安全，限制接地短路电流的措施可以通过提高零序回路阻抗值实现，①通过调整变压器中性点的运行方式（接地数量）来调整增大系统零序阻抗；②通过电网系统的分区管理，合理布局分区系统容量及系统变压器中性点运行方式；③变压器中性点加装小电抗增大零序回路阻抗值，中性点加装小电抗即可降低过电压又可限制单相短路电流，同时还可解决由变压器中性点绝缘带来的不安全因素。

8.3.8　变压器承受中（低）压侧出口短路以及穿越性短路电流时，应记录流经变压器套管短路电流、短路持续时间、短路类型、短路点距离、短路次数、重合闸动作等信息。

【标准依据】无。

要点解析：变压器中（低）压侧出口发生短路故障时，由于中（低）压侧系统阻抗很低，此时发生的故障电流对变压器影响最大；穿越性短路电流故障点多发生在中（低）压侧开关柜所带负载设备或馈线路，有一定系统阻抗，例如限流电抗器、输电线路阻抗等，系统电源通过变压器供给故障侧，此时变压器承受的故障电流相对较小，威胁并不是很大。

短路电流均会产生绕组电动力，穿越性故障电流次数较多时将会对绕组的变形产生累积效应，其抗短路能力明显低于耐受短路电流计算值，一旦绕组变形破坏其绝缘时将会发生绕组匝间短路故障，为此应重视穿越短路电流对变压器的影响。

为更好地做好变压器抗短路能力评估，不仅仅需要记录变压器跳闸时所流经的短路电流信息，同时要做好变压器穿越性短路电流的信息记录。记录内容包含每次流经变压器套管各侧短路电流、短路持续时间、短路类型、短路点距离、短路次数、重合闸动作等信息，其中重合闸动作是指馈线如带重合闸装置，在重合未出时相当于变压器又一次承受穿越性短路电流冲击，此时变压器承受的穿越性短路电流次数应为 2 次。

根据变压器承受中（低）压侧出口短路以及穿越性短路电流记录，应及时开展变压器带电状态监测（油/SF_6 气体化验、高频局部放电等）或停电诊断试验（油/SF_6 气体化验、绕组绝缘、直流电阻、变形及耐压试验等），并根据诊断结果制定变压器后续检修策略。

8.3.9 油浸变压器故障跳闸后应开展本体油色谱分析、绕组绝缘、直流电阻及绕组变形等诊断试验，承受较大出口短路电流但未跳闸时应开展本体油色谱分析。

【标准依据】无。

要点解析：在分析变压器跳闸时，首先应分析变电站系统的电源线路和负载线路，这样在发生变压器各侧短路故障时，在未提取故障录波数据时可提前了解短路电流的路径。

当变压器发生本体以及中（低）压侧出口短路故障跳闸时，由于变压器的电源端均在高压侧或中压侧，此时变压器绕组承受短路电流，为此应该通过试验来验证短路电流是否对变压器造成影响，而对于高压侧的短路故障，当系统电源端由高压侧提供时，此时短路电流并不流经变压器，在这种情况下可不进行变压器相关诊断试验及油化验。

变压器跳闸后首先应了解变压器相关保护动作信息并进行故障点查找，排除故障点后必须进行变压器的相关诊断试验及油化验，确保变压器内部无异常方可按照相关变压器试发流程执行，防止变压器内部已存在绕组变形隐患而发生故障扩大化。

对于变压器近区发生较大穿越性短路电流时，应考虑该短路电流对变压器绕组变形的累计效应，防止绕组变形逐步累加破坏匝间绝缘并逐渐演变为内部放电性故障。为此，变压器承受较大穿越性短路电流后应开展一次变压器带电检测，重点要开展一次变压器油色谱分析，发现异常时可采取停电进行相关诊断试验。

8.3.10 SF_6 气体绝缘变压器故障跳闸后应开展 SF_6 气体成分及湿度检测、绕组绝缘、直流电阻及绕组变形等诊断试验，承受较大出口短路电流但未跳闸时应开展 SF_6 气体成分检测。

【标准依据】DL/T 1810《110（66）kV 六氟化硫气体绝缘电力变压器使用技术条件》7.2.3 SF_6 气体湿度测量应充气至额定气体压力下至少静放 24h 后进行测量。测量环境的相对湿度一般不大于 85%，测量值（折算到 +20℃ 的值）应不大于 250μL/L。7.2.4 充入合格 SF_6 新气后，电气试验前、后应分别进行 SF_6 气体分析，气体成分及含量应无明显变化。

要点解析：SF_6 气体绝缘变压器的绝缘和冷却介质为 SF_6 气体，它主要由三个气室组成，即本体仓、电缆仓和开关仓。SF_6 气体的绝缘强度约为空气的 2.5 倍，当气体压力为 0.2MPa 时，SF_6 气体的绝缘强度与变压器油相当，而压缩空气到同样的绝缘强度要 0.6 ~ 0.7MPa。SF_6 气体混入空气时，会使绝缘强度下降，因此气室 SF_6 气体纯度很重要。当变压器内部发生电弧放电时，SF_6 气体在电弧和电晕的作用下会分解，产生低氟化合物，这些化合物会引起绝缘材料的损坏，且这些低氟化合物是剧毒气体，可见，我们可以通过 SF_6 气体成分是否含有硫化物来判断器身内部是否发生故障。根据 Q/GDW1168《输变电设备状态检修试验规程》规定，SF_6 气体成分应满足表 8 - 2 相关规定。另外，若 SF_6 气体绝缘变压器故障跳闸后同样与油浸变压器一样，应开展绕组绝缘、直流电阻及绕组变形等诊断试验。

表 8-2　　　　　　　　　　SF_6 气体绝缘变压器气体成分分析

试验项目	要求
CF_4	增量≤0.1%（新投运≤0.05%，注意值）
空气（$O_2 + N_2$）	≤0.2%（新投运≤0.05%，注意值）
可水解氟化物	≤1.0μg/g（注意值）
矿物油	≤10μg/g（注意值）
毒性（生物试验）	无毒（注意值）
密度（20℃，0.1013MPa）	6.17g/L
SF_6 气体纯度（质量分数）	1. ≥99.8%（新气）； 2. ≥97%（运行中）
酸度	≤0.3μg/g（注意值）
杂质组分（SO_2、H_2S、CF_4、CO、CO_2、HF、SF_4、SOF_2、SO_2F_2）	1. SO_2≤1μL/L（注意值）； 2. H_2S≤1μL/L（注意值）

由于电弧分解物的多少与 SF_6 气体的湿度（含水量）有关，同时还会影响绝缘材料及气体的绝缘强度，为此，SF_6 气体绝缘变压器应加强 SF_6 的湿度控制，气体的湿度规定用体积比来表示，单位为 μL/L，根据 Q/GDW1168《输变电设备状态检修试验规程规定》，SF_6 气体湿度应满足表 8 - 3 规定。

表 8-3　　　　　　　　　　SF_6 气体绝缘变压器气体湿度检测说明

气体试验项目	气室位置	新充气后标准	运行中标准（注意值）
湿度（H_2O，20℃，0.1013MPa）	本体气室及有载开关气室	≤125μL/L	≤220μL/L
	电缆气室	≤220μL/L	≤375μL/L

而对 SF_6 充气设备检测 SF_6 气体湿度时，其测量的结果为露点温度，单位为℃，首先将露点温度换算至20℃下的露点温度，再根据 DL/T 506《六氟化硫电气设备中绝缘气体湿度测量方法》进行湿度换算。在未换算前，我们也可直接通过露点温度间接判断 SF_6 气体湿度是否合格，如图 8-6 所示。

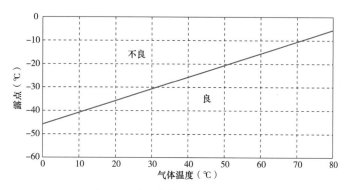

图 8-6　SF_6 气体湿度测量对照表

8.3.11　变压器出口短路电流接近断路器开断电流时应考虑采取限值短路电流的措施，防止断路器爆炸起火。

【标准依据】DL/T 572《电力变压器运行规程》5.6.6 加强开关柜管理，防止配电室火灾蔓延。当变压器发生出口或近区短路时，应确保断路器正确动作切除故障，防止越级跳闸。

要点解析：根据电网短路容量计算或者历史短路电流接近断路器开断电流时，应考虑更换开断电流较大的断路器，但是受断路器开断电流瓶颈的限值，目前 10kV 开关柜断路器仅能做到 50kA，若短路电流无法满足断路器开断要求时，应考虑采取限值短路电流的措施，例如变压器至断路器侧加装限流电抗器，变压器更换为高阻抗变压器等。

对于变压器低压侧开关柜设备，应同样考虑线路断路器的开断电流是否满足系统短路要求，额定电流是否满足正常负荷要求，防止断路器因超额定电流或开断电流发生爆炸起火，火灾蔓延导致变压器侧出口短路跳闸，变压器将承受很严重的短路电流冲击。可见，确保变压器低压侧开关柜等设备的稳定可靠运行，也是一项防止变压器遭受出口短路的重要管控措施。

9

变压器安装过程运维检修管控关键技术要点解析

电力变压器运维检修管控关键技术
要点解析

9.1 变压器运输及存放管控关键技术要点解析

9.1.1 110（66）kV 及以上变压器在运输过程中，应按照相应规范安装具有时标且有合适量程的三维冲击记录仪。 变压器就位后，制造厂、运输部门、监理单位、用户四方人员应共同验收，记录纸和押运记录应提供给用户留存。

【标准依据】《国家电网有限公司十八项电网重大反事故措施（2018 年修订版）》9.2.2.4110（66）kV 及以上电压等级变压器在运输过程中，应按照相应规范安装具有时标且有合适量程的三维冲击记录仪。变压器就位后，制造厂、运输部门、监理单位、用户四方人员应共同验收，记录纸和押运记录应提供给用户留存。GB/T 50148《电气装置安装工程电力变压器、油浸电抗器、互感器施工及验收规范》4.1.3 变压器、电抗器在装卸和运输过程中，不应有严重冲击和振动。电压在 220kV 及以上且容量在 150MVA 及以上的变压器和电压为 330kV 及以上的电抗器均应装设三维冲撞记录仪。冲撞允许值应符合制造厂及合同的规定。

要点解析：变压器在运输过程中，为防止行车时道路不平整或急刹车等原因造成变压器器身移位，要求 110（66）kV 及以上变压器均应安装三维冲击记录仪，该项措施有助于填补设备到货前的全过程质量管理体系。三维冲击记录仪监测的过程为变压器起身装车到变压器上台就位后，变压器到达现场未卸车时可首先查看三维冲击记录仪记录，确保运输途中未发生数值超标问题，三维冲击记录仪此时不应拆除，待变压器上台就位后方可拆除。

三维冲击记录仪应具备时标且有合适量程，横坐标为时标，以开启冲击记录仪为计时开始，关闭冲击记录仪为停止，纵坐标为重力加速度 g 表示，其量程至少能监测包含 $3g$ 的重力加速度值。三维冲击记录仪的冲击测量功能是事件控制的，并自动记录超过限定阈值的所有加速度，记录的数据连同时间一起存储，并记录详细的梯度变化曲线。

变压器就位后，制造厂、运输部门、监理单位、用户四方人员应共同验收，各方一同验收可落实变压器运输过程中是否存在影响变压器质量的事件，避免出现异议，重点应检查三维冲击记录仪铅封是否被破坏，数据记录纸是否存在冲撞加速度超标问题，记录纸时间是否包含运输全程时间，是否存在时间间断等。检查无问题后，记录纸和押运记录应提供给用户留存。

9.1.2 变压器冲撞加速度大于 $3g$ 时应进行运输和装卸过程分析，明确相关责任，并确定进行现场器身检查或返厂检查和处理。

【标准依据】GB/T 50148《电气装置安装工程电力变压器、油浸电抗器、互感器施工及验收规范》4.5.3 变压器、电抗器运输和拆卸过程中冲撞加速度出现大于 3g 时或冲撞加速度监视装置出现异常情况时，应由建设、监理、施工、运输和制造厂等单位代表共同分析原因并出具正式报告，必须进行运输和拆卸过程分析，明确相关责任，并确定进行现场器身检查或返厂进行检查和处理。

要点解析：根据 GB/T 1094.1《电力变压器　第 1 部分：总则》5.7.4.2 规定，变压器应设计、制造能在各个方向承受至少 3g 连续加速度而无损坏，其中 $g = 9.8\text{m/s}^2$。即变压器在遭受 3g 的冲撞加速度时不发生损坏，而在现场验收时以记录不超过 3g 即为合格，但是并不能保证只要不超过 3g 的标准就证明变压器无问题，这是因为变压器出厂试验并未进行 3g 冲撞试验。对于地震烈度为 9 级时的地面水平加速度抗震设计值为 0.5g，地面垂直加速度为 0.25g，如表 9 - 1 所示，相比于运输中的 3g 标准难以想象，3g 只是一个经验值，适应于某些极限情况，例如快速行驶的汽车路过大沟发生严重颠簸时。另外，变压器在运输车辆上的固定尤其重要，若固定不牢固，稍微的颠簸振动就会导致变压器移位。

表 9 - 1　　　　　　　　地震烈度（地面输入最大加速度值）

地震烈度（度）	7	8	9
地面最大水平加速度（ g ）	0.125	0.25	0.5
地面最大垂直加速度（ g ）	0.063	0.125	0.25

9.1.3　充干燥气体运输的变压器油箱内气体压力应保持在 0.01～0.03MPa 并装设压力表进行监视，干燥气体露点必须低于 -40℃。

【标准依据】GB/T 50148《电气装置安装工程电力变压器、油浸电抗器、互感器施工及验收规范》4.1.7 充干燥气体运输的变压器、电抗器油箱内的气体压力应保持在 0.01MPa～0.03MPa；干燥气体露点必须低于 -40℃；每台变压器、电抗器必须配有可以随时补气的纯净、干燥气体瓶，始终保持变压器、电抗器内为正压力，并设有压力表进行监视。

要点解析：变压器运输可充油运输也可充干燥气体运输，对于大型变压器，由于油的重量较大，充油运输会导致运输重量超过公路、桥梁的载重要求，故 220kV 及以上变压器基本都采用充干燥气体运输，干燥气体主要是氮气和干燥空气，由于充氮气运输的变压器，到达现场应考虑油气置换问题，氮气排气安全问题，目前已基本淘汰使用，绝大多数制造厂充干燥空气，它不存在器身钻桶检查的安全问题。

充干燥气体运输的变压器油箱内气体压力应保持微正压，即 0.01～0.03MPa 并装设压力表进行监视，运输过程中应定时记录油箱内干燥气体压力值，压力较低时及时补气。这主要是防止负压进气，进而导致环境中的潮气进入器身，导致器身绝缘下降，另外压力也不宜高于 0.03MPa，过高的压力也容易导致密封薄弱环节发生损坏并产生漏气。

充入油箱的干燥气体露点必须低于 −40℃，露点温度指在空气中水汽含量不变，保持气压一定的情况下，使空气冷却达到饱和时的温度，单位为℃，当实际温度大于露点温度时，表示空气未饱和，水分不会析出，当实际温度小于露点温度时，表示空气已过饱和，水分将会析出。为确保在低温运输及保存条件下不至于气体析出水分，造成器身受潮，因此，干燥气体露点必须低于 −40℃。

9.1.4 变压器套管式 TA 和电缆仓应充油运输，电缆仓内绝缘件宜可单独充油包装运输，防止内部绝缘件受潮。

【标准依据】GB/T 50148《电气装置安装工程电力变压器、油浸电抗器、互感器施工及验收规范》4.2.2 存放充油或充干燥气体的套管式电流互感器应采取防护措施，防止内部绝缘件受潮，套管式电流互感器不得倾斜或倒置存放。油浸运输的附件应保持浸油保管，密封良好。

要点解析：由于变压器套管式 TA 和电缆仓均为独立运输，为防止其内部绝缘件受潮，要求其仓室应充满合格变压器油，电缆仓内绝缘件宜可单独充油包装运输。套管式 TA 和电缆仓不宜采用充干燥气体运输，其原因是：①它们大多未安装压力表进行监测，漏气后并不知晓；②电缆仓充气放置的时间往往较长，待电缆仓安装或穿仓时绝缘件已出现脱油现象，更容易在安装过程中吸潮。

9.1.5 充干燥气体运输的变压器到达现场保存时间不应超过 3 个月，否则应注油保存并装上储油柜。

【标准依据】《国家电网有限公司十八项电网重大反事故措施（2018 年修订版）》9.2.2.2 充气运输的变压器应密切监视气体压力，压力低于 0.01MPa 时要补干燥气体，现场充气保存时间不应超过 3 个月，否则应注油保存，并装上储油柜。

要点解析：按照 GB/T 50148《电气装置安装工程电力变压器、油浸电抗器、互感器施工及验收规范》4.2.2 规定，对于充干燥气体的变压器，现场保管应每天记录压力值，这是需要付出很多精力的，且当油箱密封一旦失效，油箱的压力将很快降低至环境大气压下，内部的绝缘件在未完全浸油的情况下是极易吸潮的。

以纤维素为基础的绝缘材料具有固有的缺点：在没有浸油状态下，吸湿性高、耐热性低，机械强度低，绝缘材料随着浸油程度的减少，电气强度也随之降低，为此，绝缘件的浸油率至关重要。绝缘件浸油前应进行绝缘件的干燥工艺，这是因为绝缘件浸油是在毛细管力和压差作用下进行的，浸油的持续时间取决于绝缘件的最大厚度。当绝缘件干燥过程结束时，绝缘件表层的压力会降低到周围介质的压力，而内部还存在一定的水蒸气残压，残压越低，浸油程度越大，干燥结束后立即往变压器内注油，以保障在与大气隔绝条件下浸油，通常油温控制在70℃可以达到最大浸油程度。

对于长时间充气保存的变压器而言，绝缘件将会出现脱油现象，甚至还会出现吸潮现象，这时，绝缘件再次浸油是相当困难的，这势必会影响绝缘件的性能。为此，充气保存时间超过3个月以上时，变压器应注油保存并装上储油柜。

9.2 变压器安装及试验管控关键技术要点解析

9.2.1 变压器新油应由生产厂家提供无腐蚀性硫、结构簇、糠醛及油中颗粒度报告。对500kV及以上变压器还应提供T501等检测报告。

【标准依据】《国家电网有限公司十八项电网重大反事故措施（2018年修订版）》9.2.2.3 变压器新油应由生产厂家提供新油无腐蚀性硫、结构簇、糠醛及油中颗粒度报告。对500kV及以上电压等级的变压器还应提供T501等检测报告。

要点解析：变压器油的性能指标主要包括物理性能指标、化学性能指标和电气性能指标，除了我们比较关注的含水量、击穿电压、介质损耗等性能指标外，根据近些年对变压器油的各项性能指标的重视，逐步扩大了对变压器新油指标的验收，例如腐蚀性硫、结构簇、油中颗粒度和T501抗氧化剂，这些指标主要用于变压器新油的检测，具体如下：

（1）腐蚀性硫。变压器油中不允许有腐蚀性硫，腐蚀性硫指存在于油品中的腐蚀性硫化物（含游离硫）。当油中含有腐蚀性硫，它将会与铜发生化学反应生成硫化铜。硫化铜是一种微导电的物质，它的导电性远远高于绝缘纸和变压器油，它严重威胁到了变压器的使用寿命。变压器硫化铜的产生最初是沉积在绕组内线圈的铜导体表面，这时的硫化铜沉积物危害较小，不足以引起匝间、层间的局部放电和短路。但随着变压器油的流动，线圈不断地冲刷，更多的硫化铜沉淀物悬浮在油中，并吸附在绝缘纸板上，当硫化铜达到一定量时，吸附到绝缘纸板上的硫化铜会改变变压器内部的电场分布，降低绕组的耐压强度，在一定运行条件下，绕组内部产生局部放电，绝缘材料被击穿并产生电弧放电，造成变压器烧毁事故。

腐蚀性硫的来源是：①矿物油中天然存在；②精炼油品中人工添加导致，其检测方法参考DL/T 285，影响硫化铜形成的因素主要是油的温度，当油温达到80℃以上时，随着温度的升高，产生硫化铜的化学反应越快。如果采用了漆包铜线或在铜表面进行了涂刷，阻止了铜与油的直接接触，此时变压器并不会发生硫化铜沉积现象。当变压器油中含有腐蚀性硫时应通过换新油或者添加金属钝化剂来处理。

（2）结构簇。结构簇指分别用 C_A、C_N、C_P 表示的三种碳原子分布的百分数，将组成复杂的基础油简单看成是由芳香环、环烷环和烷基侧链三种结构组成的单一分子，

C_A、C_N、C_P分别是芳香环上的碳原子、环烷环上的碳原子、烷基侧链上的碳原子占整个分子总碳数的百分数，结构簇组成中，$C_P < 50\%$ 的矿物绝缘油称为环烷基绝缘油，结构簇组成中 $C_P \geqslant 50\%$ 的矿物绝缘油称为非环烷基绝缘油，其检测方法参考 DL/T 929。

变压器绝缘油应选用环烷基油，其化学性质较稳定，具有凝点低、不宜结晶的优点，而非环烷基油（如石蜡基油）需要深度脱蜡，低温特性较差，易结晶。对于不同烃类成分的变压器油不允许进行大量混合使用，如同烃类成分的不同产地的变压器油需进行混合时，应通过混油试验且符合标准后方可使用。

（3）糠醛。糠醛表征某些油在炼制过程中经糠醛精制后的残留量，与油的性能无关。运行中的油则可通过糠醛含量了解变压器中纤维绝缘的老化程度，限制新油中糠醛的含量是为了尽量避免对运行中绝缘老化程度判断的干扰，为此，变压器新品油应进行糠醛检测，变压器新油糠醛含量应不大于 0.1mg/kg，其检测方法参考 DL/T 1355，变压器运行中油中糠醛含量增加时意味着绝缘老化，可做聚合度试验，应降负荷使用或更换变压器。

（4）油中颗粒度。固体颗粒杂质对油的电气性能有显著影响，当油中固体颗粒物较多时会影响油的击穿电压，其检测方法参考 DL/T 432，其限值可参考 DL/T 1096，当油中颗粒度超过限值时，可采用高精度滤油机对油进行处理。

（5）T501 抗氧化剂（2.6 - 二叔丁基对甲酚）。变压器油使用 T501 抗氧化剂，它的使用可以提高变压器油的抗氧化安定性，油品种代号用 U 表示无抗氧化剂，T 表示微量抗氧化剂（$\leqslant 0.08\%$），I 表示含抗氧化剂（$0.08\% \sim 0.4\%$），我国在 20 世纪 60 年代开始在变压器油中加入，已积累大量运行经验，目前仅要求 500kV 及以上变压器进行 T501 检测。对含抗氧化剂的变压器油，如发现油质老化严重，应对变压器油进行处理，当油质达到合格要求后再补加抗氧化剂。

9.2.2 注入变压器的新油应满足 220kV 及以下变压器油击穿电压 $\geqslant 45kV$，330kV 变压器油击穿电压 $\geqslant 55kV$；500kV 变压器油击穿电压 $\geqslant 65kV$。

【标准依据】GB/T 14542《变压器油维护管理导则》5.2 新油注入设备前应用真空滤油设备净化处理，以脱除油中的水分、气体和其他颗粒杂质，达到表 1 要求后方可注入设备。

要点解析：击穿电压是在规定的试验条件下绝缘体或试样发生击穿时的电压。通常标准规定的均指工频电压作用下的击穿电压。它表征油耐受电应力的能力，该值与油的组成和精制程度等油本质因素无关，受油中杂质的影响，影响最大的杂质是水分和纤维，特别是两者同时存在时，油品净化处理后，不同油的击穿电压都可得到很大提高。因此，从某种意义上说，击穿电压不随油品本身的电气特性，而是对油物理状态的评定。现场使用的变压器油或多或少均存在着微量的水分和纤维，它们的介电常数较大（分别为81和6～7），它们在电场作用下很容易极化，受电场力吸引且被拉长，并且逐渐沿电场方向头尾相连排列成"小桥"，如果此"小桥"贯穿电极将导致水分或油发生气化而形成气泡小桥，最终导致击穿放电，"小桥"放电也称作气泡放电。

随着运行变压器电压等级的升高，两电极在相同间隙距离下将导致电场强度增大，如果变压器内部绝缘设计是一致的，当变压器油击穿电压性能指标较低时，两电极将存在击穿放电的概率，为此，变压器油的击穿电压性能指标要求应随变压器电压等级的升高而提高。

9.2.3　注入变压器的新油应满足110kV及以下变压器油中含水量≤20μL/L，220kV变压器油中含水量≤15μL/L，330～750kV变压器油中含水量≤10μL/L。

【标准依据】GB/T 14542《变压器油维护管理导则》5.2新油注入设备前应用真空滤油设备净化处理，以脱除油中的水分、气体和其他颗粒杂质，达到表1要求后方可注入设备。

要点解析：水分在变压器油中主要有三种状态，一种是以分子状态溶解于油中，这种状态的水分对油的耐电强度影响不大。第二种是以乳化状态悬浮在油中，这种状态的水分对油的耐电强度有很强烈的影响。水分在油中的状态不是一成不变的，而是随着温度的变化而相互转化。在0～80℃范围内，温度升高时，后一种向前一种转化（采用真空热油循环干燥变压器的原理）；温度降低时则相反。低于0℃时，水分将逐渐凝结成冰粒。高于80℃时，水分将逐渐蒸发气化。第三种是游离水，在一定的温度下，油内可存在含有一定量的饱和游离水分。如25℃时约为0.2g/L，70～80℃时约为0.54g/L，过多的水将沉于容器底部。

我们所说的含水量是溶解于油品中的水分含量，单位μL/L（量值与ppm一致）。油中游离水的存在或在有溶解水的同时遇到纤维杂质时，将会降低油的电气强度。把油中含水量控制在较低值，一方面是防止温度降低时油中游离水的形成，另外也有利于控制纤维绝缘中的含水量，还可降低油纸绝缘劣化速率。

运行经验表明，当油中含水量≥40μL/L时将导致击穿电压快速下降，这是因为溶解态的水逐步析出变为悬浮态的水。为提高高电压等级变压器击穿电压的稳定性，根据电压等级逐步提高油中含水量的要求，提高含水量由溶解态变为悬浮态的裕度。

9.2.4　注入变压器的新油不应含乙炔（C_2H_2），总烃含量应<10μL/L，氢气（H_2）含量应<10μL/L。

【标准依据】DL/T 722《变压器油气体判断导则》9.2新设备投运前油中溶解气体含量应符合表2要求，而且投运前后的两次检测结果不应有明显区别。

要点解析：变压器新油溶解的气体主要是空气，即N_2（约占71%）和O_2（约占28%），在变压器进行高压试验和平时正常运行过程中，绝缘油和有机绝缘材料才会逐渐老化，绝缘油中也就可能溶解微量的 H_2、CO、CO_2 或烃类气体，但其量一般不会超过经验参考值，而变压器内部出现局部过热、放电或某些内部故障时，绝缘油和固体绝缘材料会发生裂解，就会产生大量的 H_2、CO、CO_2 和烃类气体，绝缘油中也就会溶解较多量这些气体，我们称此类气体为故障特征气体。

为此，变压器新油应控制油中乙炔（C_2H_2）、氢气（H_2）和总烃含量，其优势为：①通过油色谱数据分析确定是不是新油；②避免不合格的变压器油对器身绝缘造成污染；③避免对变压器绝缘及耐压等试验结果造成误判。变压器安装过程中总计应进行 4 次采油样化验，分别为变压器新品油到达现场、变压器油注入变压器前、变压器静置后、变压器耐压试验后，最后 1 次油色谱化验结果也同样应满足该标准。

9.2.5 变压器油最低冷态投运温度（LCSET）应低于最低月环境平均温度，用户未规定时应选用 LCSET 为 −20℃的变压器油。

【标准依据】DL/T 1094《电力变压器用绝缘油选用导则》4.1.3 选择变压器油最低冷态投运温度（LCSET）应低于最低月环境平均温度。

要点解析：目前，变压器油的规格型号均应标明变压器油最低冷态投运温度（LCSET），它是区分绝缘油类别的重要标志之一，应根据电气设备使用环境温度的不同，选择不同的最低冷态投运温度，以免影响油泵、有载调压开关的启动。从定义上来看，首先在选用变压器油时应依据每个地区气候条件的不同由供需双方协商确定，若未规定时，根据 GB 1094.1—2013《电力变压器 第 1 部分：总则》4.2 正常使用条件相关规定，户外变压器冷却介质温度应不低于 −25℃，按照原 GB/T 2536—1990 应选用 25#变压器油，25#牌号是参照变压器倾点参数命名的，倾点指变压器油能从油杯中流出的最低温度，25#变压器油倾点要求不高于 −22℃。那么对于 GB/T 2536—2011 附录 B 而言，它对 25#油的对应关系标注是错误的，正确定义为：在满足变压器油倾点时，25 号变压器油应对应 LCSET 为 −20℃的变压器油，如表 9−2 所示。

表 9−2　　最低冷态投运温度（LCSET）与 GB/T 2536—1990 中牌号的对应关系

最低冷态投运温度 （LCSET，℃）	最大黏度 （mm²/s）	最高倾点 （℃）	GB/T 2536—1990 中牌号
0	1800	−10	—
−10	1800	−20	—
−20	1800	−30	25#
−30	1800	−40	45#
−40	2500	−50	—

9.2.6 变压器经热油循环后，330～500kV 变压器油中含气量应≤1%，750kV 变压器油中含气量应≤0.5%。

【标准依据】GB/T 14542《变压器油维护管理导则》5.3 新油注入设备经热油循环后，应符合表 2 规定。

要点解析：变压器油中含气量指溶解在油中的所有气体的总量，用气体体积占油体积的百分数表示，油中各组分浓度之和的万分之一即油中含气量，如某设备油中各气体浓度之和为 $30000\mu L/L$，则含气量为 3%。其饱和溶解量主要由气体的化学成分、压力、油温等因素而定，在常压下，气体在油中的饱和溶解度如表 9-3 所示。

表 9-3　　　　　　　　气体在油中不同温度下的饱和溶解度

气体名称 油温	N_2	O_2	H_2	CO_2	CO	CH_4
25℃	8.48	15.62	5.1	99.1	18.6	38.1
80℃	9.16	14.85	6.9	56.6	15.3	16.4

温度对油中气体饱和溶解度的影响是随着气体种类而异，没有统一的规律，而气压升高时，各种气体在油中的饱和溶解度均会增加，所以，油的脱气处理通常都在高真空下进行。变压器油溶解气体的能力较强，溶解气体的主要来源是空气，氢和烃类气体是在设备运行过程中由变压器油热裂解而生产，一氧化碳和二氧化碳是固体绝缘自然劣化或沿面放电时释放到油中的，这些气体的含量都很低，所以通常所说的含气量实际上是指变压器油中的空气含量。

变压器油吸收和溶解气体后，气体是以分子状态溶解在油中，在短时间内对油的性能影响不大，主要是使油的黏度和耐电强度稍有下降，它的主要危害是：①当温度、压力等外界条件改变时，溶解在油中的气体可能析出，成为自由状态的小气泡，容易导致局部放电，加速油的老化，也会使油的耐电强度有较大的降低。②溶解在油中的氧气经过一定时间会与油分子发生化学结合，使油逐渐氧化，酸价增大，并加速油的老化。对于含气量超标的变压器油可进行真空热过油脱气处理。根据 JB/T 501《电力变压器试验导则》7.4.1 相关规定，变压器油中含气量指标仅对 330kV 及以上变压器油进行检测。

9.2.7 充干燥气体运输的变压器宜先进行油气置换并静置24h，然后再撒油进行器身检查。

【标准依据】无。

要点解析：充干燥气体运输的变压器在器身检查前，首先宜进行油气置换，然后再本体撒油钻桶或吊罩检查，这样做的原因为：①确保内部气体全部排出，尤其是线圈内部聚积气体，防止有毒有害气体的存在；②将器身绝缘通过变压器油再次浸渍，通过静置24h延续器身绝缘件浸油时间，使绝缘件在变压器油中浸润透彻，鉴于变压器从出厂运输到抵达现场之间的时间并不长，根据经验分析，油气置换并静置24h能实现绝缘件的浸润透彻，这样在后续的钻桶或吊罩检查过程中，可避免吸收空气中的潮气而受潮。

9.2.8　变压器钻桶前应检查箱体内含氧量不低于18%，无有害有毒气体，内检过程中应持续补充露点低于−40℃的干燥空气。

【标准依据】GB/T 50148《电气装置安装工程电力变压器、油浸电抗器、互感器施工及验收规范》4.5.5 在内检过程中，必须向箱体内持续补充露点低于−40℃的干燥空气，以保持含氧量不得低于18%，相对湿度不应大于20，补充干燥空气的速率，应符合产品技术文件要求。

要点解析：为确保工作人员人身安全、健康，在进行变压器钻桶进行内检工作时，应检测箱体内含氧量不低于18%，无有害有毒气体，这是开展此项工作，人可以进入内部的强制性条款。在内检过程中持续补充露点低于−40℃的干燥空气，这样不但可以保证工作人员在有限空间内呼吸的空气含氧量满足要求，而且可以确保器身不受潮，是确保安装质量的一项措施。

9.2.9　变压器吊罩或钻桶时，应确保环境相对湿度不大于75%且不超过16h，器身温度不宜低于环境温度，且环境温度不宜低于0℃。

【标准依据】GB/T 50148《电气装置安装工程电力变压器、油浸电抗器、互感器施工及验收规范》4.5.6 周围空气温度不宜低于0℃，器身温度不宜低于空气温度；当空气相对湿度小于75%时，器身暴露在空气中的时间不得超过16h。

要点解析：变压器吊罩或钻桶时应防止器身绝缘件受潮，绝缘强度下降。需要控制环境湿度，控制器身暴露时间，以及控制器身温度和环境温度。

由于空气中含有大量气化水气，环境相对湿度即代表空气中的含水量，器身绝缘纸和绝缘油均与其接触，潮气会与它们溶解进而导致受潮，故规定环境相对湿度大于75%时不应进行器身内检工作，在不大于75%时不应超过16h。环境相对湿度较大时，在压力过大、温度过低等情况下极易出现水气液化现象，为此，当环境温度低于0℃时，不宜进行器身内检工作。同时，变压器器身温度不宜低于环境温度，这样即使相对湿度较大的水气也不会在器身上出现冷凝水，而当器身温度低于环境温度时，往往大气中的水汽遇冷会发生冷凝水。

综上所述，变压器吊罩或钻桶时，应确保环境相对湿度不大于75%且不超过16h，器身温度不宜低于环境温度，且环境温度不宜低于0℃。

9.2.10 变压器抽真空及真空注油不宜在雨天或雾天进行。

【标准依据】GB/T 50148《电气装置安装工程电力变压器、油浸电抗器、互感器施工及验收规范》4.9.4 变压器抽真空及真空注油不宜在雨天或雾天进行。

要点解析：当变压器安装存在密封不良现象时，雨、雾天抽真空及真空注油容易使器身受潮，真空度越高予以重视，故规定不宜在雨天或雾天进行真空注油。

9.2.11 变压器抽真空时禁止使用麦氏真空计进行真空度检测。

【标准依据】无。

要点解析：变压器抽真空监视真空度时应使用指针式真空压力表或数字式真空压力表，量程 0.1~1000Pa，禁止使用麦氏真空计，这主要是防止在误操作的情况下，麦氏真空计内的水银倒灌，水银是导电介质，会造成变压器匝间绝缘降低甚至短路。

9.2.12 变压器抽真空时，必须将不能承受真空下机械强度的附件与油箱隔离，对允许抽真空的部件应同时抽真空。

【标准依据】GB/T 50148《电气装置安装工程电力变压器、油浸电抗器、互感器施工及验收规范》4.9.6 在抽真空时，必须将不能承受真空下机械强度的附件与油箱隔离；对允许抽同样真空度的部件，应同时抽真空；真空泵或真空机组应有防止突然停止或因误操作而引起真空泵油倒灌的措施。

要点解析：在变压器抽真空前，应查看厂家说明书并与厂家技术人员确认不能承受真空下机械强度的附件，当变压器油箱或者附件不具备全真空条件下，禁止抽真空，防止导致油箱或附件损坏。在 35kV 及以下电压等级或 20 世纪 80 年代以前的老旧变压器中，往往油箱、储油柜、散热器等组部件并不具备抽真空条件，一定应引起重视。有载调压变压器抽真空或真空注油时，应接通变压器本体与开关油室旁通管，保持开关油室与变压器本体压力相同，防止有载开关油室机械强度不够产生裂纹。

9.2.13 变压器电缆穿仓完毕后应立即对各电缆仓连通一起抽真空，真空保持时间不小于24h，防止内部绝缘件受潮。

【标准依据】无。

要点解析：对于电缆仓结构的变压器，往往变压器电缆穿仓是在变压器整体安装工作完成后进行的，电缆仓往往并没有进行抽真空等工艺环节，在打开电缆仓进行电缆穿仓时，电缆仓内部绝缘件暴露在空气中时间较长，绝缘件存在受潮隐患，为此，变压器电缆穿仓完毕后应立即对各电缆仓连通一起抽真空，且真空保持时间不小于24h。

【案例分析】某站 1 号变压器因电缆仓绝缘件深度受潮导致电缆仓氢气 H_2 含量超标。

（1）缺陷情况。某 110kV 站 1 号变压器开展专项电缆仓采油样化验工作，油色谱分析时发现高压 A、B 相电缆仓氢气（H_2）含量严重超过 $150\mu L/L$ 的规程要求，具体含量如表 9 – 4 所示。

表 9–4　　　　　1 号变压器本体及电缆仓油色谱数据分析结果　　　　（μL/L）

设备	H_2	CO	CO_2	CH_4	C_2H_4	C_2H_6	C_2H_2	总烃
1 号 Tr 本体	39.6	238.3	433.9	7.4	0.3	1.5	0.1	9.3
1 号 Tr 电缆仓 A	2239.7	118.6	450.7	108.3	0.3	23.3	0	131.9
1 号 Tr 电缆仓 B	3440.3	171.7	444.7	135.7	0.3	29.6	0	165.6
1 号 Tr 电缆仓 C	35.4	235.9	726.2	7.5	0.3	1.5	0.1	9.4

为查明 H_2 含量超标原因，对同批次同厂家变压器开展电缆仓采油样化验，化验结果均存电缆仓 H_2 含量大于本体的问题，且增长趋势明显；同时追溯电缆仓结构、绝缘件保持运输情况及安装过程，初步判断 H_2 含量超标影响因素为：①绝缘件深度受潮导致 H_2 析出。经了解安装过程中，这些变压器的电缆仓均未充油，绝缘件长期暴露空气中，存在受潮隐患；②干式套管内部积聚气体未排除，套管头部紧固不严密，气泡慢慢溢出产生气泡放电现象，进而导致油中产生 H_2；③套管引出线连接端子、连接螺栓等部位存在尖角、毛刺等放电现象，均压球安装不规范等导致油中产生 H_2。

（2）处置情况。打开 1 号变压器电缆仓进行内部接线、绝缘件、套管等部位检查，如图 9 – 1 所示，检查情况如下：①电缆仓内部清洁，无杂质、无游离水等现象；②电缆仓套管出线端通过接线端子螺栓紧固可靠，无松动现象，接线端子无尖角、毛刺及放电痕迹；③油中打开干式套管排气孔，没有气泡逸出，说明套管内部未积聚气体；④电缆终端头与连接导体连接端子采用沉降螺丝紧固，紧固无松动，接线端子无尖角、毛刺及放电痕迹；⑤电缆仓内表面光滑无尖角，连接导体绝缘夹持可靠，与电缆仓壳体距离满足技术要求。通过排除法，初步判断电缆仓 H_2 含量超标为绝缘件深度受潮析出所致，现场更换电缆仓所有连接导体及绝缘件。

（3）原因分析。根据电缆仓开仓检查情况以及检修后 3 个月电缆仓油色谱数据 H_2 含量增长趋势分析，H_2 含量未有变化，初步判断电缆仓 H_2 含量超标为绝缘件深度受潮析出所致。

（4）分析总结。①做好新品变压器电缆仓到站验收工作，要求电缆仓绝缘件及连接导体浸油运输；②变压器电缆仓未进行电缆头穿仓工作前，应对电缆仓抽真空至少 24h，应进行电缆仓注油，确保绝缘件及连接导体绝缘的可靠性；③电缆仓穿仓工作后应进行抽真空至少 24h，抽真空结束立即真空注油，确保电缆仓内无积聚气体。另外，干式套管内部积聚气体也应再次检查是否已排净。

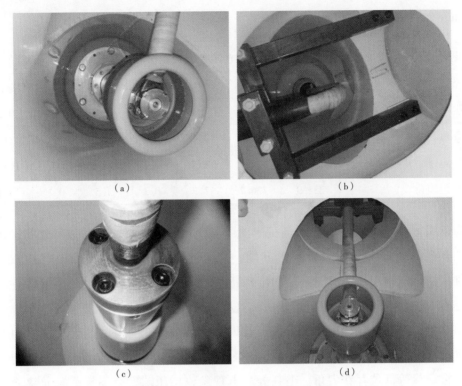

（a）　　　　　　　　　　　　　　　　（b）

（c）　　　　　　　　　　　　　　　　（d）

图9-1　变压器电缆仓内部开仓检查

（a）套管出线端与连接导体紧固处；（b）连接导体绝缘夹持；
（c）电缆终端头与连接导体连接端子；（d）套管接线端子至电缆终端头连接导体

9.2.14　经过粗过滤的变压器油应采用真空滤油机进行处理，真空滤油机性能应满足出口油样击穿电压不低于75kV/2.5mm，含水量不大于5μL/L，含气量不大于0.1%，杂质颗粒不得大于0.5μm的标准。

【标准依据】GB/T 50148《电气装置安装工程电力变压器、油浸电抗器、互感器施工及验收规范》4.3.2真空滤油机的处理能力，应满足在滤油机出口油样阀取油样试验，击穿电压不得低于75kV/2.5mm，含水量不大于5μL/L，含气量不大于0.1%，杂质颗粒不得大于0.5μm的标准。

要点解析：现场变压器油的过滤方式主要采用压力式滤油机和真空滤油机进行，它们都具备变压器油的再生能力，即采用物理方法降低已用油品中的气体、水分和固体颗粒等杂质含量，达到可接受水平的处理工艺，但是压力式滤油机无法实现脱气，不能去除油中溶解的或呈胶态的杂质，同时过滤效果不如真空滤油机，仅用于油的粗滤，尤其是含有较多油泥或其他固体杂质时。

压力式滤油机的工作状况主要是观察滤油机的进口油压和测定滤油机出口油的含水量或击穿电压值来评估。当发现过滤器油压增加或滤出油的水分含量增加、击穿电压值降低时，应采取更换滤纸等措施加以处理。当过滤含有较多油泥或其他固体杂质时，应增加更换滤纸的次数，必要时，可采用预滤装置（滤网）。当过滤含有水的油时，应在较低温度（一般低于45℃）下过滤，有利于脱水效果的提高。

真空过滤能够有效脱除绝缘油中的气体和水分。其基本原理为：油品先通过过滤油纸或过滤网滤除固体杂质，然后在短时间内通过一个高温、高度真空的环境实现水气分离。真空处理的一种方法是让油品通过专用喷嘴雾化后进入真空室，另一种方法是让油品通过真空室内的一系列挡板从而形成一个大表面的油膜。真空滤油是一个连续的过程，在脱水的同时还可脱去油中的气体和挥发性酸，但对于非挥发性酸无法靠真空脱水加以脱除，故此方法无法使油品酸值得到大的改善。为实现真空滤油机对变压器油的再处理能力，真空滤油机性能应满足在滤油机出口油样阀取油样试验，击穿电压不得低于75kV/2.5mm，含水量不大于5μL/L，含气量不大于0.1%，杂质颗粒不得大于0.5μm的标准。

9.2.15　变压器抽真空获得稳定压力值后应停机进行30min真空密封试验，其压力增长值应小于200Pa/h，无泄漏方可继续抽真空。

【标准依据】GB/T 50148《电气装置安装工程电力变压器、油浸电抗器、互感器施工及验收规范》11.11 当真空计的指示达到规定值后，应继续抽真空2h或者一直到获得稳定的真空压力值为止，而后停止抽真空，保持10min，记录第一个真空压力值，其后30min再测量一次，其压力值增加值应小于200Pa/h。

要点解析：在变压器抽真空时，为防止由于油箱及管路密封不良，环境中潮湿空气进入器身，导致器身绝缘下降，规定在正式连续抽真空前应进行30min真空密封试验，其试验方法如下：变压器抽真空获得稳定的真空压力值后停止抽真空保持10min，记录第一个真空压力值，其后30min再测量一次，其压力值增加值应小于200Pa/h。

另外，根据DL/T 1810《110（66）kV六氟化硫气体绝缘电力变压器使用技术条件》7.1.2.2 相关规定，SF$_6$气体绝缘变压器抽真空的定性检漏法：当气体变压器真空度不大于26.6Pa时，关闭抽真空阀并读取真空度值P_1，静置30min后读取真空度值P_2，$P_2 - P_1$值应小于等于13.3Pa。

9.2.16　110~500kV变压器持续抽真空时应满足真空度不大于133Pa，真空保持时间不得小于24h，750kV及以上变压器的真空度不大于13Pa，真空保持时间不得小于48h，抽真空结束后应立即真空注油。

【标准依据】GB/T 50148《电气装置安装工程电力变压器、油浸电抗器、互感器施工及验收规范》4.9.4 220~500kV变压器持续抽真空时应满足真空度不应大于133Pa，750kV及以上变压器的真空度不大于13Pa。

要点解析：变压器抽真空主要用于加速器身的干燥过程。绝缘材料中的水分在常压下蒸发速度很慢，且需要热量较多，而在负压时水分的汽化温度降低，真空度越高，汽化温度越低，绝缘物中的水分很容易蒸发而被真空泵抽走，从而缩短干燥时间，节省能源，干燥也比较彻底。为此，对于电压等级越高的变压器，由于其体积较大且器身含水量控制严格，在干燥变压器时宜提高真空度，确保干燥彻底，另外，电压等级不同的油箱耐受真空度在 GB/T 6451《油浸式电力变压器技术参数和要求规定》中也不一样，其中 35kV 及以下产品不具备全真空要求，110～500kV 变压器耐受真空压力133Pa，综上分析，110～500kV 变压器持续抽真空时应满足真空度不大于133Pa，真空保持时间不得小于24h，750kV 及以上变压器的真空度不大于13Pa，真空保持时间不得小于48h。变压器抽真空结束后应立即真空注油，否则将易导致已干燥的器身吸附潮气。

9.2.17 变压器真空注油全过程应保持真空状态且注入的油温高于器身温度，注油速率不宜大于100L/min，破真空时应注入露点低于 -40℃的干燥空气。

【标准依据】GB/T 50148《电气装置安装工程电力变压器、油浸电抗器、互感器施工及验收规范》4.9.5 220kV 及以上的变压器、电抗器应真空注油；110kV 的变压器、电抗器宜采用真空注油。注油全过程应保持真空。注入油的油温应高于器身温度。注油速度不宜大于100L/min。

要点解析：变压器真空注油指通过真空泵在油箱顶部持续抽真空，并通过真空滤油机从油箱底部注入合格变压器油。真空注油能有效驱除器身及油中气泡，提高变压器绝缘水平，特别对纠结式线圈匝间电位差较大的情况下，防止存在气泡引起匝间击穿事故，具有重要意义。为此，110kV 及以上变压器油箱结构技术条款中均明确应提供全真空产品，具备抽真空及真空注油功能。为驱除器身表面潮气，提高器身绝缘，也可使器身加热，故规定注入的油温应高于器身温度，通常要求将油加热至30℃左右然后注入。

变压器注油时应控制注油速度，当油以相当速度从绝缘件表面流过时，会因摩擦而起静电。在一般情况下，油带正电荷，纤维素绝缘件带负电荷。线匝绝缘上产生的静电，由于靠近线匝导电体，容易泄漏入导体，故不大可能累积到很高的静电电位，而油隙中的围屏隔板，由于离各导电体较远，其间绝缘电阻很大，静电荷不易泄漏掉，加上此处油流速度较大，故静电荷容易积聚到足够高的电位，导致对邻近物体的击穿或沿围屏表面闪络放电。

研究表面，影响静电产生的主要因素是油流速度，静电发生量与油流速度的3次方成正比，故注油应以注油速度来决定注油时间，有些制造厂规定10t/h，现有真空滤油机的出力大都为6000L/h，美国国家标准也是建议按此值，故规定注油速度不宜大于100L/min。

变压器破真空时应注入露点低于 -40℃的干燥空气，严禁通过环境空气置换，这主要是防止器身受潮。真空注油和破真空有两种方法，第一种是：真空注油至离箱顶100～200mm，持续抽真空2～4h，采用干燥空气解除真空，关闭各个抽真空平衡阀门，补充油到储油柜油位计指示当前油温所要求的油位并进行各分离隔室注油。第二种是：真空注油至储油柜接近当前油温所要求的油位，停止抽真空，继续补充油到储油柜油位计指示当前油温所需要的油位，采用干燥空气通过储油柜呼吸器接口解除真空，关闭各个抽真空平衡阀门，进行各分离隔室注油。

9.2.18　变压器真空注油后应通过储油柜注油阀门补油并调整油位，禁止通过油箱底部阀门补油。

【标准依据】GB/T 50148《电气装置安装工程电力变压器、油浸电抗器、互感器施工及验收规范》4.11.1 向变压器、电抗器内加注补充油时，应通过储油柜上专用的添油阀，并经净油机注入，注油至储油柜额定油位。注油时应排放本体及附件内的空气。

要点解析：变压器真空注油后应通过储油柜进行补油并调整油位，禁止通过油箱底部阀门补油，以免水分、杂质等被直接带入绕组，或者在注油时，管路中的气泡进入油中，导致变压器还需继续静置以排尽气泡。

9.2.19　330kV及以上变压器真空注油后应进行热油循环，滤油机进油口接油箱底部，出油口接油箱顶部，滤油机加热脱水缸中的温度应控制在（65±5）℃，热油循环持续时间不得少于24h。

【标准依据】GB/T 50148《电气装置安装工程电力变压器、油浸电抗器、互感器施工及验收规范》4.10.1 330kV及以上变压器、电抗器真空注油后应进行热油循环，并符合以下规定。

要点解析：330kV及以上变压器必须进行干燥处理，注完油后又进行热油循环，质量有所保证，因为330kV及以上变压器的器身作业时间较长，为彻底清除潮气和残留气体，要求注油后进行热油循环，且持续时间不得少于24h。

热油循环的管路连接应确保变压器底部阀门接真空滤油机的进油口，变压器顶部阀门接真空滤油机的出油口，严禁热油循环方向错误，进而将气泡带入变压器油中，甚至油箱底部杂质污染器身。

9.2.20　变压器器身受潮应进行真空热油循环干燥，且上层油温不得超过85℃。分体运输、现场组装的变压器宜进行煤油气相干燥。

【标准依据】GB/T 50148《电气装置安装工程电力变压器、油浸电抗器、互感器施工及验收规范》4.7.2 设备进行干燥时，宜采用真空热油循环干燥法，带油干燥时，上层油温不得超过85℃。《国家电网有限公司十八项电网重大反事故措施（2018年修订版）》9.2.2.1 对于分体运输、现场组装的变压器宜进行煤油气相干燥。

要点解析：变压器器身绝缘受潮的常规处理方法是先进行本体抽真空，将器身绝缘件中的潮气进行脱气，而后通过热油循环干燥法，将器身加热，促进水汽的蒸发，更有利于干燥彻底。为防止变压器在干燥时绝缘老化或破坏，规定变压器油温不得超过85℃。其中考核变压器器身是否需要干燥，或者干燥效果是否合格的指标主要有三个：①绝缘油电气强度及含水量；②绝缘电阻及吸收比（或极化指数）；③介质损耗角正切值$\tan\delta$。

分体运输、现场组装的变压器主要指特高压变压器，其器身体积较大，现场器身铁芯、绕组夹件及其绑扎压紧结构等均需现场配装，现场器身暴露作业时间长，绝缘受潮使用常规真空热油循环干燥法时间较长，而选用煤油气相干燥具有干燥速度快、加热均匀干燥彻底、脱水效率高等优点，同时还可洗去器身上的油，使器身恢复到和没有浸油一样，为此推荐使用此干燥方法，但是煤油气相干燥装置体积较大、连接附属设备较多，现场组装费时，便捷性不如真空滤油机。

9.2.21 变压器注油后满足静置时间方可加压试验或投入运行，其中110kV及以下变压器静置时间不得少于24h，220（330）kV变压器静置时间不得少于48h，550kV及以上变压器静置时间不得少于72h。

【标准依据】GB/T 50148《电气装置安装工程电力变压器、油浸电抗器、互感器施工及验收规范》4.11.4 注油完毕后，在施加电压前，其静置时间应符合加压前静置时间的规定。

要点解析：变压器安装时虽然经过真空脱气注油，但变压器绝缘油中还可能残留极少量能使油中产生电晕的气泡。这种气泡主要有两种：一种是残留在油浸纸内的气泡，另一种是残留在部分油中的气泡。这两种气泡均可在油中溶解而消失，但前者较后者难于溶解，气泡消失的时间较长。

一般浸过油的变压器，即使将油抽出去，由于毛细管现象，已经浸入绝缘物中的油仍可保存在绝缘物中，以后再注油时不会再出现此类气泡。但充气运输的变压器，由于安装注油前有较长时间未浸油，且在运输过程中由于振动而会把原浸入绝缘物中的油离析出来，或经过干燥处理的变压器，在最初浸油时，都容易出现残留在绝缘物中的气泡。而残留在绝缘油中的气泡在每次注油时其概率都大体相同，且这种气泡在油中较容易溶解。因此，为了溶解这些残留气泡就需要有一定静置时间。

要准确地确定静置时间是比较困难的，由于气泡残留部位、体积及形状等均不知晓，通过多年来的运行生产经验，规定110kV及以下变压器静置时间不得少于24h，220（330）kV变压器静置时间不得少于48h，550kV及以上变压器静置时间不得少于72h。变压器静置后方可进行相关试验或者投入运行。

9.2.22 变压器静置完毕后应从变压器套管、升高座、冷却装置、气体继电器及压力释放阀等宜集聚气体的部位多次排气，直至残余气体排尽。

【标准依据】GB/T 50148《电气装置安装工程电力变压器、油浸电抗器、互感器施工及验收规范》4.11.5 静置完毕后，应从变压器、电抗器的套管、升高座、冷却装置、气体继电器及压力释放阀装置等有关部位进行多次放气，并启动潜油泵，直至残余气体排尽，调整油位至相应环境温度时的位置。

要点解析：变压器注油静放后，油箱内残留气体以及绝缘油中的气泡不能立即逸出，往往积聚在各附件的最高处以及死角处，所以需要进行多次排气。容易产生窝气的部位主要为变压器套管、升高座、冷却装置、气体继电器及压力释放阀等最高处。对于强油循环变压器，还应通过启动油泵，将冷却器及油泵窝气部位的气体排尽。

9.2.23 变压器安装完毕应进行整体密封性试验，在储油柜顶部采用油柱或干燥气体加压 0.03Mpa 并持续 24h，检查应无渗漏。

【标准依据】 GB/T 50148《电气装置安装工程电力变压器、油浸电抗器、互感器施工及验收规范》4.11.3 对变压器连同气体继电器及储油柜进行密封性试验，可采用油柱或氮气，在油箱顶部加压 0.03MPa，110～750kV 变压器进行密封试验持续时间应为 24h，并无渗漏。当产品技术文件有要求时，应按其要求进行。整体运输的变压器可不进行整体密封试验。

要点解析：变压器整体密封性试验是考核变压器整体的密封性能，也是检查各组部件是否合格的一项措施，例如检查管路及法兰连接部位、气体继电器各密封部位、套管头部密封部位等是否存在密封可靠，通常密封试验是在储油柜顶部采用油柱或干燥气体加压 0.03MPa 并持续 24h，这是对于新品变压器而言的，然而对于已运行多年的变压器，建议加压 0.015～0.02MPa，防止组部件密封垫老化加速而发生渗漏油。在进行整体密封试验时应考虑压力释放阀的动作压力值，采取压力释放阀与油箱隔离的措施，防止超过压力释放阀动作值导致喷油现象。

储油柜顶部加压不宜高于 0.03MPa，这主要是考虑油箱及其附件承受的正压力的机械强度所限，为能发现一些细微密封不良的问题，规定加压试漏的时间为 24h，可使用白土法检查密封渗漏问题。

9.2.24 当变压器油温低于 5℃或被试品周围相对湿度高于 80% 时不宜进行变压器绝缘试验，否则应采取变压器油加热、外绝缘清洁及屏蔽等措施。

【标准依据】《国家电网有限公司十八项电网重大反事故措施（2018 年修订版）》9.2.2.9 当变压器油温低于 5℃时，不宜进行变压器绝缘试验，如需试验应对变压器进行加温（如热油循环等）。GB/T 50150《电气装置安装工程电气设备交接试验标准》1.0.7 在进行与温度及湿度有关的各种试验时，应同时测量被试物周围的温度及湿度。绝缘试验应在良好天气且被试物及仪器周围温度不宜低于 5℃，空气相对湿度不宜高于 80% 的条件下进行，对不满足上述温度、湿度条件下测得的试验数据，应进行综合分析，以判断电气设备是否可以投入运行。

要点解析：变压器绝缘电阻试验均与被试品温度及相对湿度有密切的关系，当变压器油温低于5℃或被试品周围相对湿度高于80%时进行变压器绝缘类试验均会导致对电介质内部绝缘性能好坏的误判。

电介质是不导电的，但这种不导电并非绝对不导电，而是导电性能非常差，在介质内部或多或少存在数量很少的带电粒子，它们在电场作用下会不同程度的作定向移动而形成电导电流，其本质是离子性电导，而金属导体的电导性质为电子性电导，即形成电导电流为金属中的大量自由电子。当固体电介质加直流电压后，可以观察到电路中的电流从大到小随时间衰减，最终稳定于某一数值，该现象称为吸收现象。流过电介质的电流由三个分量组成：①纯电容电流，存在时间很短，很快衰减至0；②极化电流，该电流衰减的快慢程度取决于电介质的材料及结构等因素，一般1min都衰减至0，但大型变压器可达10min；③电导电流，也称泄漏电流，它是不随时间变化的，它为纯阻性电流，泄漏电流所对应的电阻称为绝缘电阻。电介质电导与温度关系密切，温度越高，离子的热运动越剧烈，就越容易改变原有受束缚的状态，因而在电场作用下作定向移动的离子数量和速度都要增加，即电导随温度升高而增大，电导率与电阻率是成反比例的，即电阻率随温度升高而降低，故绝缘电阻随温度升高而增大。

变压器绝缘类试验准确性与试品温度关系密切。当绝缘电介质受潮后，绝缘介质含水量从4%增加到10%时，介损值可增大100倍，绝缘电阻值会降低，而当变压器油温低于5℃进行绝缘试验时，由于电介质中的水分已凝结成冰，导电性又变差，在电场作用下作定向移动的离子数量和速度都要减小很多，这样就会造成电导电流减小，进而导致电阻率升高，绝缘电阻值较大、介损值无变化等现象，该试验并不能准确识别内部受潮问题，为此，变压器绝缘试验时温度不宜低于5℃，建议在10~40℃范围内，若变压器油温较低可通过热油循环进行加热。

变压器绝缘类试验准确性与被试品周围相对湿度关系密切。当被试品周围相对湿度高于80%时，电介质表面将形成一层水膜，变压器进行绝缘试验时，电介质表面将流过泄漏电流，试验测量的泄漏电流将为流过介质内部的泄漏电流与流过介质表面泄漏电流之和，数值较大，可见，该试验数值并不能判断电介质内在绝缘性能的好坏，为此，应采取措施消除表面泄漏电流造成的影响，例如清洁套管表面脏污及受潮部位，采取增加屏蔽线措施等。

9.2.25　110（66）kV及以上变压器在出厂和投产前，应采用频响法和低电压短路阻抗法对绕组进行变形测试，并留存原始记录。

【标准依据】《国家电网有限公司十八项电网重大反事故措施（2018年修订版）》9.2.2.6 110（66）kV及以上电压等级变压器在出厂和投产前，应采用频响法和低电压短路阻抗法对绕组进行变形测试，并留存原始记录。

要点解析：变压器绕组变形是指绕组在机械力或电动力作用下发生的轴向或径向尺寸变化，通常表现为绕组局部扭曲、鼓包或移位等特征。变压器在遭受短路电流冲击或在运输过程中遭受冲撞时，均有可能发生绕组变形现象。目前，变压器绕组变形试验主要通过频响法和低电压短路阻抗进行绕组变形诊断，也有采用电容法的。

在变压器出厂和投产前，应采用频响法和低电压短路阻抗法对绕组进行变形测试，并留存原始记录。这是因为：①绕组变形试验是与历史记录进行对比分析；②出厂与投产前的频响法和低电压短路阻抗法能间接判别变压器运输过程中是否存在绕组变形；③便于后期变压器遭受短路电流电动力后，判别变压器绕组是否存在变形。当怀疑变压器绕组变形时，应结合测量变压器绕组直流电阻、绕组频率响应、低电压短路阻抗、绕组电容等分析，可使变压器绕组有无变形及其严重程度的判断更为准确、可靠。

（1）频响法。变压器绕组幅频响应曲线没有统一的模板，不同厂家、不同型号的变压器频响曲线可能会有明显的不同，因此，不存在标准的频响曲线。在分析时，主要是与历史测试结果比，或与同型号变压器的频响曲线对比，分析比较的重点是频响曲线中各个极值点对应频率和幅值的一致性，波峰或波谷分布位置及分布数量的变化是分析变压器绕组变形的重要依据。重点关注低频段和中频段，其中低频段（1～100kHz）的波峰或波谷位置发生明显变化，通常预示着绕组的电感改变，可能存在匝间或饼间短路的情况。中频段（100～600kHz）的波峰或波谷位置发生明显变化，通常预示着绕组发生扭曲和鼓包等局部变形现象。高频段（＞600kHz）的波峰或波谷位置发生明显变化，通常预示着绕组的对地电容改变，可能存在绕圈整体移位或引线位移等情况。判断绕组变形的程序为：同电压侧A、B、C三相频响曲线不一致时，应检查不一致相绕组与历史测试结果对比，如没有历史测试结果，可与同厂同型号的对应绕组测试结果对比。如不一致，可怀疑绕组变形。通常情况下，下列情形可以认为绕组没有发生变形：①同电压侧A、B、C三相频响曲线一致；②同一绕组历次测试结果一致；③被测绕组与同厂家同型号其他变压器同相别的测试结果一致。

（2）低电压短路阻抗法。低电压短路阻抗法是最早的变压器绕组变形诊断方法，绕组变形将影响漏磁通的分布，导致短路阻抗发生改变，且有唯一性。通过测量变压器绕组的短路阻抗与历史短路阻抗进行比较，根据变化情况来判断绕组是否变形以及变形的程度。根据GB/T 1093《电力变压器绕组变形的电抗法检测判断导则》6.2规定，容量100MVA及以下且电压220kV以下的电力变压器绕组参数的相对变化不应大于±2%，3个单相参数的最大相对互差不应大于2.5%；容量100MVA以上或电压220kV及以上的电力变压器绕组参数的相对变化不应大于±1.6%，3个单相参数的最大相对互差不应大于2%。

（3）电容法。电容法是利用介质损耗因数测试仪按常规测量C_x，然后分解出绕组间或绕组对铁芯的电容，判断绕组是否变形可参考 DL/T 1093《电力变压器绕组变形的电抗法检测判断导则》。变压器制成后，由于绕组自身尺寸和绕组间相对位置及绕组对铁芯、油箱的距离已固定，因此，绕组的电容量是一定的，油纸绝缘的电容系数有定值，铁芯不会发生变形，如果低压绕组对铁芯的相对尺寸发生了变化，则低压绕组电容一定会发生变化，因此电容法对判断低压绕组变形有独特的优势。

9.2.26　变压器低电压绝缘试验合格后方可进行耐压试验，防止变压器绝缘进一步损坏。

【标准依据】无。

要点解析：变压器试验可以分为两类。第一类是非破坏性试验，它是指在较低的电压下或者其他不会损伤绝缘的方法测量绝缘的各种特性，以间接地判断绝缘内部的状况。非破坏性试验包括测量绝缘电阻（吸收比和极化指数）、泄漏电流以及介质损耗的测量、绝缘油色谱分析等。各种方法反映绝缘的性质是不同的，对不同的绝缘材料和绝缘结构的有效性也不同，往往需要采用多种不同的方法进行试验，并对试验结果进行综合分析比较后，才能作出正确的判断。第二类是破坏性试验，如耐压试验（含局部放电的测量），它是模拟电气设备绝缘在运行中可能遇到的各种等级的电压，对变压器施加比工作电压高很多的试验电压，从而检验绝缘耐受这类电压的能力，特别是能暴露一些危险性较大的集中性缺陷。耐压试验有可能对绝缘造成一定的损伤，并可能使有缺陷但可以修复的绝缘（如受潮）发生击穿。因此耐压试验通常在非破坏性试验之后进行。如果非破坏性试验已表明绝缘存在不正常情况，则必须查明原因，并加以消除后才能再进行耐压试验，以免给绝缘造成不应有的损伤。

9.2.27　油浸变压器耐压试验前后应各进行一次本体油色谱分析，并作为变压器是否存在局部放电的辅助判据。

【标准依据】GB/T 50148《电气装置安装工程电力变压器、油浸电抗器、互感器施工及验收规范》4.12.1 局部放电测量前、后本体绝缘油色谱试验比对结果应合格。

要点解析：变压器耐压试验主要分为交流耐压试验和感应耐压试验，感应耐压试验又分为短时感应耐压试验（ACSD）和长时感应耐压试验（ACLD），通常在长时感应耐压试验时进行局部放电量测量。交流耐压试验仅能有效考核变压器的主绝缘，并不能考核变压器的纵绝缘；而感应耐压试验能有效考核变压器的主绝缘和纵绝缘，尤其是变压器绕组匝间、层间的电气强度。

变压器耐压试验会产生较高的电场，对于变压器结构设计场强的控制不当，绝缘件内部气隙、油中气泡，工艺控制不当引起的杂质、水分、操作工艺不正确、施工粗糙、引线配置和固定不当，部件材质问题，匝间或层间绝缘包扎工艺不良或破损等均会导致局部放电，局部放电即会导致变压器油裂解并产生特征气体，为此，在变压器耐压试验前后分别进行一次本体油色谱分析，当耐压试验过程中，试验电压不出现突然下降，内部无放电声，无击穿现象，局部放电量满足试验标准，查看本体油色谱分析无放电特征气体时，即确定变压器耐压试验通过。

9.2.28　SF_6 气体绝缘变压器耐压试验前后应各进行一次 SF_6 气体成分检测，其中乙醛、二氧化硫和氟化氢不应被检出。

【标准依据】无。

要点解析：SF_6 气体绝缘变压器耐压试验前后进行 SF_6 气体成分检测主要是为了检测器身绝缘是否良好，是否发生放电类故障导致 SF_6 气体成分改变，如器身绝缘性能良好时，乙醛（CH_3CHO）、二氧化硫（SO_2）和氟化氢（HF）是不应被检出的，这也是判断气体变压器耐压试验是否通过的一项辅助判据。

9.2.29　SF_6 气体绝缘变压器气体湿度检测和局部包扎检漏应在充气至额定气体压力后至少静置24h再进行。

【标准依据】DL/T 1810《110（66）kV 六氟化硫气体绝缘电力变压器使用技术条件》7.2.3 SF_6 气体湿度测量应充气至额定气体压力下至少静放24h后进行测量。测量环境的相对湿度一般不大于85%，测量值（折算到 +20℃ 的值）应不大于250μL/L。8.1.4 在环境湿度超标而应进行 SF_6 气体补气时，可用电吹风对接口进行干燥处理，并应立即连接充气管路进行补气。补气静止24h后应对气室进行 SF_6 气体湿度测量。

要点解析：SF_6 气体绝缘变压器安装完成充入 SF_6 气体后应进行气体湿度检测和局部包扎检漏工作，开展此项工作需将变压器静置24h。

SF_6 气体绝缘变压器静置24h可以保证气体水分在设备内部达到平衡，器身绝缘及管路内壁的水分也可充分与气体融合，能更准确的测量仓室内气体的湿度，如果待充气结束立即进行测量，那么必然跟充气前 SF_6 气瓶中气体的湿度一样，失去湿度检测的意义。另外，变压器各气室 SF_6 气体湿度检测也是检验抽真空干燥的程度。

SF_6 气体绝缘变压器局部包扎检漏是定量检测方法，通常以24h为统计时间，检测各安装法兰口包扎罩内气体浓度，根据 DL/T 1810《110（66）kV 六氟化硫气体绝缘电力变压器使用技术条件》7.2.2 相关规定，以24h漏气率换算，年泄漏率不应大于0.5%。

9.2.30　变压器投运前，检修人员与运维人员应一同检查阀门的开闭位置，并符合设备运行要求。

【标准依据】GB/T 50148《电气装置安装工程电力变压器、油浸电抗器、互感器施工及验收规范》4.12.1 本体与附件上的所有阀门位置核对正确。

要点解析：变压器阀门的用途主要用于变压器的安装及检修，待安装及检修工作结束后必须将其放置在正确位置，通常情况下，储油柜的注油、撤油管路截门、储油柜胶囊内外侧连通阀门，有载开关室和本体室连通阀门等均为关闭状态，其他如压力释放阀、气体继电器、散热器等组部件的各侧阀门应为打开状态，否则将导致部件的失效，由于现场经常出现检修后忘记恢复阀门位置的情况，为避免因阀门的位置不正确导致变压器运行异常，规定在变压器投运前，检修人员与运维人员应一同检查阀门的开闭位置，并符合设备运行要求。

参考文献

［1］朱涛，张华．变电站设备运行实用技术［M］．北京：中国电力出版社，2012.

［2］张华，朱涛，才忠宾．变电站设备运行实用技术问答［M］．北京：中国电力出版社，2013.

［3］张华，杨成，朱涛，张鹏，等．电力变压器现场运行与维护［M］．北京：中国电力出版社，2015.

［4］国家电网公司人力资源部．变压器检修［M］．北京：中国电力出版社，2010.

［5］保定天威保变电气股份有限公司．电力变压器手册［M］．北京：机械工业出版社，2003.

［6］张德明．变压器分接开关保养维修技术问答［M］．北京：中国电力出版社，2013.

［7］赵家礼．图解变压器修理操作技能［M］．北京：化学工业出版社，2007.

［8］冯超．电力变压器检修与维护［M］．北京：中国电力出版社，2013.

［9］刘勇．新型电力变压器结构原理及常见故障处理［M］．北京：中国电力出版社，2014.